全国技工院校"十二五"系列规划教材

中国机械工业教育协会推荐教材

数控铣床/加工中心加工工艺与编程（任务驱动模式）

主　编　吴天林　刘巨栋

副主编　张　展　卢培文　韦　林

参　编　韩凤平　常　春　谢远辉　栾虔勇

　　　　顾永康　冯发勇　于蕾蕾　韦运生

主　审　吴莉萍

机械工业出版社

本书根据技工学校、职业技术院校数控专业对学生的培养目标和企业需求，并结合《国家职业标准》中对数控铣工和加工中心操作工的理论和技能要求编写。全书基于FANUC操作系统，采用“任务驱动”的教学模式，分为四个单元。主要内容包括：凸台轮廓的加工，内外轮廓的加工，配合件的加工，孔的加工，螺纹的加工，凸、凹半球面的加工，凸、凹球面配合件的加工，凸、凹椭圆面的加工，方圆过渡曲面的加工，轴线不垂直于坐标平面的圆柱面的加工，凸椭圆柱面的加工等。

本书可作为技校、职业院校数控专业的教材，也可供有关技术人员、数控机床操作人员学习和培训使用。

图书在版编目（CIP）数据

数控铣床/加工中心加工工艺与编程：任务驱动模式/吴天林，刘巨栋主编. —北京：机械工业出版社，2013.2
全国技工院校“十二五”系列规划教材
ISBN 978-7-111-40863-5

Ⅰ. 数…　Ⅱ. ①吴…②刘…　Ⅲ. ①数控机床-铣床-程序设计-技工学校-教材②数控机床加工中心-程序设计-技工学校-教材　Ⅳ. ①TG547②TG659

中国版本图书馆CIP数据核字（2014）第221734号

机械工业出版社（北京市百万庄大街22号　邮政编码100037）
策划编辑：王晓洁　责任编辑：王晓洁
封面设计：张　静　责任校对：陈秀丽
责任印制：刘　岚
北京京丰印刷厂印刷
2014年10月第1版·第1次印刷
184mm×260mm·11.5印张·275千字
0 001—3 000册
标准书号：ISBN 978-7-111-40863-5
定价：29.80元

凡购本书，如有缺页、倒页、脱页，由本社发行部调换
电话服务　　网络服务
社服务中心：(010)88361066　　教材网：http://www.cmpedu.com
销售一部：(010)68326294　　机工官网：http://www.cmpbook.com
销售二部：(010)88379649　　机工官博：http://weibo.com/cmp1952
读者购书热线：(010)88379203　　**封面无防伪标均为盗版**

全国技工院校“十二五”系列规划教材
编审委员会

序

“十二五”期间，加速转变生产方式，调整产业结构，将是我国国民经济和社会发展的重中之重。而要完成这种转变和调整，就必须有一大批高素质的技能型人才作为后盾。根据《国家中长期人才发展规划纲要（2010—2020 年）》的要求，至 2020 年，我国高技能人才占技能劳动者的比例将由 2008 年的 24.4% 上升到 28%（目前一些经济发达国家的这个比例已达到 40%）。可以预见，作为高技能人才培养重要组成部分的高级技工教育，在未来的 10 年必将会迎来一个高速发展的黄金期。近几年来，各职业院校都在积极开展高级工培养的试点工作，并取得了较好的效果。但由于起步较晚，课程体系、教学模式都还有待完善与提高，教材建设也相对滞后，至今还没有一套适合高级技工教育快速发展需要的成体系、高质量的教材。即使一些专业（工种）有高级工教材也不是很完善，或是内容陈旧、实用性不强，或是形式单一、无法突出高技能人才培养的特色，更没有形成合理的体系。因此，开发一套体系完整、特色鲜明、适合理论实践一体化教学、反映企业最新技术与工艺的高级工教材，就成为高级技工教育亟待解决的课题。

鉴于高级技工教材短缺的现状，机械工业出版社与中国机械工业教育协会从 2010 年 10 月开始，组织相关人员，采用走访、问卷调查、座谈等方式，对全国有代表性的机电行业企业、部分省市的职业院校进行了历时 6 个月的深入调研。对目前企业对高级工的知识、技能要求，各学校高级工教育教学现状、教学和课程改革情况以及对教材的需求等有了比较清晰的认识。在此基础上，他们紧紧依托行业优势，以为企业输送满足其岗位需求的合格人才为最终目标，组织了行业和技能教育方面的专家精心规划了教材书目，对编写内容、编写模式等进行了深入探讨，形成了本系列教材的基本编写框架。为保证教材的编写质量、编写队伍的专业性和权威性，2011 年 5 月，他们面向全国技工院校公开征稿，共收到来自全国 22 个省（直辖市）的 110 多所学校的 600 多份申报材料。在组织专家对作者及教材编写大纲进行了严格的评审后，**决定首批启动编写机械加工制造类专业、电工电子类专业、汽车检测与维修专业、计算机技术相关专业教材以及部分公共基础课教材等，共计 80 余种。**

本系列教材的编写指导思想明确，坚持以达到国家职业技能鉴定标准和就业能力为目标，以各专业的工作内容为主线，以工作任务为引领，由浅入深，循序渐进，精简理论，突出核心技能与实操能力，使理论与实践融为一体，充分体现“教、学、做合一”的教学思想，致力于构建符合当前教学改革方向的，以培养应用型、技术型、创新型人才为目标的教材体系。

本系列教材重点突出了如下三个特色：一是“新”字当头，即体系新、模式新、内容新。体系新是把教材以学科体系为主转变为以专业技术体系为主；模式新是把教材传统章节模式转变为以工作过程的项目为主；内容新是教材充分反映了新材料、新工艺、新技术、新方法。二是注重科学性。教材从体系、模式到内容符合教学规律，符合国内外制造技术水平实际情况。在具体任务和实例的选取上，突出先进性、实用性和典型性，便于组织教学，以提高学生的学习效率。三是体现普适性。由于当前高级工生源既有中职毕业生，又有高中生，各自学制也不同，还要考虑到在职人群，教材内容安排上尽量照顾到了不同的求学者，适用面比较广泛。

此外，本套教材还配备了电子教学课件，以及相应的习题集，实验、实习教程，现场操作视频等，初步实现教材的立体化。

我相信，本套教材的编辑出版，对深化职业技术教育改革，提高高级工培养的质量，都会起到积极的作用。在此，我谨向各位作者和所在单位及为这套教材出力的学者表示衷心的感谢。

原机械工业部教育司副司长
中国机械工业教育协会高级顾问

郝广发

前 言

本书秉承“以职业标准为依据，以企业需求为导向，以提高职业能力为核心”的理念，根据《国家职业标准》中对数控铣工和加工中心操作工的理论和技能要求，结合技工学校、职业技术院校数控专业对学生的培养目标和企业需求编写。本书具有以下特色：

1. 编写中注重由浅入深，由易到难，以工学结合人才培养模式的改革和实践为基础，遵循认知规律与能力形成规律设计教学体系，使学生在职业情境中做到“学中做，做中学”。

2. 打破传统教材按照章节划分理论知识的方法。采用一体化任务驱动模式的先进编写理念，让学生在完成任务的过程中完成理论与实践的学习。

3. 突出实践的重要性，紧密联系生产实际，编写中吸取“校企合作”的经验成果，结合学校和企业的优势资源精心打造，吸收企业一线技师参与编写。

4. 与国家职业标准相互衔接，针对性强，符合培训鉴定和企业需求，体现以职业能力为本位，以应用为核心，以“必需、够用”为原则。

5. 内容先进，总结各地大赛中出现的新知识、新亮点，提高教材培训的先导性。采用法定计量单位和最新国家技术标准。

本书由吴天林、刘巨栋任主编，张展、卢培文、韦林任副主编。韩凤平、常春、谢远辉、栾虔勇、顾永康、冯发勇、于蕾蕾、韦运生参与编写。全书由吴天林统稿，由吴莉萍任主审。

本书在编写过程中得到了四川机电高级技术学校、青岛市技师学院、赣州技师学院的大力帮助，在此深表谢意。

由于时间仓促，编者水平有限，书中缺陷乃至错误，恳请广大读者批评指正。

编 者

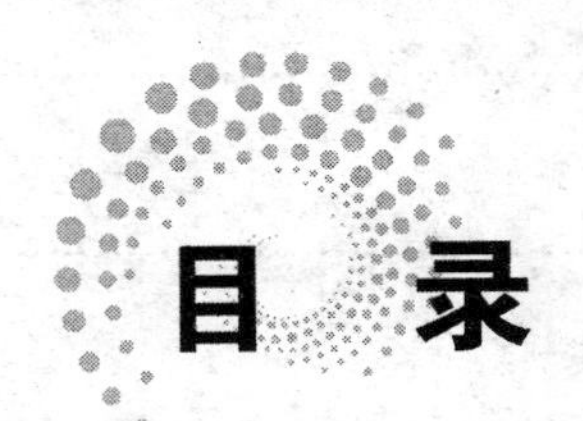

目 录

单元1　数控铣床及加工中心系统的手动操作

1

知识目标：

1. 掌握FANUC系统数控铣床、加工中心的日常保养与维护。
2. 掌握数控程序输入与编辑。

技能目标：

1. 掌握机床的基本操作方法，能进行手动操作对刀。
2. 能通过操作面板输入程序并进行编辑。
3. 了解数控机床维护的意义和要求，并掌握各种维护和保养的方法及措施。

任务1　数控铣床、加工中心系统的操作

任务描述

1. 熟悉数控系统的界面及面板按钮。
2. 掌握各个按键的功能及特点。
3. 熟练操作数控系统。

任务分析

数控铣床及加工中心是一种自动化程度很高的机电设备，由机床主体的机械部分和数控系统的控制部分组成，其工作过程通常分为手动操作和自动操作（执行程序）。在数控机床进行正式加工之前，往往需要对刀、修改刀具补偿、建立坐标系等辅助工作，这些辅助工作就是对数控机床进行手动操作的过程。由于数控机床的自动化程度高，在进行手动操作前需要对数控系统的功能特点、面板特征、按键功能等有一定了解。

相关知识

数控机床的操作界面称为人机对话界面，数控机床的人机对话界面包括数控系统操作面板（由屏幕和键盘组成，也称为CRT㊀/MDI㊀面板）和机床操作面板（由按键和旋转开关及仪表组成）。

㊀ CRT表示阴极射线管。MDI表示手动数据输入。

1. FANUC 系统操作面板及功能

（1）数控系统操作面板　不同厂家生产的数控铣床配备的数控系统各不相同，操作上有一定差异，但基本功能大致相同，操作原理基本一致，只要掌握一种数控系统的操作方法，其他系统的操作也不难理解。下面以 FANUC 系统为例介绍。

FANUC 数控系统有多种系列型号，如 F3、F6、F17、F0 等，系列型号不同，数控系统操作面板有一些差异。目前在我国应用相对较新的型号是 FANUC 0i 系列，如 FANUC 0iM 是可用于数控铣床和加工中心的数控系统。

FANUC 0i 系统的数控系统操作面板如图 1-1 所示。操作面板的左侧是 MDI 键盘，MDI 键盘上的键按其用途不同可分为功能键、数据键和编辑键等。各种键的位置如图 1-2 所示。操作面板右侧是 CRT（或 LCD[⊖]）屏幕，设在屏幕下面的一行键称为软键。软键的用途是可以变化的，在不同的界面下根据屏幕最下一行的软键功能提示，而有不同的用途。

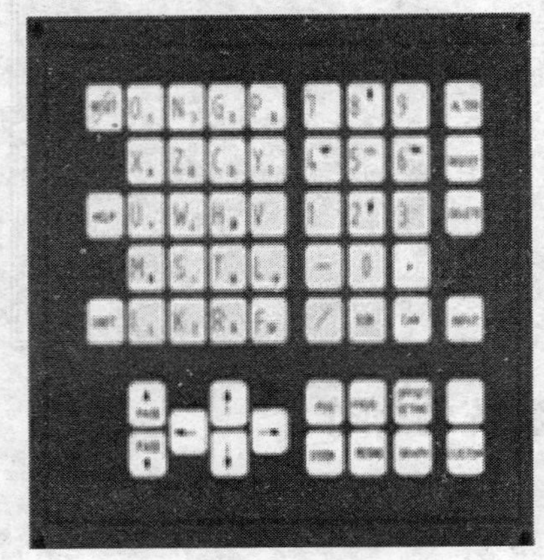

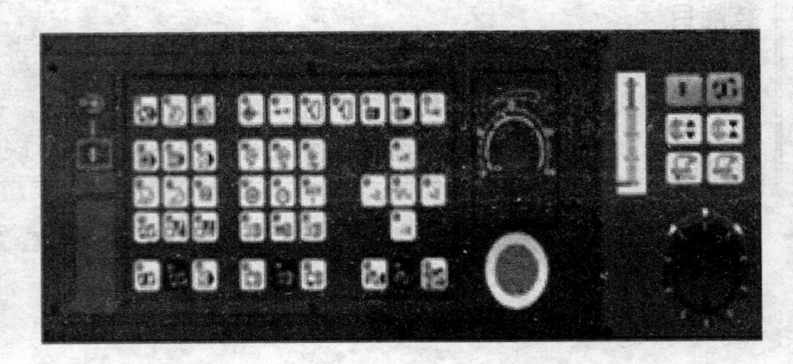

图 1-1　CRT/MDI 操作面板

O P　N Q　G R　7 A　8 B　9 C
X U　Y V　Z W　4 [　5]　6 SP
M I　S J　T K　1　2 #　3 =
F L　H D　EOB E　– +　0　.
POS　PROG　OFFSET SETTING　SHIFT　CAN　INPUT
SYSTEM　MESSAGE　CUSTOM GRAPH　ALTER　INSERT　DELETE
PAGE　PAGE　HELP　RESET

地址/数据键
功能键
光标移动键
换页键
上挡键
取消键
输入键
编辑键
帮助键
复位键

图 1-2　操作面板上各键的位置分布

（2）MDI 键盘上各种键的分类、用途和英文标志　FANUC 系统操作面板上各键的用途见表 1-1。

⊖　LCD 表示液晶显示。

表1-1 FANUC系统操作面板上各键的用途

键的标识字符		键名称	键用途
RESET		复位键	用于使CNC复位或取消报警等
HELP		帮助键	当对MDI键盘的操作不明白时按下这个键可以获得帮助（帮助功能）
SHIFT		上档键	在键盘上有些键具有两个功能，按下上档键可以在这两个功能之间进行切换，当一个键右下脚的字母可被输入时就会在屏幕上显示一个特殊的字符E
INPUT		输入键	当按下一个字母键或者数字键时，再按该键，数据被输入到缓存区，并且显示在屏幕上。要将输入缓存区的数据复制到偏置寄存器中，必须按下INPUT键。这个键与软键上的［INPUT］键是等效的
← → ↓ ↑		光标移动键	有四个光标移动键。按下此键时，光标按箭头指示方向移动
↑PAGE PAGE↓		换页键	按下此键时，可在屏幕上选择不同的页面（依据箭头方向，向前或向后翻页）
功能键（切换不同功能的显示界面）	POS	位置显示键	按下此键显示刀具位置界面。可以用机床坐标系、工件坐标系、增量坐标及刀具运动中距指定位置剩下的移动量等四种不同的方式显示刀具当前位置
	PROG	程序键	按下此键，在编辑方式下显示内存中的程序，可进行程序的编辑、检索和通信；在MDI方式下可显示MDI数据，执行MDI输入的程序；在自动方式下可显示运行的程序和指令值进行监控
	OFFSET SETTING	偏置键	按下此键显示偏置/设置SETTING界面，如刀具偏置量设置和宏程序变量的设置界面、工件坐标系设定界面和刀具磨损补偿值设定界面等
	SYSTEM	系统键	按下此键设定和显示运行参数表，这些参数供维修使用，一般禁止改动；显示自诊断数据
	MESSAGE	信息键	按此键显示各种信息（报警号页面等）
	CUSTOM GRAPH	图形显示键	按下此键以显示宏程序屏幕和图形显示屏幕（刀具路径图形的显示）
编辑键	DELETE	删除键	编辑时用于删除在程序中光标指示位置字符或程序
	ALTER	替换键	编辑时在程序中光标指示位置替换字符
	INSERT	插入键	编辑时在程序中光标指示位置插入字符
	EOB E	段结束符	按此键则一个程序段结束

（续）

键的标识字符		键名称	键 用 途
编辑键	CAN	取消键	按下此键删除最后一个进入输入缓存区的字符或符号。例如输入缓存区字符显示为：> N001X100Z _，当按下 CAN 键时，Z 被取消并且屏幕上显示：> N001X100 _
N Q　4 [（总计 24 个）		地址/数据键	输入数字和字母，或其他字符
[　]		软键	软键功能是可变的，根据不同的界面，软键有不同的功能，软键功能的提示显示在屏幕的底端

（3）功能键　数控系统的操作功能分为六大类，它们是：刀具位置显示操作；数控程序编辑、运行控制；各种偏置量的设置；系统参数设定；报警等信息和各种图形显示。使系统执行某一类功能，需要在相应的显示界面中操作，功能键是用来选择六类不同功能的界面，使用功能键可以打开所需要的某功能界面。

（4）软键　屏幕下方有七个按键，称为软键。软键用于在一个功能键所能显示的诸多界面中，切换界面或选择操作。根据软键的用途，把中间五个软键分为两类，用于切换界面的称为“章节选择软键”，用于选择操作的称为“操作选择软键”，如图 1-3 所示。这五个软键的用途是可变的，在按下不同的功能键后，它们各有不同的当前用途，依据 CRT 屏幕最下方显示的五个软键菜单提示，可以分别确定其当前用途。处于七个软键两端的两个键是用于扩展软键菜单的，分别称为“菜单返回键”和“菜单继续键”，如图 1-4 所示。屏幕上只有五个软键菜单位置，按“菜单返回键”和“菜单继续键”，可以依次显示更多的软键菜单。

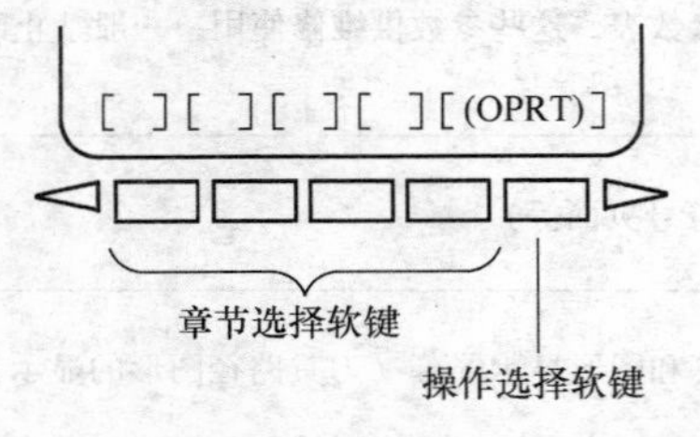

图 1-3　“章节选择软键”及“操作选择软键”

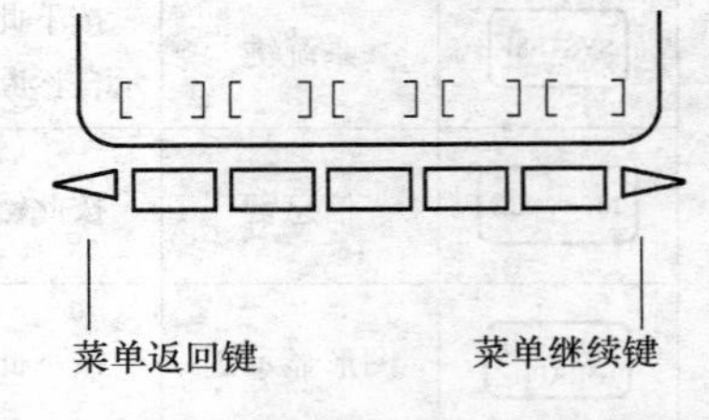

图 1-4　“菜单返回键”和“菜单继续键”

2. 功能键及软键的操作

数控系统的显示界面非常多，为方便检索，把显示界面按功能分类，用功能键切换不同功能的显示界面；在同一种功能界面下，用软键选择并切换到所需要的显示界面。

屏幕上界面切换操作步骤如下：

1）按下 MDI 面板上的某功能键，属于该功能涵盖的软键提示在屏幕最下一行显示出来。

2）按下其中一个“章节选择软键”（图 1-3），则该软键所规定的界面显示在屏幕上，如果有某个章节选择软键提示没有显示出来，按下“菜单继续键”（图1-4），可以扩展显示菜单，显示出下一个软键菜单。

3）当所选界面在屏幕上显示后，按下“操作选择软键”（图1-3），可以显示要进行操作的数据。

4）要重新显示屏幕上的软键提示行，按“菜单返回键”（图1-4）。

3. 机床操作面板

机床操作面板上配置了操作机床所用的各种开关，开关的形式分为按键和旋转开关，包括机床操作方式选择键、进给轴及运动方向键、程序检查用键、进给倍率选择旋转开关和主轴倍率选择旋转开关等。为方便使用，面板上的按键依据其用途，涂有标志符号，可以采用标准符号标志、英文字符标志或中文标志。

生产厂家不同，机床的类型不同，其机床面板上开关的配置不相同，开关的功能及排列顺序也有所差异。某数控加工中心操作面板配置如图1-5所示，该面板上按键采用了标准符号标志和中文标志。表1-2～表1-4中列出面板上按键的标志符号及其英文标志字符，说明了每个按键的用途。

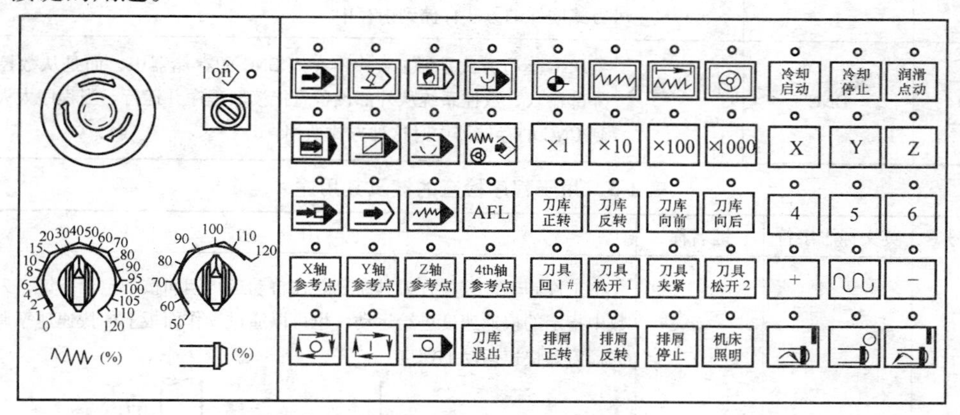

图1-5　某数控加工中心操作面板配置

表1-2　操作方式选择键及其用途

键符号	英文标志字符	键名称	用　途
	EDIT	编辑方式	用于检索、检查、编辑加工程序
	AUTO	自动运行方式	程序存到CNC存储器后，机床可以按程序指令运行，该运行操作称为自动运行（或存储器运行）方式程序选择。通常一个程序用于一种工件，如果存储器中有几个程序，则通过程序号选择所用的加工程序
	MDI	手动数据输入方式	从MDI键盘上输入一组程序指令，机床根据输入的程序指令运行，这种操作称为MDI运行方式。一般在手动输入原点偏置、刀具偏置等机床数据时也采用MDI方式
	HANDLE	手轮进给方式	摇转手轮，刀具按手轮转过的角度移动相应的距离

（续）

键符号	英文标志字符	键名称	用　途
	JOG	手动连续进给方式	用机床操作面板上的按键使刀具沿任何一轴移动。刀具可按以下方法移动：①手动连续进给，当一个按键被按下时刀具连续运动，反之则进给运动停止；②手动增量进给，每按一次按键，刀具移动一个固定距离（其固定距离由“进给当量选择键”确定，见表1-4）
	ZERO RETURN	手动返回参考点（回零方式）	CNC机床上确定机床位置的基准点叫做参考点，在这一点上进行换刀和设定机床坐标系。通常机床通电后要返回机床参考点。手动返回参考点就是用操作面板上的开关或者按键将刀具移动到参考点；也可以用程序指令将刀具移动到参考点，称为自动返回参考点
	TEACH	示教方式	结合手动操作，编制程序。TEACH IN JOG手动进给示教方式和TEACH IN HANDLE手轮进给示教方式是通过手动操作获得的刀具沿 X、Y、Z 轴的位置，并将其存储到内存中作为创建程序的位置坐标。除了 X、Y、Z 外，地址O、N、G、R、F、C、M、S、T、P、Q和EOB也可以用与EDIT方式同样的方法存储到内存中
	DNC	计算机直接运行方式	DNC运行方式是加工程序不存入CNC的存储器中，而是从数控装置的外部输入，数控系统从外部设备直接读取程序并运行。当程序太大无法存到CNC的存储器中时这种方式适用

表1-3　用于程序检查的键及其用途

键符号	英文标志字符	键名称	用　途
	DRY RUN	空运行	将工件卸下，只检查刀具路径。在自动运行期间按下空运行键，刀具按参数中指定的快速速度进给运动，也可以通过操作面板上的快速速率调整开关选择刀具快速运动的速度 刀具 工作台
	SINGLE BLOCK	单段运行	按下单程序段开关进入单程序段工作方式，在单程序段方式中按下循环启动按键，刀具在执行完程序中的一段程序后停止，通过单段方式一段一段地执行程序，仔细检查程序 循环启动 循环启动 停止 停止 循环启动 工件 停止

（续）

键符号	英文标志字符	键名称	用　　途
	MC LOCK	机床锁住	在自动方式下，按下机床锁住键，刀具不再移动，但是显示界面上可以显示刀具的运动位置，沿每一轴运动的位移在变化，就像刀具在运动一样 MDI X○○○○○ Y Z 刀具 工件 刀具处在停止状态，并且只有轴的位置显示在变
	OPT STOP	选择停止	按下选择停止键，程序中的M01指令使程序暂停，否则M01不起作用
	BLOCK SKIP	可选程序段跳过	按下该键可跳过程序段，即程序运行中跳过开头标有“/”，结束标有“;”的程序段
	STOP	程序停止	程序停止（只用于输出）。按下此键，在运行程序过程中，程序中的M00指令使程序停止运行时，该按键显示灯亮
	—	程序重启动	由于刀具破损等原因程序自动停止后，按此键程序可以从指定的程序段重新开始运行

表1-4　其他键及开关的标志及其用途

键/开关符号/形式	英文标志字符	键/开关名称	用　　途
	CYCLE START	循环启动	按下循环启动键，程序开始自动运行。当一个加工过程完成后自动运行停止
	FEED HOLD	进给暂停	在程序运行中按下进给暂停键，自动运行暂停，可在程序中指定程序停止或者中止程序命令。程序暂停后，按下循环启动键，程序可以从停止处继续运行
×1　×10　×100　×1000		进给当量选择	在手轮方式时，选择手轮进给当量，即手轮每转一格，直线进给运动的距离可以选择：1μm、10μm、100μm或1000μm 在手动增量进给方式时，选择手动增量进给当量，即每按一次键，进给运动的距离可以选择：1μm、10μm、100μm或1000μm
X　Y　Z　4　5　6		手动进给轴	手动进给轴选择，在手动进给方式或手动增量进给方式下，该键用于选择进给运动轴，即*X*、*Y*、*Z*轴以及第4、5、6轴等
+　−		进给运动方向	手动进给方式或增量进给方式时，在选定了手动进给轴后，该键用于选择进给运动方向
	REPID	快速进给	在手动进给方式下按下此开关，执行手动快速进给

（续）

键/开关符号/形式	英文标志字符	键/开关名称	用　途
	SPINDLE CW	手动主轴正转	按下该键使主轴顺时针方向旋转
	SPINDLE CCW	手动主轴反转	按下该键使主轴逆时针方向旋转
	SPINDLE STOP -	手动主轴停	按下该键使主轴停止旋转
on	ON OFF	数据保护	数据保护键用于保护零件程序、刀具补偿量、设置数据和用户宏程序等 “1”：ON 接通，保护数据 “0”：OFF 断开，可以写入数据
0 1 2 4 6 8 10 15 20 30 40 50 60 70 80 90 95 100 105 110 120 (%)		进给速度倍率调整	进给速度倍率调整开关用于在操作面板上调整程序中指定的进给速度。例如，程序中指定的进给速度是 100mm/min，当进给倍率选定为 20% 时，刀具实际的进给速度为 20mm/min。此旋转开关用于改变程序中指定的进给速度，进行试切削，以便检查程序 由程序指定的进给速度:100mm/min 倍率20%后的进给速度:20mm/min 刀具 工件
50 60 70 80 90 100 110 120 (%)		主轴转速倍率调整	主轴转速倍率调整开关用于在操作面板上调整程序中指定的主轴转速。例如：程序中指定的主轴转速是 1000r/min，当主轴转速倍率选定为 50% 时，主轴实际的转速为 500r/min。此旋转开关用于调整主轴转速，进行试切削，以便检查程序
	E-STOP	紧急停止	进给停，断电。用于发生意外紧急情况时的处理

（1）操作方式选择键（MODE SELECT） 操作者操作机床时，一般应该先选择机床的操作方式。FANUC 系统把机床的操作方式分为九种：编辑（EDIT）、自动运行（AUTO）、手动数据输入（MDI）、手轮进给（HANDLE）、手动连续进给（JOG）、增量进给方式、回参考点（ZERO RETURN）、示教（TEACH）和直接数控工作方式（DNC）。

（2）用于程序检查的键 在数控程序编辑完成后，进行加工之前应该进行程序运行检查，检查、验证程序中的刀具路径是否正确。程序检查是防止刀具碰撞、避免事故的有效措施。为了提高效率，检查程序可以通过在机床上快速运行刀具路径（即空运行、进给速度倍率等），或者在屏幕界面上图形模拟运行刀具路径（即图形模拟、机床锁住等），观察屏幕显示的刀具位置坐标的变化来实现。表1-3和表1-4中的一些键适用于在实际加工之前检查程序，以确定机床运行加工程序的效果。用于程序检查的功能有：机床锁住、辅助功能锁住、进给速度倍率、快速移动倍率、空运行和单段运行等。

4. 面板上的指示灯

1）机床（MACHINE）：电源灯（POWER），当电源开关合上后，该灯亮。准备好灯（READY），当机床复位键按下后，机床无故障时灯亮。

2）报警（ALARM）：主轴灯（SPINDLE），主轴报警指示。控制器灯（CNC），控制器报警指示。润滑灯（LUBE），润滑泵液面低报警指示。

3）回零（HOME）：分别指示各轴回零结束，灯亮表示该轴刀具已回参考点（回零）。

任务准备

在实训老师的带领下，每四位同学为一个小组，每个小组对应一台装有FANUC 0i系列的数控铣床。

任务实施

1. 数控铣床/加工中心通电操作

打开数控系统电源的步骤如下：

1）检查数控机床的外观是否正常，如检查操作门是否关好。

2）按照机床说明书中所述的步骤通电。

3）通电后如果系统正常，则会显示位置显示界面，如图1-6所示。如果通电后出现报警，就会显示报警信息；如果显示如图1-7～图1-9中所示的显示界面，则可能是出现了系统错误。

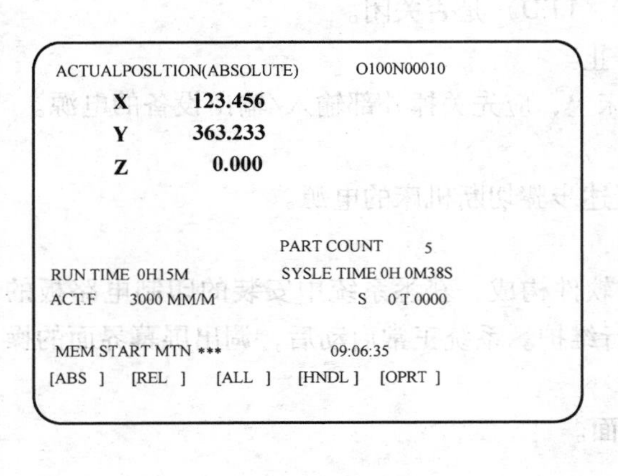

图1-6 电源接通时位置显示界面

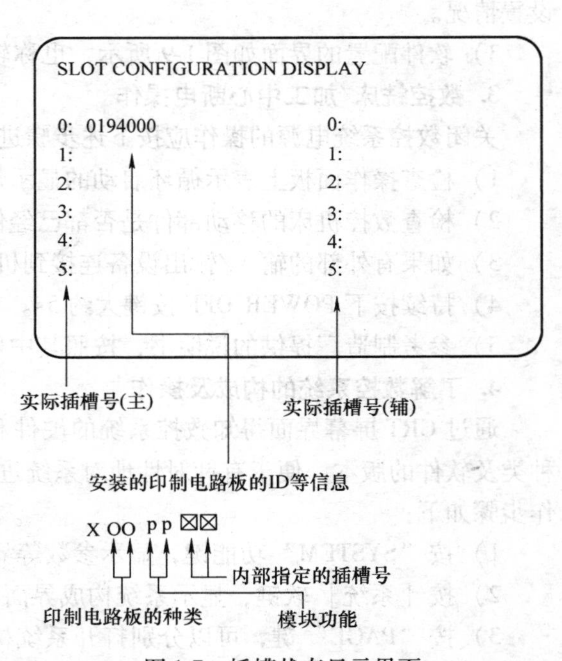

图1-7 插槽状态显示界面

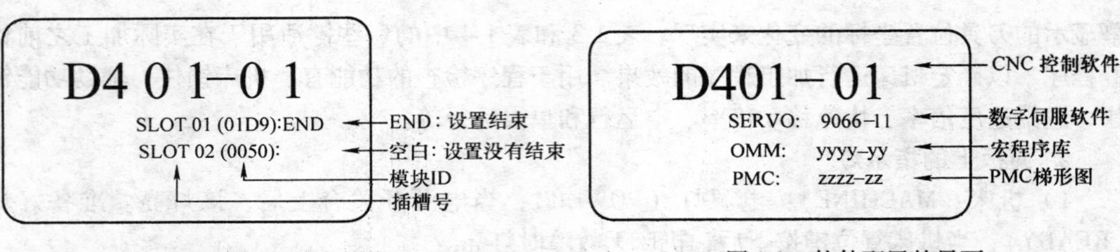

图 1-8　各模块设置结束等待显示界面　　图 1-9　软件配置的界面

4）检查风扇电动机是否旋转。

在显示位置界面或者报警界面之前，不要进行操作，因为系统键盘上有些键用于维修保养或者具有特殊用途，如果它们被按下后会发生意外的操作结果。

2. 通电后系统异常

如果系统中存在硬件错误或者安装错误，系统通电后，屏幕显示图 1-7 ~ 图 1-9 所示三种界面中的一种，并停止运行。此时，应根据界面显示的内容，进行相应硬件和软件配置的检查和诊断。

1）插槽状态显示界面如图 1-7 所示，也称为印制电路板构成界面。屏幕上显示 CNC 各插槽中安装的印制电路板（硬件）的信息，该信息和发光二极管的状态对故障诊断很有帮助（有关印制电路板的详细资料和模块功能详见厂家提供的维修说明书）。

2）各模块设置结束等待显示界面如图 1-8 所示，也称为模块构成界面，用于监视模块设置情况。

3）软件配置的界面如图 1-9 所示，也称软件构成界面，列出了系统软件的构成情况。

3. 数控铣床/加工中心断电操作

关闭数控系统电源的操作应按下述步骤进行：

1）检查操作面板上表示循环启动的显示灯（LED）是否关闭。

2）检查数控机床的移动部件是否都已经停止。

3）如果有外部的输入/输出设备连接到机床上，应先关掉外部输入/输出设备的电源。

4）持续按下 POWER OFF 按键大约 5s。

5）参考制造厂提供的说明书，按照其中所述步骤切断机床的电源。

4. 了解数控系统的构成及操作

通过 CRT 屏幕界面得知数控系统的硬件和软件构成，获悉系统中安装的印制电路板的种类及软件的版本，便于有针对性地对系统进行维护。系统正常启动后，调出屏幕界面的操作步骤如下：

1）按“SYSTEM”功能键，显示参数等界面。

2）按［系统］软键，显示系统构成界面。

3）按“PAGE”键，可以分别打开系统构成显示的三种界面，即印制电路板构成界面（图 1-7）、模块构成界面（图 1-8）和软件构成界面（图 1-9）。

5. 数控机床的操作模式

（1）手动操作模式

1）JOG 操作：手动连续进给操作，可以实现点动进给，主轴低速旋转，转塔刀架旋转换刀和工件夹紧与松开。

2）HANDLE 操作：手轮进给操作，主要用于进给操作。而手动连续进给操作主要用于机床的调整。JOG 模式和 HANDLE 模式的联合操作可以进行刀具的精确对刀。

3）MDI 操作模式。MDI（Manual Data Input）即手动数据输入模式。有的数控系统称为 MDA（Manual Data Automatic），即手动数据自动执行模式。该模式下，允许手动输入程序指令，并可自动运行和加工。但该模式下：输入的程序长度有限制，一般不能超过一屏；且程序不能永久保存，随着内存的清零而丢失；同时，程序不能进行仿真演示。因此，该模式主要用于机床调试及初学者的培训和训练。

（2）自动操作模式　数控机床自动运行程序前，需要通过按键切换到存储器操作模式，并且要保证所有的轴已经校准，转塔刀架已调整，机床准备好灯亮，没有 NC 或机床错误显示，操作门关闭。

任务2　数控铣床、加工中心的对刀与换刀

任务描述

1. 理解对刀的含义和作用。
2. 了解几种常见的对刀方法。
3. 至少掌握一种手动对刀的方式。
4. 换刀点的选择。

任务分析

在数控机床中，唯一能够识别位置的是机床坐标系，它能在机床可以移动的空间里精确地确定每一个点的位置，从而实现准确控制，然而由于不同零件的大小、形状及加工要求不同，为了便于计算和编程，需要把零件先固定在机床工作台上，然后在零件上找到一个特殊点。把这个特殊点在机床坐标中的位置定为工件坐标原点的过程就称为对刀。对于不同的加工工序和加工内容，需要使用不同的刀具，这就需要换刀。数控铣床采用手动换刀，而加工中心采用自动换刀。

相关知识

1. 对刀点的确定

对刀的目的：确定工件在机床坐标系中的位置，如图 1-10 所示。

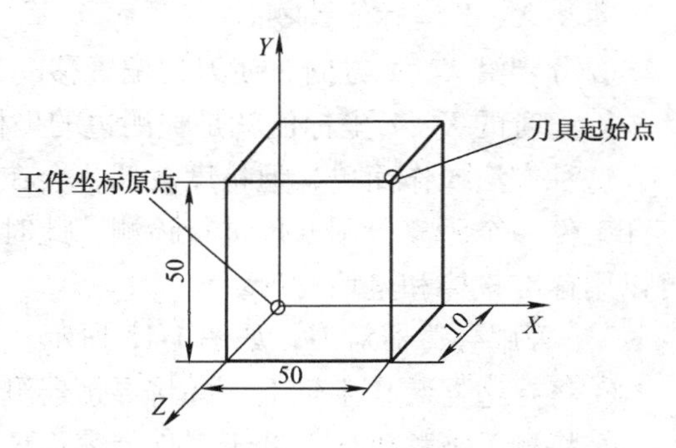

图 1-10　对刀点的确定

加工中心的对刀点最好与工件坐标系重合，最少在 X、Y 方向上重合，这样有利于保证对刀精度，减少对刀误差，这种对刀方法适合试切法加工单件工件。

对刀点也可以和定位基准重合，直接利用定位元件进行对刀，这样可以避免在批量加工时，因工件尺寸误差影响对刀精度，这种方法适合加工成批工件。

2. 换刀点的确定

对于有刀库、可以自动换刀的加工中心，可以完成对工件多个不同表面的加工，这就需要经常更换刀具，在程序编制时，必须考虑和确定换刀点。换刀点的确定以刀具不碰撞工件、夹具和机床为原则。一般加工中心的换刀点是固定的。

3. 对刀方法

（1）手动对刀　手动对刀是指在机床上、借助简单量仪的对刀。这种方法简单、实用，但对刀精度一般较低。

1）用指示表分度值为0.01mm或0.001mm对刀，如图1-11所示。

①用磁性表座将指示表吸在机床主轴端面上，并低速转动主轴。

②用手动操作，使旋转的表头分别靠在X、Y方向的孔壁上，并使表针产生一个预压量。

③分别在X、Y方向上微量移动工作台，使表头旋转一周时，其指针的摆动量控制在允许的误差范围内，此时可认为主轴回转轴线与工件孔中心线重合。

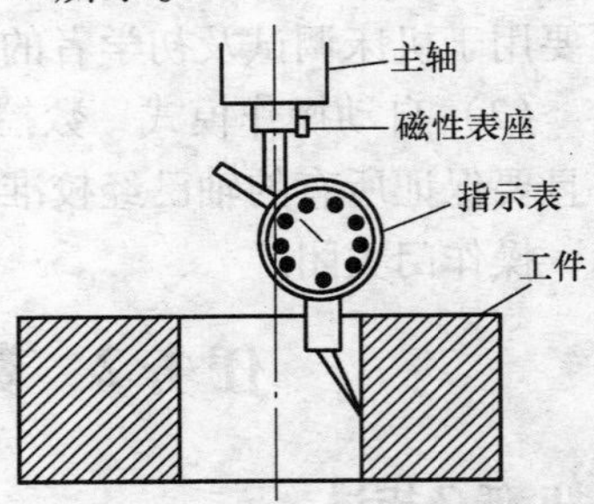

图1-11　用指示表对刀

2）采用碰刀或试切方式对刀。当精度要求不高时，可直接利用加工刀具进行对刀，如图1-12所示。其操作步骤如下：

①将刀具安装在主轴上，并使之中速旋转。

②分别沿X、Y方向，使刀具靠近工件被测边，直到与工件表面轻微接触。

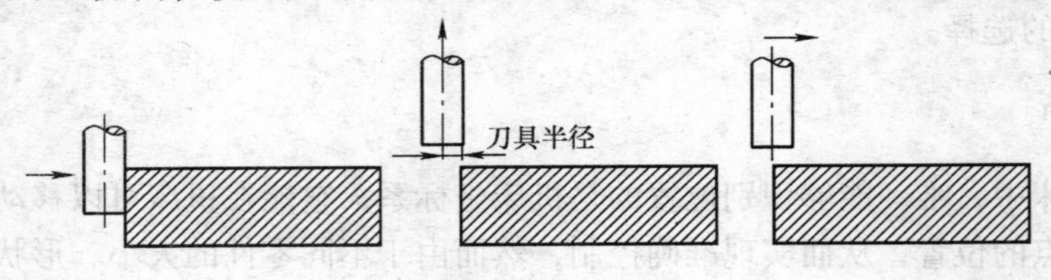

图1-12　试切对刀

③保持X、Y坐标不变，沿Z向使刀具离开工件表面。

④将X、Y坐标值置零。

⑤分别沿X、Y方向，使刀具偏置移动一个刀具半径值。

⑥此时的X、Y坐标值就是被测边的坐标偏置值，对其进行坐标偏置设置即可。

这种方法操作简单，但精度较低，会在工件表面留进刀痕。为避免工件损伤，可让刀具离开工件一个距离，用塞尺进行检测，此时偏置移动距离也应该多一个塞尺厚度。此外，也可以用标准量棒和量块对刀。

3）采用寻边器对刀，如图1-13所示。

①将寻边器装在主轴上，并将寻边器测头大致移动到被测工件表面上方。

②将测头下移到球心低于工件上表面位置。

③沿X（或Y）方向慢速移动测头，直到测头接触工件侧面，指示灯亮，然后反向移动

到指示灯灭。

④逐级降低移动速度（0.1mm/s→0.01mm/s→0.001mm/s），重复步骤③的操作，直到指示灯长亮为止。

⑤将此时机床坐标 X（或 Y）值置零，将测头反向移动到工件另一侧。

⑥重复步骤④的操作。

⑦记下此时机床 X（或 Y）坐标值。

⑧将主轴移动到 X（或 Y）坐标值的一半，此处即为两侧面的对称面位置。

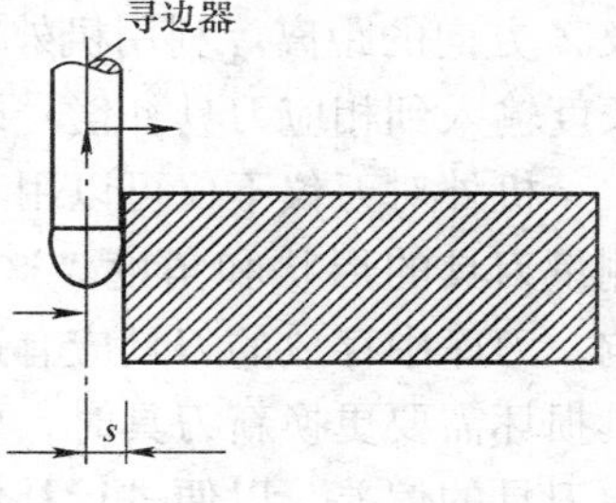

图 1-13 寻边器对刀

机械式寻边器有上下两部分，中间通过弹簧连接成一个整体。上部分装夹在机床主轴上，当主轴回转时，由于离心力的作用，上、下部分将会出现偏心，当下部分逐渐靠近工件时，其偏心将会逐渐减小。机械式寻边器结构简单、价格便宜。由于其结构特点，不适合在卧式机床上使用。其对刀操作方法与光电式基本相同，不同的是根据测头离心偏摆进行对刀，如图 1-14 所示。

4）刀具 Z 向对刀。

①将 Z 轴对刀器放在工件对刀平面上，进行调零设定（图 1-15）。

②选定一把刀具压 Z 轴对刀器顶面，使指示表指针指到调零位置，如图 1-15 所示。

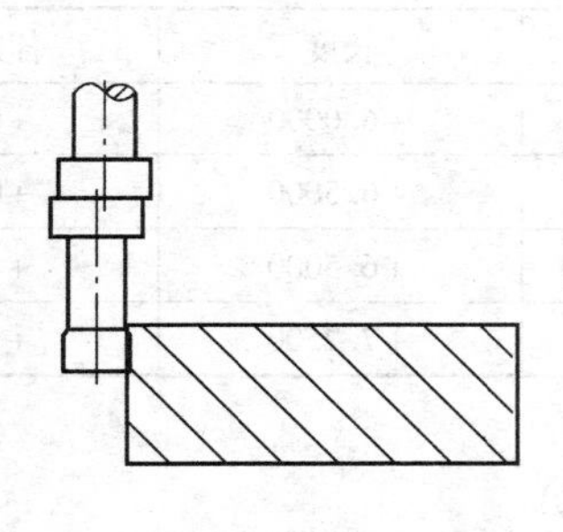
图 1-14 机械式寻边器对刀

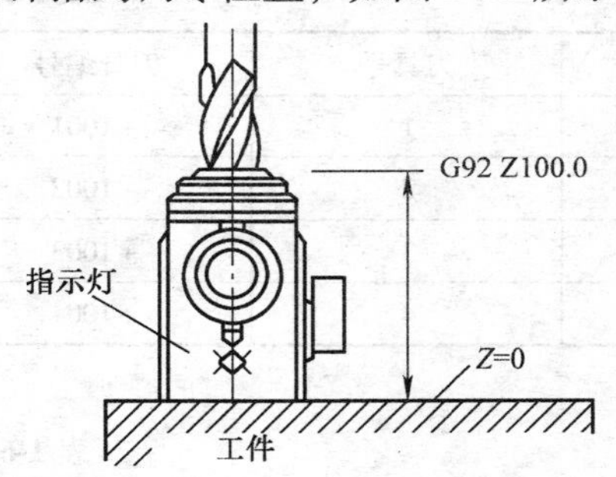

图 1-15 对刀器 Z 向对刀

③设定 Z 向坐标原点（须考虑 Z 轴对刀器的高度）。

④依次用其他刀具，重复步骤②的操作，并记下各刀具的 Z 向坐标值，如 A、B、C（图 1-16）。

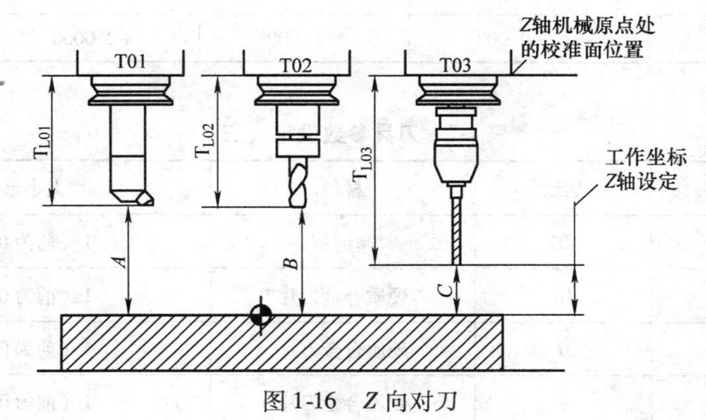

图 1-16 Z 向对刀

⑤用这些值对相应刀具进行补偿设置。

（2）机外对刀仪对刀　机外对刀的本质是测量出刀具假想刀尖点到刀具台基准之间 X 及 Z 方向的距离。利用机外对刀仪可将刀具预先在机床外校对好，以便装上机床后将对刀长度输入到相应刀具补偿号即可以使用，如图 1-17 所示。

机外对刀仪不仅可以用来测量刀具的长度和直径，也可以测量刀具的形状和角度。这些参数对工件的加工质量均有影响，刀库中存放的刀具应有这些参数的详尽描述。另外，当刀具损坏需要更换新刀具时，可以用机外对刀仪测出新刀相对于原刀具的偏差，以便进行补偿，保证加工的正常进行。

（3）机内自动对刀　机内自动对刀是通过刀尖检测系统实现的，刀尖以设定的速度向接触式传感器接近，当刀尖与传感器接触并发出信号，数控系统立即记下该瞬间的坐标值，并自动修正刀具补偿值。

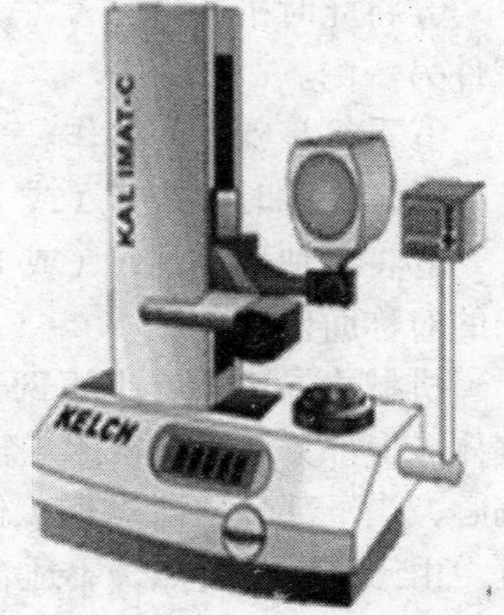

图 1-17　机外对刀仪

4. 刀具参数设定和自动换刀

（1）刀具参数设定（表 1-5～表 1-8）　刀具管理窗口如图 1-18 所示。

表 1-5　刀具参数设定（一）

编号	刀具号	刀具编号	形式	长度	名义直径
1	1	+1001	钻	+6. 0000	+0. 068
2	2	+1002	镗	+6. 5000	+0. 800
3	3	+1003	镗	+6. 5000	+1. 000
4	4	+1004	精铣	+7. 2500	+1. 000

表 1-6　刀具参数设定（二）

编号	刀具号	直径偏置	刃倾角	槽长	切削刃数
1	1	+0. 000	+112. 000	+5. 5000	1
2	2	+0. 000	+0. 000	+6. 5000	1
3	3	+0. 000	+0. 000	+6. 0000	1
4	4	+0. 000	+0. 000	+2. 0000	4

表 1-7　刀具参数设定（三）

编号	刀具号	螺纹	材料	大小（刀具格）
1	1	0	高速钢	1（前为 0 其次为 0）
2	2	10	硬质合金刀片	1（前为 0 其次为 0）
3	3	0	硬质合金刀片	1（前为 0 其次为 0）
4	4	0	硬质合金刀片	1（前为 0 其次为 0）

表1-8　刀具参数设定（四）

编号	刀具号	材料	大小（刀具格）	加载方法
1	1	高速钢	1（前为0 其次为0）	自动加载
2	2	硬质合金刀片	1（前为0 其次为0）	自动加载
3	3	硬质合金刀片	1（前为0 其次为0）	自动加载
4	4	硬质合金刀片	1（前为0 其次为0）	自动加载

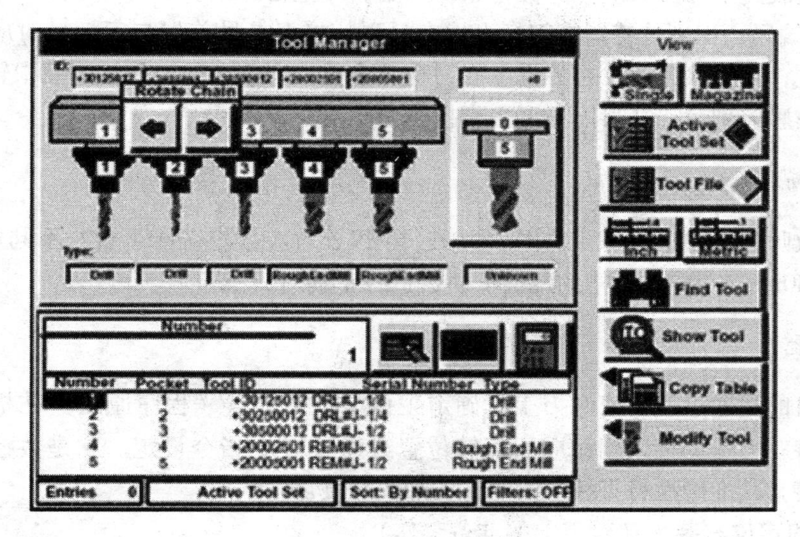

图1-18　刀具管理窗口

1）根据被加工型面形状选择刀具类型。对于凹形表面，在半精加工和精加工时，应选择球头铣刀，以得到好的表面质量，但在粗加工时宜选择平端立铣刀或圆角立铣刀，在精加工时宜选择圆角立铣刀。

2）根据从大到小的原则选择刀具。模具型腔一般包含有多个类型的曲面，因此在加工时一般不能选择一把刀具完成整个零件的加工。

无论是粗加工还是精加工，应尽可能选择大直径的刀具，因为刀具直径越小，加工路径越长，造成加工效率降低，同时刀具的磨损会造成加工质量的明显差异。

3）根据型面曲率的大小选择刀具。在精加工时，所用最小刀具的半径应小于或等于被加工零件上的内轮廓圆角半径。

4）粗加工时尽可能选择圆角铣刀。一方面圆角铣刀在切削中的切削力可以在切削刃与工件接触的0°～90°范围内连续地变化，这不仅对加工质量有利，而且能够延长刀具寿命；另一方面，在粗加工时选用圆角铣刀，与球头铣刀相比具有良好的切削条件，与平端立铣刀相比可以留下较为均匀的精加工余量。

（2）自动换刀　加工中心上的自动换刀装置由刀库和刀具交换装置组成，用于交换主轴与刀库中的刀具或工具。

1）机械手换刀：由刀库选刀，再由机械手完成换刀动作，这是加工中心普遍采用的形式。加工中心结构不同，机械手的形式及动作也不同。

2）主轴换刀：通过刀库和主轴箱的配合动作来完成换刀，适用于刀库中刀具位置与主轴上刀具位置一致的加工中心。

（3）刀具识别

1）刀座编码：在刀库的刀座上编有号码，在装刀之前，首先对刀库进行重整设定，设定完后，就变成了刀具号和刀座号一致的情况，此时1号刀座对应的就是1号刀具，经过换刀之后，1号刀具并不一定放到1号刀座中（刀库采用就近放刀原则），此时数控系统自动记忆1号刀具放到了几号刀座中，数控系统采用循环记忆方式。

2）刀柄编码：识别传感器在刀柄上编有号码，将刀具号首先与刀柄号对应起来，把刀具装在刀柄上，再装入刀库，在刀库上有刀柄感应器。当需要的刀具从刀库中转到装有感应器的位置，被感应到后，从刀库中调出交换到主轴上。

任务准备

在实训教师的带领下，每4位同学为一个小组，对应数控铣床1台，不同规格的刀具2把，80mm×80mm×50mm规格的铝锭1块，进行手动对刀准备。

任务实施

对刀的目的是通过刀具或对刀工具确定工件坐标系零点（程序原点）在机床坐标系中的位置，并将对刀数据输入到相应的存储位置或通过G92指令设定。它是数控加工中最重要的操作内容，其准确性将直接影响零件的加工精度。

1. 工件的定位与装夹（对刀前的准备工作）

在数控铣床上常用的夹具有机用虎钳、分度头、自定心卡盘和平台夹具等，经济型数控铣床装夹时一般选用机用虎钳装夹工件。把机用虎钳安装在铣床工作台面中心上，找正并固定。

根据工件的高度情况，在机用虎钳钳口内放入形状合适和表面质量较好的垫铁后，再放入工件，一般是工件的基准面朝下，与垫铁面紧靠，然后拧紧机用虎钳。

2. 对刀点、换刀点的确定

（1）对刀点的确定　对刀点是工件在机床上定位装夹后，用于确定工件坐标系在机床坐标系中位置的基准点。对刀点可选在工件上或装夹定位元件上，但对刀点与工件坐标点必须有准确、合理、简单的位置对应关系，方便计算工件坐标系原点在机床上的位置。一般来说，对刀点最好与工件坐标原点重合。

（2）换刀点的确定　在使用多种刀具加工的数控铣床或加工中心上，加工工件时需要经常更换刀具，换刀点应根据换刀时刀具不碰到工件、夹具和机床的原则进行确定。

任务3　数控机床的安全操作及保养

任务描述

1. 数控机床的日常维护保养。

2. 数控机床的安全操作规程。

任务分析

作为一个高技术的综合体，要进行安全操作和合理的保养就需要掌握安全操作规程和机电产品的特性，要进行合理的、及时的保养就需要掌握机床的组成、性能特点等。

相关知识

1. 日常维护保养

1）严格遵循操作规程。

2）防止数控装置过热。

3）定时监视数控系统的电网电压。

4）定期检查和更换直流电动机电刷。

5）防止灰尘进入数控装置内。

6）存储器用电池定期检查和更换。

7）数控系统长期不用时的维护。

2. 安全操作规程

（1）对数控机床操作人员的基本要求

1）知识面广。

2）加强数控机床操作方法和技巧的培训，培养综合分析和解决问题的能力。

3）了解机床的性能，具有排除障碍能力。

4）具有高度的责任感和良好的职业道德。

（2）数控机床安全操作规程

1）数控系统通电前检查。数控装置内印制电路板安装是否紧固，各个插头有无松动；数控装置与外界之间的连接电缆是否按配套手册的规定正确连接；交流输入电源的连接是否符合数控装置规定的要求；各种硬件的设定是否符合要求。

2）数控系统通电后检查。数控装置风扇是否正常运转；各个印制线路或模块上的直流电源是否正常，是否在允许的波动范围内；数控装置参数与说明书是否一致；当数控装置与机床连机通电时，应在接通电源的同时，做好按压紧急停止按钮的准备，以备出现紧急情况时随时切断电源；用手动方式低速移动各个轴，观察机床移动方向的显示是否在超程时发出报警；进行几次返回机床基准点的动作，用来检查数控机床是否有返回基准点的功能；根据使用说明书，用手动或编制程序的方法检查数控系统所具备的功能。

任务4　数控程序的输入与编辑

任务描述

1. 掌握常用程序的输入与编辑的方法。
2. 掌握程序段的编辑方法。
3. 掌握程序的输入与编辑的注意事项。

任务分析

数控机床是按照数控加工程序中的指令来工作的，要求操作人员熟悉掌握操作面板上各个按键的作用；熟悉各按键所在的位置；对机床坐标系及工件坐标系有深刻的理解；掌握有关数控加工程序的知识。数控加工程序正确、快速地输入与编辑是数控机床操作的重要步骤，也是正确开动数控机床的基本技能之一。

任务实施

1. 程序及程序段编辑操作

（1）创建新程序

1）进入 EDIT 方式。

2）按下 PROG 键，显示程序。

3）按下地址键 0，输入程序号（如 0012）。

4）按下 INSERT 键，就完成了程序号的输入，“O0012” 就显示出来了。

5）按下 EOB 键，接着按下 INSERT 键，使“;”插入就可以编辑程序内容了。

注意

编辑程序号时，不能与机床内存储器同号，编辑前应该查看程序。同时，凡是要进行程序编辑，都需要关闭程序保护锁，使机器能够进入编辑状态。

（2）调用机床内存中存储的程序

1）进入 EDIT 方式。

2）按下 PROG 键，显示程序。

3）按下地址键 0，输入程序号（如 0012）。

4）按下 CURSOR 中的 ↓ 键，就完成了“O0012” 程序的调用。

注意

调用程序时，程序号要在机床内存储器中。

（3）删除程序

1）进入 EDIT 方式。

2）按下 PROG 键，显示程序。

3）按下地址键 0，输入程序号（如 0012）。

4）按下 DELETE 键，就完成了“O0012” 程序的删除。

（4）删除全部程序

1）进入 EDIT 方式。

2）按下 PROG 键，显示程序。

3）按下地址键 0，输入“-9999”。

4）按下DELETE键，就完成了全部程序的删除。

（5）删除指定范围内的多个程序

1）进入 EDIT 方式。

2）按下PROG键，显示程序。

3）按下地址键0，输入“0100”，再按下地址键0，输入“0200”。

4）按下DELETE键，就完成了 No0100 到 No0200 之间的全部程序的删除。

（6）删除程序段

1）进入 EDIT 方式。

2）移动光标检索或扫描到要删除的程序段，按下EOB键。

3）按下DELETE键，就完成了当前光标所在程序段的删除。

（7）程序字的编辑操作

1）进入 EDIT 方式。

2）插入字：移动光标到要插入字的位置，键入要插入的内容，按下INSERT键。

3）替换字：将光标移动到将要替换的字，键入要替换的内容，按下ALTER键。

（8）后台编辑　当一个程序正在执行时，另外一个程序也可以编辑（称后台编辑），编辑的方法和程序编辑的方法一样（前台程序编辑）。按显示器下方的软键［BG-EDT］，就可以对其他程序进行编辑，完毕后，按软键［ OPRT ］（“操作”），再按软键［BG-EDT］，返回当前执行的程序界面。

2. 程序的传输

当我们使用自动编程或者需要把已有的加工程序输入数控系统时，就必须通过计算机传输方式输入数控系统。传输的软件常用的有“NC sentry”、“CNC EDIT”等，有的是自动编程软件自带的，虽然种类不同，但是传输的方式大同小异。

（1）传输的程序格式　用于传输的程序通常用记事本编写，编写后保存为“ *. txt”格式的文件。自动编程后，在后处理设置的时候，后置文件扩展名设置为“. txt”。编写格式如下：

%

O××××　（程序号）

……　　（程序内容）

……

%

注意

被传输的程序前后一定要有“%”。

（2）数控程序的传输　传输软件参数的设定，查看机床输入/输出的相关参数：

1）按下功能键SYSTEM。

2）按下最右边的软键［?］（菜单扩展键）若干次。

3）按下软键［ALL IO］，显示 ALL IO 画面（图 1-19）。

可以看到波特率（BAUDRATE）的设置，在电脑传输软件设置相同的波特率。

输入程序：

1）选择 EDIT 方式，显示程序的目录。

2）按下软键［OPRT］。

3）输入程序号（注意不要与机床已有的程序号重复）O××××。

4）按下软键［READ］，然后软键［EXEC］（执行键）。

5）在电脑传输软件上按“SendData”进入发送界面，即可开始传输程序了（图 1-20）。

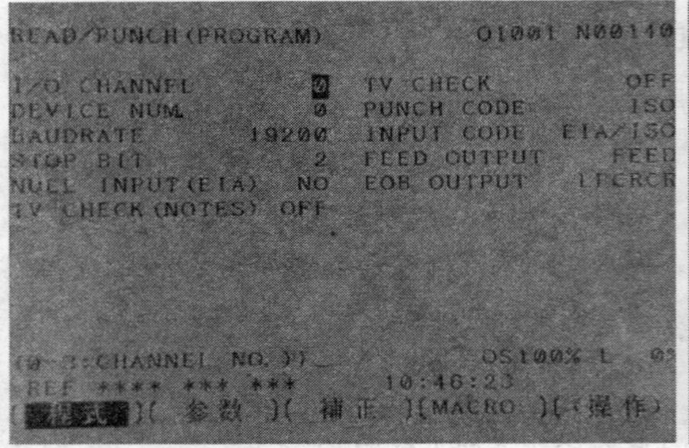

图 1-19　ALL IO 画面

图 1-20　用计算机传输程序的画面

注意

当传输中遇到报警出现要采取以下措施：

1）CNC 和 PC 的波特率、数据位、奇偶校验、停止位等数据一定要一致。

2）编写的程序要规范，每句程序不要有不必要的空格，括号等系统不能识别的字符。

3）检查数据线是否插稳，有无松动。

3. 程序的复制与移动

（1）复制一个完整的程序　当需要输入一个内容与已有的程序大致相同，但数据不同的新程序，可以用复制功能来完成，而后稍加改动。比如复制程序号为 Oxxxx 的程序，将其建立为 Oyyyy 的新程序，由复制操作建立的程序除程序号以外，内容与原程序一样，如图 1-21 所示。步骤如下：

1）进入 EDIT 方式。

2）按下 PROG 键，打开显示要复制的程序“Oxxxx”。

3）按下软键［OPRT］（操作），按下最右边的软键［?］。

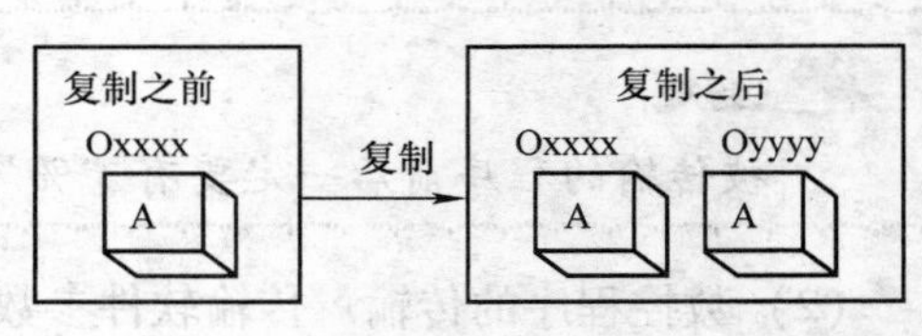

图 1-21　复制整个程序示意图

4）按下软键［EX-EDT］。

5）按下软键［复制］，接着按下软键［全部］。

6）输入新程序名“yyyy”（不要输入字母“O”），并按下INPUT键。

7）按软键［EXEC］（执行键）即可，按RESET返回。

（2）复制部分程序　复制程序号为Oxxxx的程序的B部分，将其建立为Oyyyy的新程序，复制操作后指定编辑范围的程序不变，如图1-22所示。步骤如下：

1）进入EDIT方式。

2）按下PROG键，打开显示要复制的程序“Oxxxx”。

3）按下软键［OPRT］（操作），按下最右边的软键［?］。

4）按下软键［EX-EDT］。

5）按下软键［复制］。

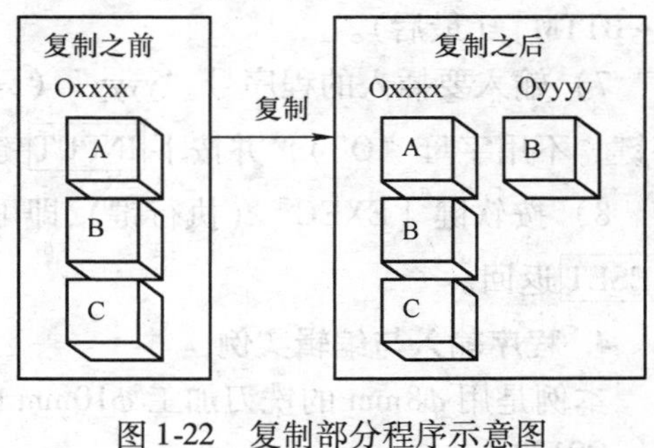

图1-22　复制部分程序示意图

6）将光标移动到要复制范围的开头，并按下软键［CRSR～］（起点）；再将光标移动到要复制范围的终点，并按软键［～CRSR］（终点）或直接按［～最后］。

7）输入新程序名“yyyy”（不要输入字母“O”），并按下INPUT键。

8）按软键［EXEC］（执行键）即可，按RESET返回。

（3）移动部分程序　移动程序号为Oxxxx的程序的B部分，将其建立为Oyyyy的新程序，B部分从原程序Oxxxx中删除，如图1-23所示。步骤如下：

1）进入EDIT方式。

2）按下PROG键，打开显示要复制的程序“Oxxxx”。

3）按下软键［OPRT］（操作），按下最右边的软键［?］。

4）按下软键［EX-EDT］。

5）按下软键［移动］。

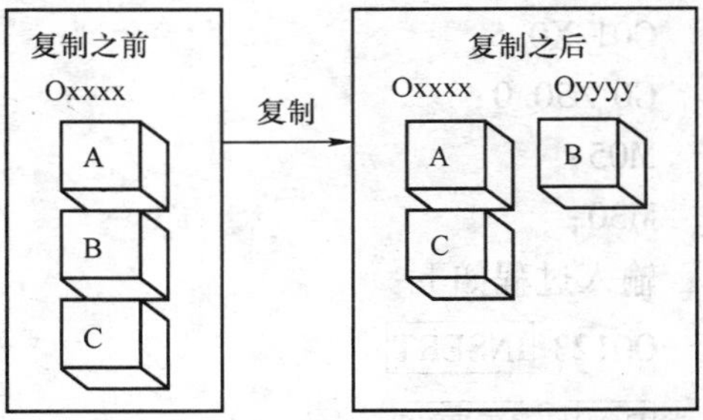

图1-23　移动部分程序示意图

6）将光标移动到要移动范围的开头，并按下软键［CRSR～］　（起点），再将光标移动到要移动范围的结束处，按下下一个软键［～CRSR］（终点）或直接按软键［～最后］。

7）输入新程序名“yyyy”（不要输入字母“O”），并按下INPUT键。

8）按软键［EXEC］（执行键）即可，按RESET返回。

（4）合并程序　程序号为Oyyyy的程序被合并到程序号为Oxxxx的程序中，并在合并操作之后，Oyyyy保持不变，如图1-24所示。步骤如下：

1）进入EDIT方式。

2）按下PROG键，打开显示要复制的程序“Oxxxx”。

3）按下软键［OPRT］（操作），按下最右边的软键［?］。

4）按下软键［EX-EDT］。

5）按下软键［MERGE］（合并）。

6）将光标移动到插入另一个程序的位置，并按下软键［~CRSR］（终点）或者按软键［~BTTM］（最后）。

7）输入要插入的程序号“yyyy”（只用数字键，不用字母“O”），并按下INPUT键。

8）按软键［EXEC］（执行键）即可，按RESET返回。

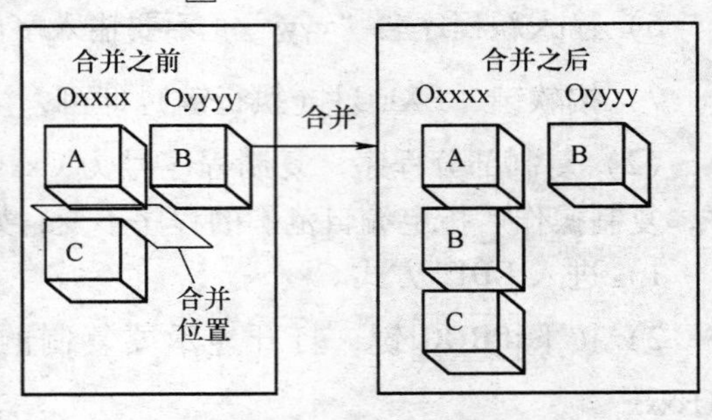

图 1-24　合并程序示意图

4. 程序输入与编辑实例

本例是用 ϕ8mm 的铣刀加工 ϕ10mm 的孔。

```
O0123;
G90 G54 G40 G0 X0 Y0 Z50.0;
Z10.0 X1.0;
M03 S800;
G01 Z1.0 F200;
G02 I-1.0 Z-3.0 F40;
G02 I-1.0 Z-6.0;
G02 I-1.0;
G01 X0.5;
G0 Z50.0;
M05;
M30;
```

输入过程如下：

O0123 INSERT

EOB INSERT

G90 G54 G40 G0 X0 Y0 Z50.0 EOB INSERT

Z10.0 X1.0 EOB INSERT

M03 S800 EOB INSERT

G01 Z1.0 F200 EOB INSERT

G02 I-1.0 Z-3.0 F40 EOB INSERT

G02 I-1.0 Z-6.0 EOB INSERT

G02 I-1.0 EOB INSERT

G01 X0.5 EOB INSERT

G0Z 50.0 EOB INSERT

M05 EOB INSERT

M30 EOB INSERT

RESET

如果发现有输入错误需要更正，就将光标移动到错误位置，输入正确的字符，按下 ALTER；如果遗漏字符或者语句，那么移动光标到输入处，输入字符或者语句，按下 INSERT。

单元2 简单零件的编程与加工

2

知识目标：

1. 了解平面、轮廓、槽加工的工艺特点。
2. 熟练应用指令编制加工相应形状的数控程序。
3. 掌握应用子程序编写零件加工程序的方法。
4. 学会分析零件加工过程中产生误差的原因及解决方法。

技能目标：

1. 掌握数控机床的基本操作方法，掌握刀具的安装及对刀方法。
2. 掌握工件坐标系的设定方法。
3. 掌握程序的输入及校验方法。
4. 能熟练操作数控铣床（加工中心）加工零件，能使用常用量具测量尺寸。

任务1 凸台轮廓的加工

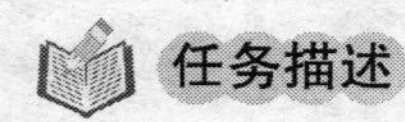

图2-1为有倒角和圆弧形状的凸台零件，生产方式为小批量生产，无热处理工艺要求，零件毛坯尺寸为97mm×97mm×37mm，材料为45钢，试选择合适的夹具，制订加工工艺方案，选择合理的切削用量，编制数控加工程序并完成该零件的加工和检测。

该零件为凸台类零件，凸台的形状中包括*C*5倒角和*R*10圆弧，*R*10圆弧又分为凸圆弧和凹圆弧两种，在加工凹圆弧时要考虑刀具的半径应小于或等于10mm，否则会产生过切。在加工圆弧时应注意判断圆弧的顺逆，判断圆弧的顺逆与刀具的进给方向有直接关系。该零件凸台的高度为5mm。如切削深度较大，在加工时应根据零件材料、刀具材料和机床刚性等因素采取在高度方向分多次切削的方法来编程。

1. 编程指令

（1）绝对编程（G90）与增量编程（G91） 使用绝对坐标值指令的（G90）编程时，

程序段中的尺寸数字为绝对坐标值，即刀具所有轨迹点的坐标值，均以坐标原点为基准。使用增量坐标值指令码（G91）编程时，程序段中的尺寸数字为增量坐标值，即刀具当前点的坐标值是以前一点坐标为基准获得的。

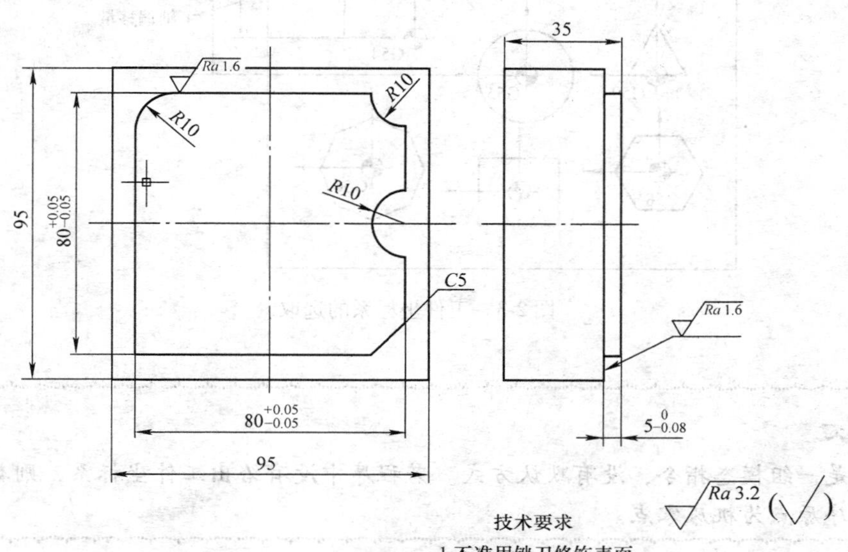

图 2-1　凸台零件

指令格式：

绝对编程：G90　X __ Y __ Z __；

增量编程：G91　X __ Y __ Z __；

例 2-1　如图 2-2 所示，刀具路径为从 *A* 点到 *B* 点，用以上两种方式编程分别如下：

绝对编程：G90 X10.0 Y50.0；

增量编程：G91 X－40.0 Y40.0；

在选用编程方式时，应根据具体情况加以选用，同样的路径选用不同的方式，其编制的程序有很大区别。一般绝对坐标适合在所有目标点相对坐标原点的位置都十分正确的情况下使用，反之采用增量编程。

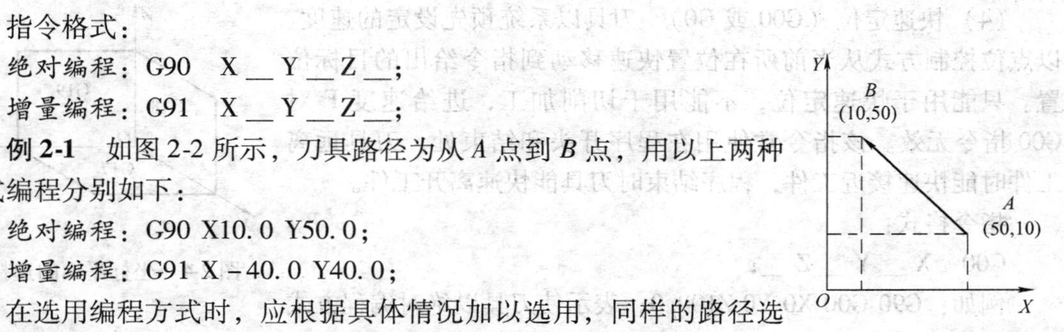

图 2-2　绝对编程与增量编程

注意

编制程序时，在程序数控指令开始的时候，必须指明编程方式，默认为 G90。

（2）工件坐标系的选取指令（G54 ~ G59）　一般数控机床可以预先设置 6 个（G54 ~ G59）工件坐标系，这些工件坐标系存在机床的存储器内，都以机床零点为参考点，分别以各自坐标轴与机床零点的偏移量来表示，如图 2-3 所示。在程序中可以选用工件坐标系中的一个或多个。

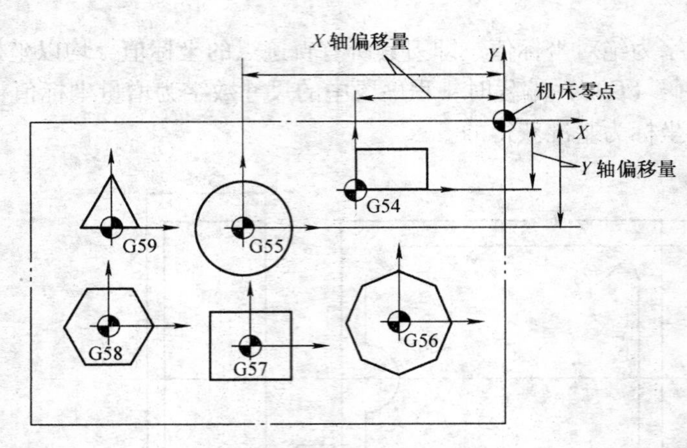

图 2-3　工件坐标系的选取

注意

这是一组模态指令，没有默认方式。若程序中没有给出工件坐标系，则数控系统默认程序原点为机床零点。

（3）坐标平面的选择（G17、G18、G19）　G17、G18、G19 分别指对零件进行 *XY*、*ZX*、*YZ* 平面上的加工，如图 2-4 所示。这些指令码在进行圆弧插补、二维刀具半径补偿时必须使用。这是一组模态指令，默认为 G17。

（4）快速定位（G00 或 G0）　刀具以系统预先设定的速度、以点位控制方式从当前所在位置快速移动到指令给出的目标位置。只能用于快速定位，不能用于切削加工，进给速度 F 对 G00 指令无效。该指令常使用在程序开头和结束处，刀具远离工件时能快速接近工件，程序结束时刀具能快速离开工件。

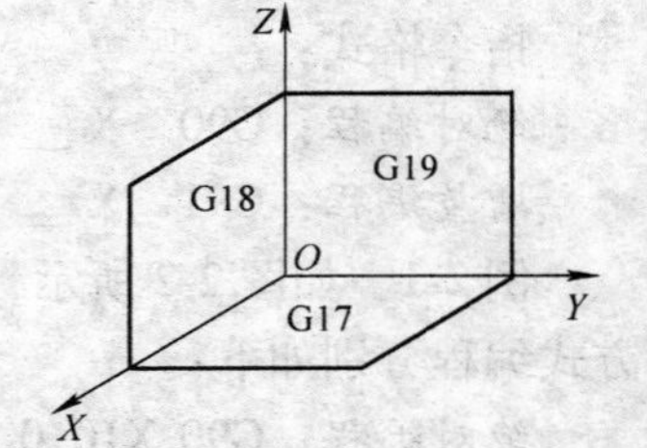

图 2-4　坐标平面的选择

指令格式：

G00　X __ Y __ Z __；

例如：G90 G00 X0 Y0 Z100.0；表示使刀具以绝对编程方式快速定位到（0，0，100.0）的位置。

由于刀具的快速定位运动，一般不直接使用 G90 G00 X0 Y0 Z100.0 的方式，避免刀具在安全高度以下首先在 *XY* 平面内快速运动而与工件或夹具发生碰撞。

一般用法：

G90 G00 Z100.0；　　表示刀具首先快速移到 $Z=100.0$mm 高度的位置

X0 Y0；　　表示刀具接着快速定位到工件坐标原点的上方

G00 指令一般在需要将主轴和刀具快速移动时使用，可以同时控制 3 轴，既可在 *X* 或 *Y* 轴方向移动，也可以在空间作 3 轴联动快速移动。刀具路径进给速度由数控系统内部参数设定，在数控机床出厂前已设置完毕，一般在 5000 ~ 10 000mm/min。

（5）直线插补指令（G01 或 G1）　刀具作两点间的直线运动加工时使用该指令，G01 表示刀具从当前位置开始以给定的进给速度 *F*，沿直线移动到指令给出的目标位置。

指令格式：

G01 X __ Y __ Z __ F __;

例2-2 编制如图2-5所示刀具路径的程序如下：

绝对编程：

G90 G01 X10.0 Y50.0 F100;

刀具在（50，10）位置以100mm/min的进给速度沿直线移动到（10，50）的位置。

增量编程：

G91 G01 X-40.0 Y40.0 F100;

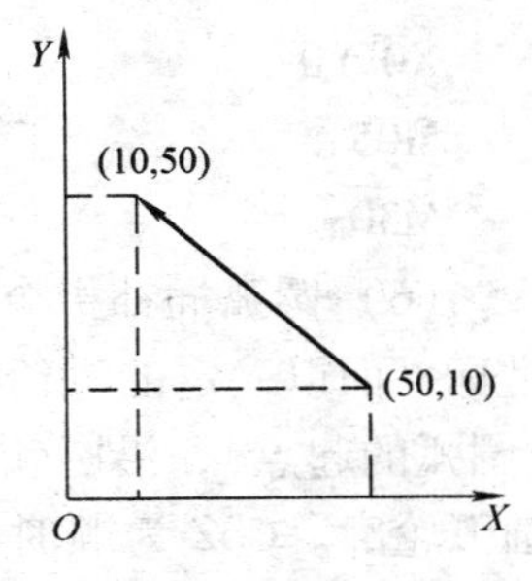

图2-5 直线插补

一般用法：G01、F指令均为模态指令，有继承性，即如果上一段程序为G01，则本程序中的G01可以省略不写。X、Y、Z为终点坐标值也同样具有继承性，即如果本程序段的X（或Y或Z）的坐标值与上一程序段的X（或Y或Z）坐标值相同，则本程序段可以不写X（或Y或Z）坐标。F为进给速度，单位为mm/min，同样具有继承性。

注意

G01与坐标平面的选择无关；切削加工时，一般要求进给速度恒定，因此在一个稳定的切削加工过程中，往往只在程序开头的某个插补（直线插补或圆弧插补）程序段写出F值。

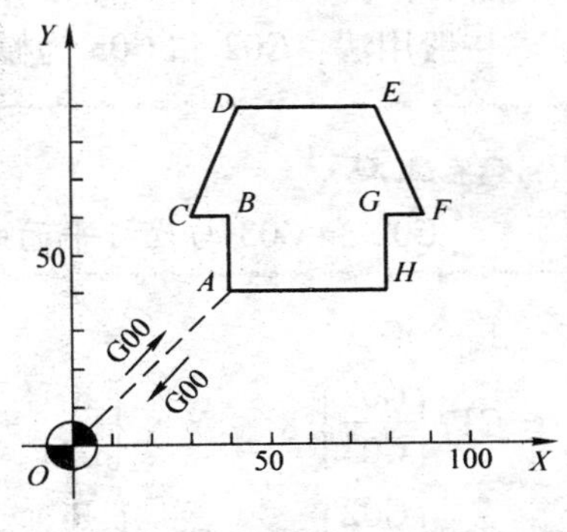

图2-6 编程实例

例2-3 已知待加工工件轮廓如图2-6所示，刀具路径为$A \to B \to C \to D \to E \to F \to G \to H \to A$，要求背吃刀量$a_p$为10mm。分别采用绝对编程、增量编程，其程序为：

绝对编程：

```
O0001;
M03 S1000;
G90 G17 G54 G00 Z100.0;
X0 Y0;
X40.0 Y40.0;
Z5.0;
G01 Z-10.0 F100.0;
Y60.0 F120;
X30.0;
X40.0 Y90.0;
X80.0;
X90.0 Y60.0;
X80.0;
Y40.0;
```

增量编程：

```
O0002;
M03 S1000;
G90 G17 G54 G00 Z100.0;
X0 Y0;
G91 X40.0 Y40.0;
Z-95.0;
G01 Z-15.0 F100;
Y20.0;
X-10.0;
X10.0 Y30.0;
X40.0;
X10.0 Y-30.0;
X-10.0;
Y-20.0;
```

绝对编程：	增量编程：
X40.0；	X－40.0；
G00 Z100.0；	G00 Z110.0；
X0 Y0；	X－40.0 Y－40.0；
M05；	M05；
M30；	M30；

（6）圆弧插补指令（G02、G03 或 G2、G3） 刀具在各坐标平面以一定的进给速度进行圆弧插补运动，从当前位置（圆弧的起点），沿圆弧移动到指令给出的目标位置，切削出圆弧轮廓。G02 为顺时针圆弧插补指令码，G03 为逆时针圆弧插补指令码。刀具在进行圆弧插补时必须规定所在平面（即 G17～G19），再确定回转方向。如图 2-7 所示，沿圆弧所在平面（如 *XY* 平面）的另一坐标轴的负方向（－*Z*）看去，顺时针方向为 G02，逆时针方向为 G03。

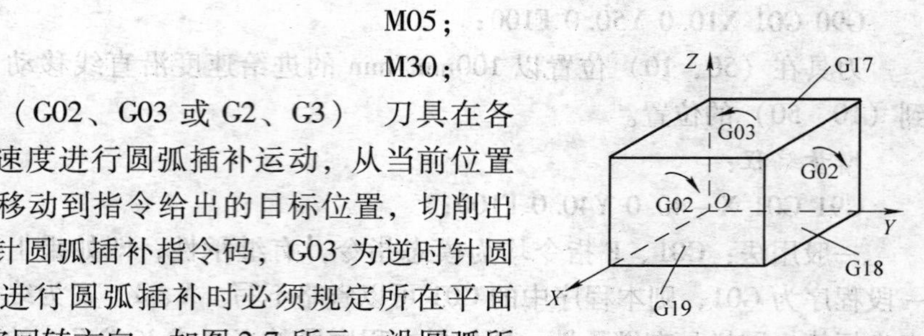

图 2-7 圆弧插补指令顺时针与逆时针方向

一般用法：G02 和 G03 为模态指令，有继承性，继承方法与 G01 相同。

注意

G02 和 G03 与坐标平面的选择有关。

指令格式：

$$G17\begin{Bmatrix}G02\\G03\end{Bmatrix} X\_\ Y\_\begin{Bmatrix}R\\I\ J\end{Bmatrix} F\_;$$

$$G18\begin{Bmatrix}G02\\G03\end{Bmatrix} X\_\ Z\_\begin{Bmatrix}R\\I\ K\end{Bmatrix} F\_;$$

$$G19\begin{Bmatrix}G02\\G03\end{Bmatrix} Y\_\ Z\_\begin{Bmatrix}R\\I\ K\end{Bmatrix} F\_;$$

说明：

1）X、Y、Z 表示圆弧终点坐标，可以用绝对编程，也可以用增量编程，由 G90 或 G91 指定，使用 G91 指令时是圆弧终点相对于圆弧起点的坐标。

2）R 表示圆弧半径。

3）I、J、K 分别为圆弧的起点到圆心的 *X*、*Y*、*Z* 轴方向的增矢量，即圆心相对于圆弧起点的坐标增量，不管指定 G90 还是 G91，总是增量坐标值，如图 2-8 所示。

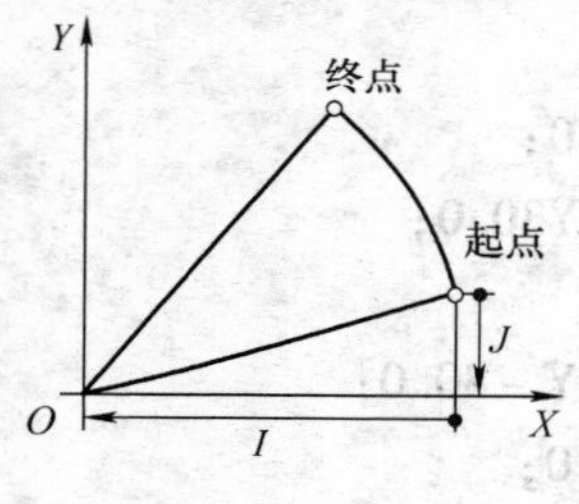

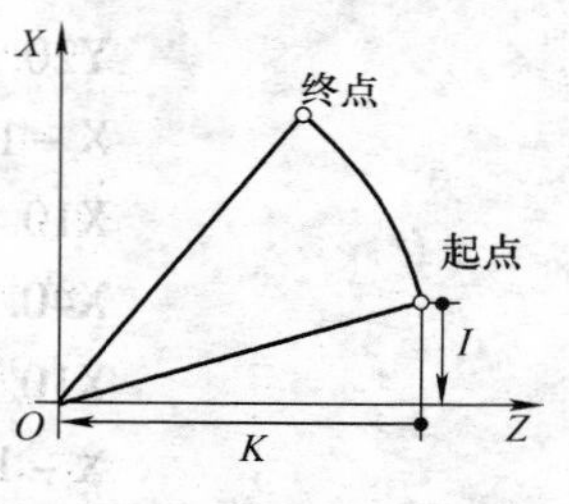

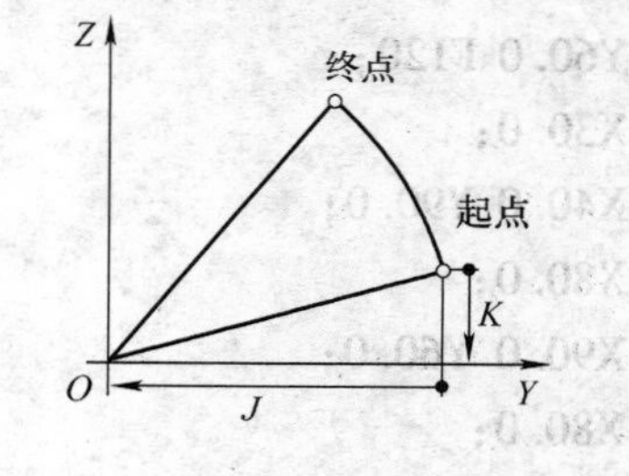

图 2-8 I、J、K 的数值

使用 G02 或 G03 的指令格式有两种。

①当圆弧所对的圆心角小于或等于180°时，圆弧半径R为正值，反之，R为负值。

②以圆弧起点到圆心坐标的增矢量（I、J、K）来表示，适合任意圆心角使用，得到的圆弧是唯一的。

③切削整圆时，不能使用圆弧半径R格式，只能采用（I、J、K）格式编程。

例2-4　编制圆弧程序段（图2-9）如下：

每段圆弧可由四个程序段表示。

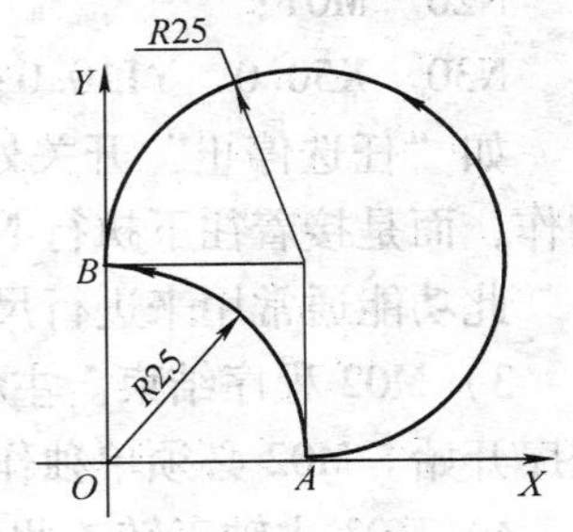

图2-9　圆弧编程实例

1）大圆弧$\overset{\frown}{AB}$。

绝对编程：

G17 G90 G03 X0 Y25.0 R－25.0 F80；

G17 G90 G03 X0 Y25.0 I0 J25.0 F80；

增量编程：

G17 G91 G03 X－25.0 Y25.0 R－25.0 F80；

G17 G91 G03 X－25.0 Y25.0 I0 J25.0 F80；

2）小圆弧$\overset{\frown}{AB}$。

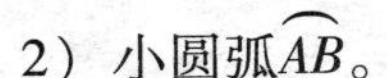

绝对编程：

G17 G90 G03 X0 Y25. 0 R25.0 F80；

G17 G90 G03 X0 Y25. 0 I－25.0 J0 F80；

增量编程：

G17 G91 G03 X－25.0 Y25.0 R25.0 F80；

G17 G91 G03 X－25.0 Y25.0 I－25.0 J0 F80；

例2-5　整圆编程（图2-10），要求由A点开始，实现逆时针圆弧插补并返回A点。

绝对编程：

G90 G03 X30.0 Y0 I－30.0 J0 F80；

增量编程：

G91 G03 X0 Y0 I－30.0 J0 F80；

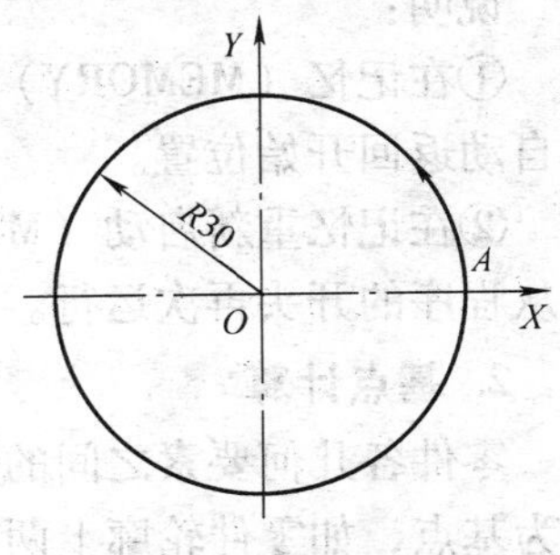

图2-10　整圆编程实例

（7）主要辅助功能简介

1）M00程序暂停。执行M00功能后，机床的所有动作均被中断，机床处于暂停状态。重新按下程序启动按键后，系统将继续执行后面的程序段。例如：

N10　G00　X100.0　Y200.0；

N20　M00；

N30　X50.0　Y110.0；

执行到N20程序段时，进入暂停状态，数控机床重新启动后将从N30程序段开始继续运行。机床进行尺寸检验、排屑或插入必要的手动操作时，用此功能很方便。

说明：

①M00 须单独设一程序段。

②如在 M00 状态下按复位键，则程序将回到开始位置。

2）M01 选择停止。在机床的操作面板上有一个“任选停止”开关，当该开关处于“ON”位置时，程序中如遇到 M01 指令码时，其执行过程与 M00 相同，当上述开关处于“OFF”位置时，数控系统对 M01 不予执行。例如：

N10 G00 X100.0 Y200.0；

N20 M01；

N30 X50.0 Y110.0；

如“任选停止”开关处于断开位置，当系统执行到 N20 程序段时，不影响原有的任何动作，而是接着往下执行 N30 程序段。

此功能通常用来进行尺寸检验，注意 M01 应作为一个程序段单独设定。

3）M02 程序结束。主程序结束，中断机床所有动作并使程序复位，但该指令并不返回程序开始。M02 必须单独作为一个程序段设定。

4）M03 主轴正转。此代码使主轴正转（逆时针）。

5）M04 主轴反转。此代码使主轴反转（顺时针）。

6）M05 主轴停止。此代码使主轴停止转动。

7）M06 换刀。常用于加工中心刀库的自动换刀。

8）M08 切削液开。

9）M09 切削液关。

M00、M01 和 M02 也可以将切削液关闭。

10）M30 程序结束。主程序结束，中断机床所有动作，使程序复位并返回程序开始。

说明：

①在记忆（MEMORY）方式下操作时，此指令表示程序结束，数控机床停止运行，程序自动返回开始位置。

②在记忆重新启动（MEMO-RESTART）方式下操作时，机床先是停止自动运行，而后又从程序的开头再次运行。

2. 基点计算

零件各几何要素之间的连接点称为基点，如零件轮廓上两条直线的交点、直线与圆弧的交点或切点等。基点坐标是编程中需要的重要数据。本项目基点位置如图 2-11 所示。

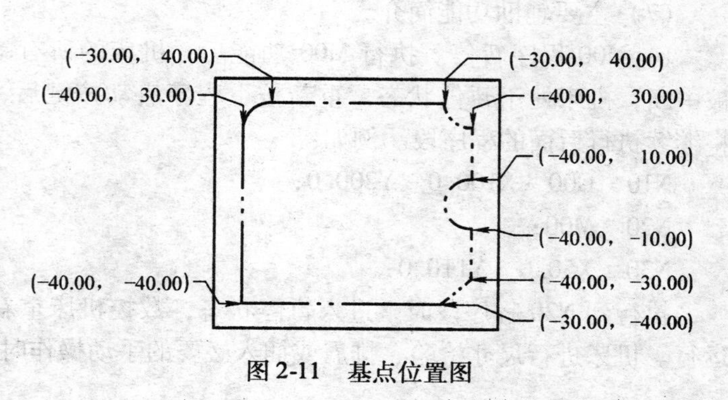

图 2-11　基点位置图

考虑所用的刀具为直径 16mm 的立铣刀，将图 2-11 所示各基点往外偏移一个刀具半径8mm，得到实际的刀具路径，如图2-12所示。

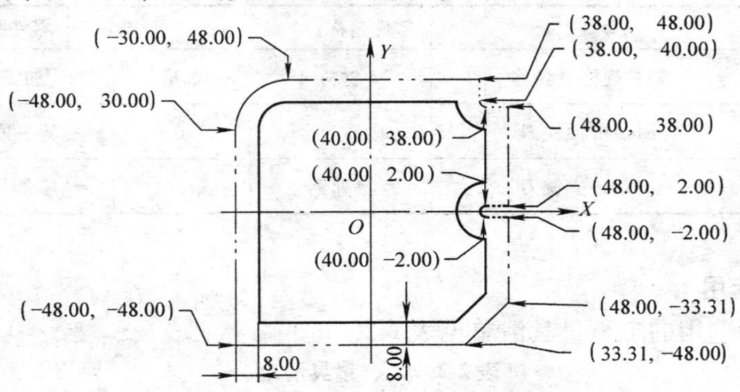

图2-12　刀具路径偏移后的基点图

3. 工艺路线的确定

在数控加工中，刀具上的指定点相对于工件运动的轨迹称为刀具路径。编程时，刀具路径的确定原则主要有以下几点：

1）应能保证零件的加工精度和表面粗糙度的要求。

2）应尽量缩短加工路线，减少刀具空程移动时间。

3）应使数值计算简单、程序段数量少，以减少编程工作量。

铣削平面零件时，一般采用立铣刀侧刃进行铣削。为减少接刀痕迹，保证零件表面质量，对刀具的切入和切出程序需要精心设计。如图2-13所示，铣削零件外表面轮廓时，铣刀应沿零件轮廓曲线的延长线切向切入和切出零件表面，而不应沿法向直接切入零件，以避免加工表面产生划痕，保证零件轮廓光滑。

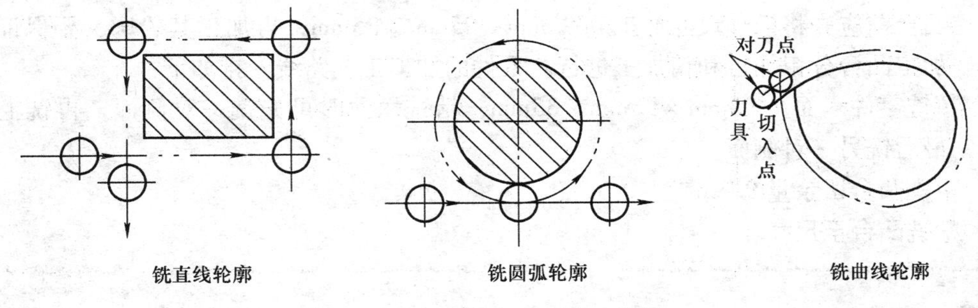

图2-13　刀具的切入、切出路线

任务准备

1. 设备选择

选用××型加工中心、计算机及仿真软件，采用机用虎钳装夹。

2. 零件毛坯

零件毛坯尺寸为97mm×97mm×37mm，材料为45钢。

3. 刀具类型

选用直径为ϕ80mm的面铣刀，刀片材料为硬质合金。选用直径为ϕ16mm的立铣刀，刀具材料为高速钢。编制的数控加工刀具卡片，见表2-1。

表 2-1 数控加工刀具卡片

产品名称或代号：			零件名称：		零件图号：	
序号	刀具号	刀具规格及名称	材料	数量	加工表面	备注
1	01	ϕ80mm 面铣刀	硬质合金	1	零件六个面	
2	02	ϕ16mm 立铣刀	高速钢	1	零件外轮廓	

4. 工、量具选用

本任务加工所选用的工、量具清单见表 2-2。

表 2-2 工、量具清单

序号	名称	规格/mm	数量	备注
1	游标卡尺	0 ~ 200（0.02）	1	
2	半径样板	0 ~ 20	1	
3	机用虎钳	0 ~ 200	1	

任务实施

任务实施可以分两个步骤进行：先利用数控仿真软件在计算机上进行仿真加工，操作正确后再在数控机床上进行零件加工。

1. 确定加工工艺

零件毛坯已在普通铣床上加工至尺寸 97mm × 97mm × 37mm，三个方向仍留有余量，所以在加工凸台前应先将毛坯尺寸加工到 95mm × 95mm × 35mm，再加工其轮廓，要保证凸台的精度。加工凸台分粗加工和精加工进行。零件的加工工艺路线安排如下：

1）精铣零件六面至 95mm × 95mm × 35mm，精铣六面时可先铣一对侧面，再铣上下两个大面，最后铣另一对侧面。

2）粗铣凸台留余量 0.5mm。

3）精铣凸台至尺寸。

想一想？

粗加工时轮廓要留余量 0.5mm，在计算各个基点坐标时应采用什么方法得到粗加工的基点坐标？图 2-14 所示为粗加工基点坐标。

在进行粗铣和精铣编程时，以零件的几何中心作为工件原点，确定加工方向为顺时针方向，进刀点选择在工件外，根据零件尺寸确定粗铣进刀点的坐标为（ −48.25， −60.0），精铣进刀点的坐标为（ −48， −60），分两层铣削，每层背吃刀量为 2.5mm。确定加工工艺后，填写数控加工工艺过程卡片，见表 2- 3。

2. 程序的编制和输入

本零件的轮廓粗加工程序见表 2-4，精加工程序见表 2-5。

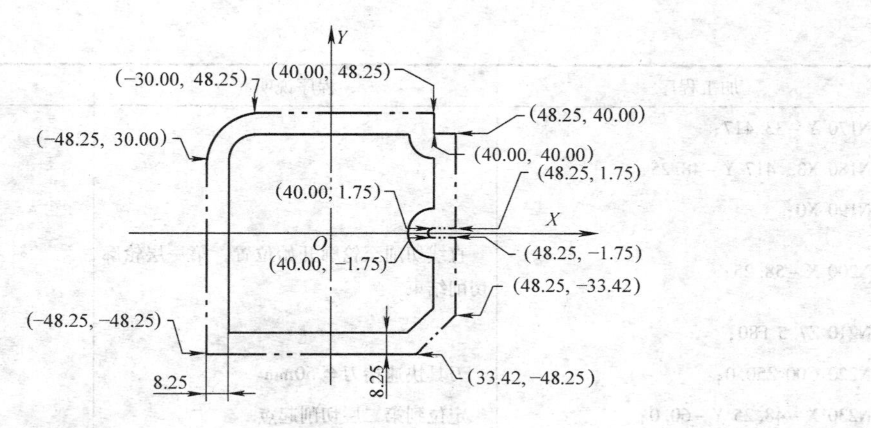

图 2-14　粗加工基点坐标

表 2-3　数控加工工艺过程卡片

铣零件六面	工步号	工步内容	刀具号	主轴转速/（r/min）	进给速度/（mm/min）	背吃刀量/mm	备注
	1	铣零件六面	01	750	80	1	
铣零件轮廓	1	粗铣零件轮廓，留余量 0.5mm	02	800	120	2.5	
	2	精铣零件轮廓至尺寸	02	1000	110	0.5	

表 2-4　粗加工程序

加工程序	程序说明	实物图
O0001；	程序名	
N10 G21；	米制单位	
N20 G00 G17 G40 G49 G80 G90；	程序初始化	
N30 T02 M06；	换 02 号刀	
N40 G00 G90 G54 X－48.25 Y－60.0 S800 M03；	快速定位至进刀点，主轴正转转速为 800r/min	
N50 Z50.0 M08；	*Z* 轴快速定位至 50mm，切削液开	
N60 Z10.0；	*Z* 轴快速定位至 10mm	
N70 G01 Z－2.5 F80；	刀具进刀至 －2.5mm，进给速度为 80mm/min	
N80 Y30.0 F120；	直线切削	
N90 G02 X－30.0 Y48.25 R18.25；	顺时针圆弧切削	
N100 G01 X40.0；		
N110 Y40.0；		
N120 X48.25；		
N130 Y1.75；		
N140 X40.0；		
N150 G03 Y－1.75 R1.75；	逆时针圆弧切削	
N160 G01 X48.25；	直线切削	

（续）

加工程序	程序说明	实物图
N170 Y-33.417;		
N180 X33.417 Y-48.25;		
N190 X0;		
N200 X-58.25;	直线切削至轮廓开始位置，第一层轮廓切削结束	
N210 Z7.5 F80;		
N220 G00 Z50.0;	刀具快速抬刀至50mm	
N230 X-48.25 Y-60.0;	定位到第二层切削起点	
N240 Z7.5;		
N250 G01 Z-5.0 F80;	向下进给至-5mm，开始第二层切削	
N260 Y30.0 F120;		
N270 G02 X-30.0 Y48.25 R18.25;		
N280 G01 X40.0;		
N290 Y40.0;		
N300 X48.25;		
N310 Y1.75;		
N320 X40.0;		
N330 G03 Y-1.75 R1.75;		
N340 G01 X48.25;		
N350 Y-33.417;		
N360 X33.417 Y-48.25;		
N370 X0;		
N380 X-58.25;	第二层切削结束	
N390 Z5.0 F80;		
N400 G00 Z50.0;	刀具快速升至50mm处	
N410 M05;	主轴停转	
N440 M30;	程序结束并返回程序开头	

表2-5　精加工程序

加工程序	程序说明	实物图
O0002;	程序名	
N10 G21 G00 G17 G40 G49 G80 G90;	米制单位、程序初始化	
N20 T02 M06;	指定刀具	
N30 G00 G90 G54 X-48.0 Y-60.0 S1000 M03;	主轴正转，转速1000r/min	
N40 Z50.0 M08;	*Z*轴快速定位至50mm，切削液开	
N50 Z10.0;	*Z*轴快速定位至10mm	

（续）

加工程序	程序说明	实物图
N60 G01 Z－5.0 F120；	刀具进给至－5mm，速度 120mm/min	
N70 Y30.0 F110；	精加工切削开始	
N80 G02 X－30.0 Y48.0 R18.0；	顺时针圆弧切削	
N90 G01 X38.0；	直线切削	
N100 Y40.0；	直线切削	
N110 G03 X40.0 Y38.0 R2.0；	逆时针圆弧切削	
N120 G01 X48.0；	直线切削	
N130 Y2.0；		
N140 X40.0；		
N150 G03 Y－2.0 R2.0；	逆时针圆弧切削	
N160 G01 X48.0；	直线切削	
N170 Y－33.31；		
N180 X33.31 Y－48.0；		
N190 X－58.0；	切削至轮廓起点，精加工结束	
N200 Z5.0 F110；	以 110mm/min 的速度抬刀至 5mm	
N210 G00 Z50.0；	刀具快速抬刀至 50mm	
N220 M05；	主轴停转	
N230 M09；	切削液关	
N240 M30；	程序结束并返回程序开头	
%		

3. 零件的模拟加工

零件程序输入和校验完成后，可以利用数控加工仿真软件进行零件的加工仿真，如图 2-15 所示。

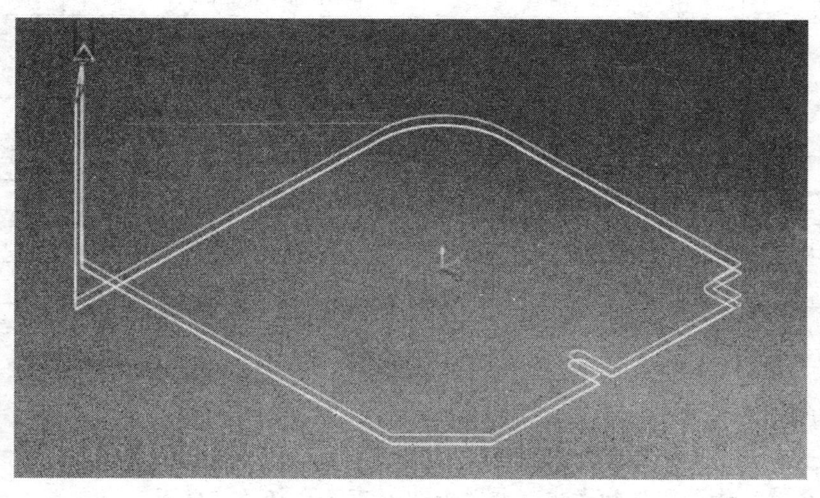

图 2-15　零件加工轨迹图

4. 工件装夹

1）检查毛坯尺寸。

2）把机用虎钳装夹在加工中心的工作台上，用指示表校正机用虎钳固定钳口，使钳口与加工中心的 X 轴平行。

3）将工件装夹在机用虎钳上，下面用垫铁支承，使工件放平，并超出钳口 12～15mm，夹紧工件。

检查评议

零件完成加工后，测量尺寸，填写零件质量评分表，见表2-6。

表 2-6　零件质量评分表

姓名			零件名称	凸台	加工时间		总得分	
项目与配分		序号	技术要求	配分	评分标准		检查记录	得分
工件加工评分（55%）	外形轮廓	1	轮廓长度 $80^{+0.05}_{-0.05}$	7	超差 0.01mm 扣 2 分			
		2	轮廓宽度 $80^{+0.05}_{-0.05}$	7	超差 0.01mm 扣 2 分			
		3	轮廓深度 $5^{\ 0}_{-0.08}$	7	超差 0.01mm 扣 2 分			
		4	R10 凸圆弧	6	半径样板检查不合格扣 6 分			
		5	R10 凹圆弧（1/4 圆）	6	超差不得分			
		6	R10 凹圆弧（1/2 圆）	6	超差不得分			
		7	倒角 C5	6	超差不得分			
	表面粗糙度	8	轮廓侧面 Ra1.6μm	5	超差不得分			
		9	轮廓底面 Ra3.2μm	5	超差不得分			
程序与工艺（25%）		10	程序正确、完整	6	不正确每处扣 1 分			
		11	程序格式规范	5	不规范每处扣 0.5 分			
		12	加工工艺合理	5	不合理每处扣 1 分			
		13	程序参数选择合理	5	不合理每处扣 0.5 分			
		14	指令选用合理	5	不合理每处扣 1 分			
机床操作（15%）		15	零件装夹合理	2	不合理每次扣 1 分			
		16	刀具选择及安装正确	2	不正确每次扣 1 分			
		17	刀具坐标系设定正确	4	不正确每次扣 1 分			
		18	机床面板操作正确	4	误操作每次扣 1 分			
		19	意外情况处理正确	3	不正确每处扣 1.5 分			
安全文明生产（5%）		20	安全操作	2.5	违反操作规程全扣			
		21	机床整理及保养规范	2.5	不合格全扣			

想一想？

从测量结果，大家会发现根据表2-5精加工程序清单加工出的零件尺寸有问题，这是为什么呢？请大家仔细考虑，相关知识在下一个任务中学习。

问题及防治

轮廓加工过程中的常见问题、产生原因及解决方法见表2-7。

表2-7 轮廓加工过程中的常见问题、产生原因及解决方法

常见问题	产生原因	解决方法
进刀位置在工件上方	1. 未测量毛坯尺寸 2. 程序错误	1. 测量毛坯尺寸，确定进刀位置在工件外 2. 检查程序，正确计算进刀位置的坐标
切削过程中出现振动或啸叫声	1. 工件未夹紧 2. 切削参数设置不正确	1. 正确安装和夹紧工件 2. 根据刀具材料、工件材料、机床刚性等综合因素调整切削参数
凹圆弧 *R*10 产生过切	1. 刀具半径大于10mm 2. 圆弧指令错误	1. 选择半径小于或等于10mm的刀具 2. 正确使用圆弧指令，特别是顺逆的判断和用I、J编程时的计算

扩展知识练习

1. 拓展项目任务描述

图2-16为十字形凹槽零件，毛坯尺寸已加工至尺寸，零件中间为一个凹槽有圆弧形轮廓的生产方式为小批量生产，无热处理工艺要求，试选择合适的夹具，制订加工工艺方案，选择合理的切削用量，编制数控加工程序，并完成该零件的加工和检测。

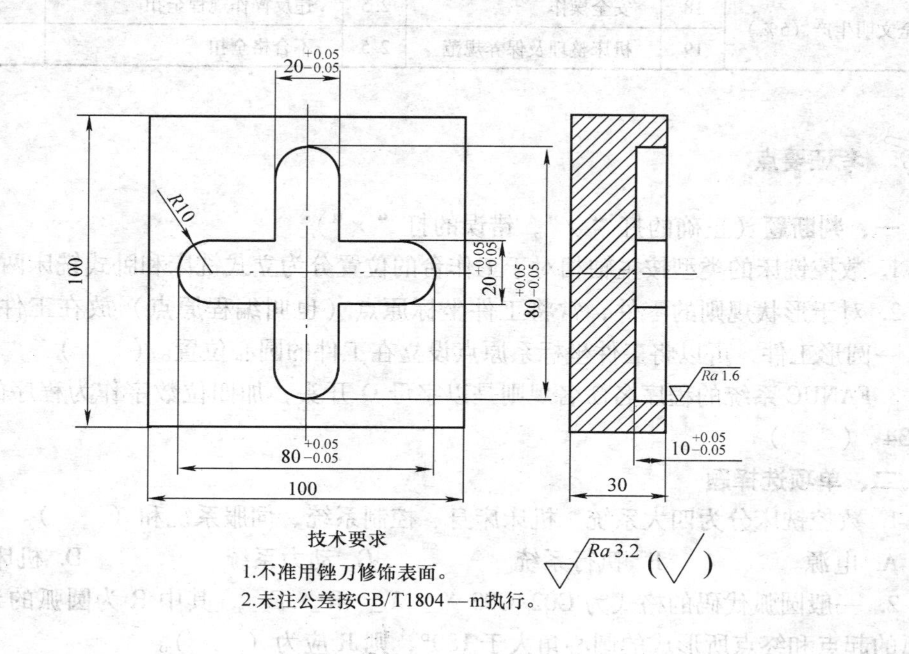

图2-16 十字形凹槽零件

2. 拓展项目评分标准（见表2-8）

表2-8　拓展项目零件质量评分表

姓名		零件名称	十字形凹槽	加工时间		总得分	
项目与配分		序号	技术要求	配分	评分标准	检查记录	得分
工件加工评分（55%）	外形轮廓	1	轮廓长度 $80^{+0.05}_{-0.05}$	10	超差0.01mm扣2分		
		2	轮廓宽度 $80^{+0.05}_{-0.05}$	10	超差0.01mm扣2分		
		3	槽深 $10^{+0.05}_{-0.05}$	10	超差0.02mm扣2分		
		4	槽宽 $20^{+0.05}_{-0.05}$	10	超差0.02mm扣2分		
		5	*R*10圆弧（4处）	10	超差不得分		
	表面粗糙度	6	轮廓侧面 *Ra*1.6μm	5	超差不得分		
		7	轮廓底面 *Ra*3.2μm	3	超差不得分		
程序与工艺（25%）		8	程序正确、完整	6	不正确每处扣1分		
		9	程序格式规范	5	不规范每处扣0.5分		
		10	加工工艺合理	4	不合理每处扣1分		
		11	程序参数选择合理	4	不合理每处扣0.5分		
		12	指令选用合理	4	不合理每处扣1分		
机床操作（15%）		13	零件装夹合理	2	不合理每次扣1分		
		14	刀具选择及安装正确	2	不正确每次扣1分		
		15	刀具坐标系设定正确	3	不正确每次扣1分		
		16	机床面板操作正确	4	误操作每次扣1分		
		17	意外情况处理正确	3	不正确每处扣1.5分		
安全文明生产（5%）		18	安全操作	2.5	违反操作规程全扣		
		19	机床整理及保养规范	2.5	不合格全扣		

考证要点

一、判断题（正确的打“√”，错误的打“×”）

1. 数控铣床的类型按主轴相对于工作台的位置分为立式铣床和卧式铣床两种。（　　）

2. 对于形状规则的零件，常将工件坐标原点（也叫编程原点）放在工件的几何中心。如，一圆形工件，可以将工件坐标系原点设立在工件的圆心位置。（　　）

3. FANUC系统的程序名命名规则是以字母O开头，加四位数字作为程序的程序名，如O1234。（　　）

二、单项选择题

1. 数控铣床分为四大系统：机床床身、控制系统、伺服系统和（　　）。

A. 电源　　B. 执行系统　　C. 动力系统　　D. 机床面板

2. 一般圆弧代码的格式为G02/G03 X_ Y_ R_ F_，其中R为圆弧的半径值，如果圆弧的起点和终点所形成的圆心角大于180°，则R应为（　　）。

A. 正值　　B. I、J　　C. 负值　　D. 零

3. 如果编制整圆的加工程序，则不能使用R，应使用I、J，I的计算方法是用圆弧圆心的X坐标减圆弧起点的X坐标，J的计算方法是（　　）。

A. 用圆弧圆心的Y坐标减圆弧起点的Y坐标

B. 用圆弧圆心的Z坐标减圆弧起点的Z坐标

C. 用圆弧起点的Y坐标减圆弧圆心的Y坐标

D. 用圆弧圆心的X坐标减圆弧起点的X坐标

三、问答题

简述数控铣床Z向对刀的方法？

四、计算题

选择图2-17中P点为工件坐标原点，并以该零点写出M、N点的绝对坐标值。

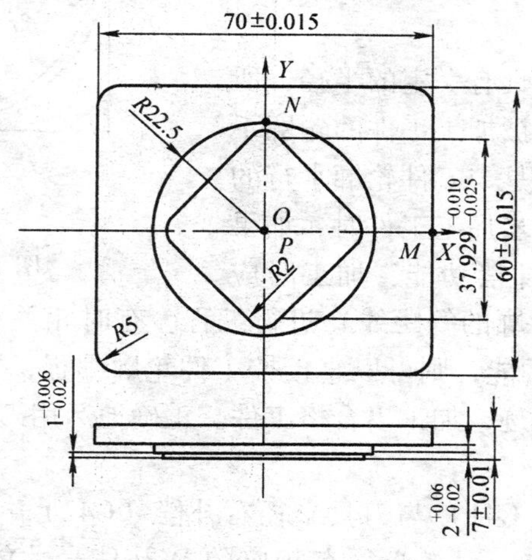

图2-17　计算题图

M：X __ Y __ Z __　　N：X __ Y __ Z __

任务2　内外轮廓的加工

任务描述

图2-18为有外轮廓、凸台和圆弧形状、凹槽薄壁轮廓的凸轮板零件，生产方式为小批量生产，无热处理工艺要求，零件毛坯尺寸为93mm×93mm×20mm，材料为45钢，试选择合适的夹具，制订加工工艺方案，选择合理的切削用量，编制数控加工程序，并完成该零件的加工和检测。

任务分析

该零件内、外轮廓和深度尺寸精度要求较高，故采用粗铣-精铣方案。加工顺序按照先粗后精的原则确定，具体加工顺序为粗铣外轮廓、粗铣内轮廓、精铣外轮廓、精铣内轮廓。该零件形状简单，四个侧面较光整，加工面与非加工面之间的位置精度要求不高，故可选用机用虎钳，以零件的底面和两个侧面定位，用机用虎钳钳口从侧面夹紧。立铣刀规格根据加工尺寸选择，内轮廓的最小内圆角为 $R5$，所以选择 ϕ8mm 立铣刀。因立铣刀在加工内轮廓时不能向下进给，所以需要使用键槽铣刀。外轮廓去除多余材料，选用 ϕ20mm 立铣刀。

相关知识

1. 刀具半径补偿

在以前的编程学习中没有考虑过刀具的因素，而是直接按中心轨迹进行编程，但在实际加工中忽视刀具的尺寸会导致加工尺寸出现偏差。怎样合理地利用刀具尺寸，加工出合格的零件呢？这就是下面要学习的内容——刀具半径补偿指令。

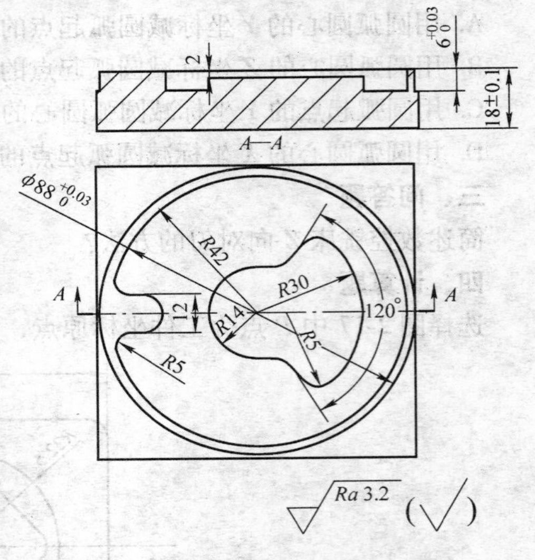

图 2-18　凸轮板零件

在加工工件时，由于刀具有一定的半径，所以在加工时刀具中心轨迹与被加工工件的轮廓不重合，因此刀具中心轨迹应是与工件轮廓平行的等距线，否则会产生误差。当加工工件时，如果 CNC 机床不具有刀具半径补偿功能，加工时应按刀具中心轨迹（即工件轮廓的等距线）进行编程，有时相关点的坐标计算相当复杂。如果 CNC 机床具有刀具补偿功能，则可以直接按工件轮廓编程，数控装置根据输入的刀具半径值自动计算出刀具中心轨迹，加工出合格工件。正确地运用刀具补偿指令可以大大提高工作效率和加工精度。

（1）刀具半径左补偿（G41）与刀具半径右补偿（G42）　刀具在所选择的平面 G17 ~ G19 中带刀具半径补偿工作。刀具必须有相应的 D 补偿号才能有效。刀具半径补偿通过 G41/G42 生效。控制器自动计算出当前刀具运行所产生的、与编程轮廓等距离的刀具轨迹，如图 2-19 和图 2-20 所示。

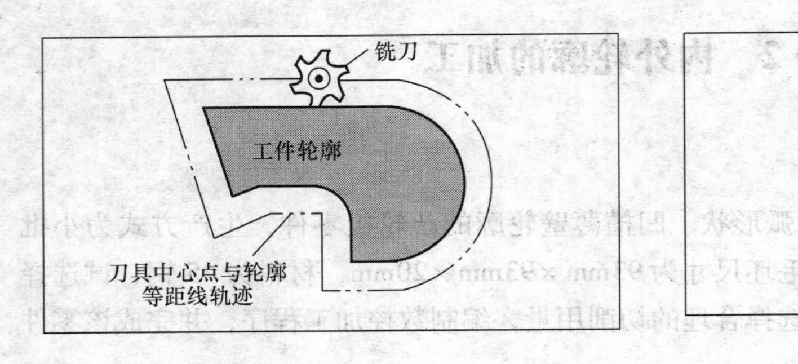

图 2-19　刀具半径补偿（切削刃半径补偿）

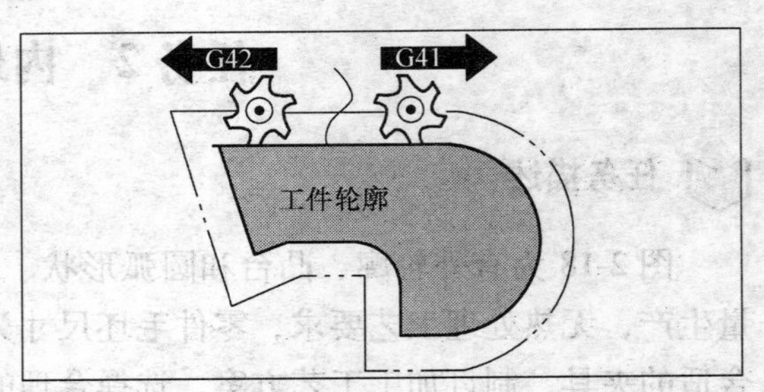

图 2-20　工件轮廓左边/右边补偿

1）指令格式：

G41 G00/G01 X __ Y __ D __；刀补在工件轮廓左边有效

G42 G00/G01 X __ Y __ D __；刀补在工件轮廓右边有效

注意

只有在线性插补时（G0、G1）才可以进行G41/G42的补偿。编制两个坐标轴（如G17平面：X，Y）的程序时，如果只给出一个坐标轴的尺寸，则第二个坐标轴自动地以上次编程的尺寸赋值。

建立刀具半径补偿后，不能出现连续两个程序段无选择补偿坐标平面的移动指令，否则数控系统可能因无法计算出程序中刀具轨迹交点坐标，产生过切现象。

在程序中用G42指令建立右刀补，铣削工件时将产生逆铣效果，故常用于粗铣；用G41指令建立左刀补，铣削工件时将产生顺铣效果，故常用于精铣。

一般情况下，刀具半径补偿量应为正值，如果补偿为负，则G41和G42正好相互替换。

在补偿状态下，铣刀的直线移动量及铣削内侧圆弧的半径值要大于或等于刀具半径，否则补偿时会产生干涉，系统在执行程序段时将会产生报警，停止执行。

刀补时刀具以直线方式走向轮廓，并在轮廓起始点处与轨迹切向垂直。正确地选择起刀点，保证刀具运行不发生碰撞至关重要。

说明：

在通常情况下，在G41/G42程序段之后紧接着工件轮廓的第一个程序段。

①G41是相对于刀具前进方向左侧进行补偿，称为左刀补（图2-21）。这时相当于顺铣。

②G42是相对于刀具前进方向右侧进行补偿，称为右刀补（图2-22）。这时相当于逆铣。

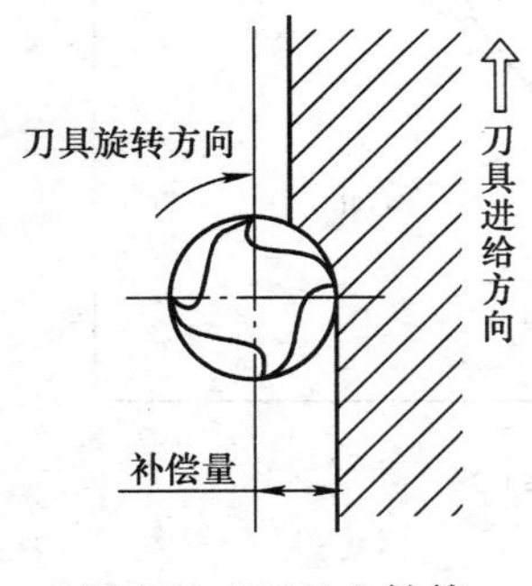

图2-21　刀具左补偿

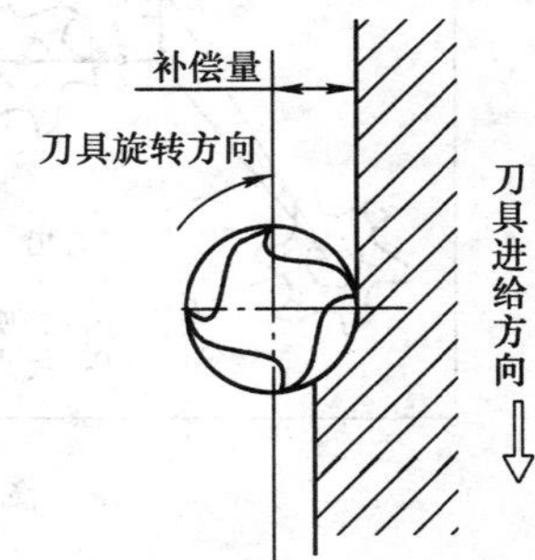

图2-22　刀具右补偿

从刀具寿命、加工精度、表面粗糙度而言，顺铣效果较好，因此G41使用较多。

2）编程举例（图2-23）

N10 M06 T01 G17 F300；进给速度300mm/min

N25 G00 X __ Y __；　　P_0 刀补前起始点

N30 G01 G42 X __ Y __；工件轮廓右边补偿，运行到 P_1 点

N31 X__ Y__；　　　　起始轮廓，圆弧或直线指令

…

在选择补偿方式之后，也可以执行带进给量的指令或M指令的程序段。

N20 G01 G41 X __ Y __；选择工件轮廓左边补偿

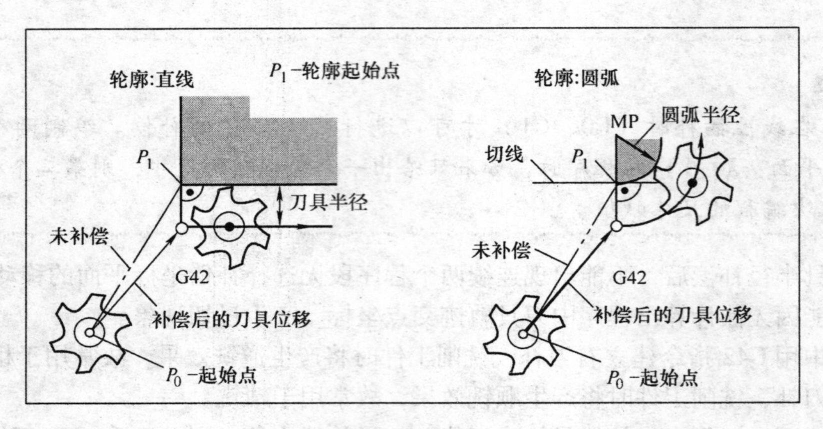

图 2-23　G42 刀具半径补偿

N21 G03 X __ Y __ CR = __ ；进刀运动

N22 X __ Y __ ；　　　　　　轮廓，圆弧或直线

…

（2）取消刀具半径补偿（G40）　用 G40 取消刀具半径补偿，G40 指令之前的程序段刀具以正常方式结束，结束时补偿矢量垂直于轨迹终点切线处（图 2-24）。

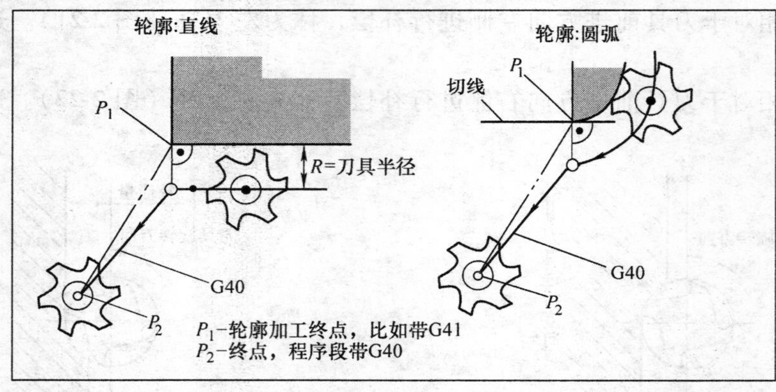

图 2-24　取消刀具半径补偿图

在运行 G40 程序段之后，刀尖到达编程终点。选择 G40 程序段编程，要确保运行至终点时不会发生碰撞，取消刀具半径补偿的距离必须大于刀具半径。

1）指令格式：

G40 G01 X __ Y __ ；　　　取消刀具半径补偿

注意

只有在直线插补（G00，G01）的情况下，G40 才可以取消刀具半径补偿。

编制两个坐标轴程序。如果只给出一个坐标轴的尺寸，则第二个坐标轴自动地以上一次编程的尺寸赋值。

2）编程举例。

N100 X __ Y __ ;　　　　　　最后程序段轮廓、圆弧或直线 P_1

N110 G40 G01 X __ Y __ ；取消刀尖半径补偿 P_2

（3）刀尖半径补偿中的几种特殊情况

1）重复执行补偿。重复执行相同的补偿方式时，可以直接进行新的编程而无需在其中写入 G40 指令。新补偿调用之前的程序段在其轨迹终点处按补偿矢量的正常状态结束，然后开始新的补偿。

2）变换补偿号 D。可以在补偿运行过程中变换补偿号 D。补偿号变换后，在新补偿号程序段的起始处新刀具半径补偿就已经生效，但整个变化须等到程序段结束才能发生。这些修改值由整个程序段连续执行；在圆弧插补时也一样。

3）变换补偿方向。补偿方向指令 G41 和 G42 可以相互变换，无需在其中再写入 G40 指令。

原补偿方向的程序段在其轨迹终点处按补偿矢量的正常状态结束，然后在新的补偿方向开始进行补偿（图 2-25）。

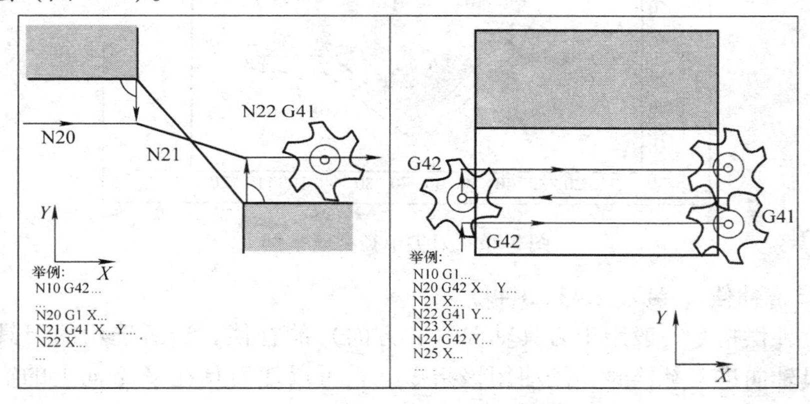

图 2-25　更换补偿方向

4）通过 M02 结束补偿。如果通过 M02（程序结束），而不是用 G40 指令结束补偿运行，则最后的程序段以补偿矢量正常位置坐标结束。不进行取消刀具半径补偿移动，程序以此刀具位结束。

（4）刀具半径补偿举例

例 2-5　铣削样板零件，深度为 5mm（图 2-26），编制程序如下：

N1 T01 D1;　　　　　　　　　　　　01 号刀具，补偿号 D1

N3 G54;　　　　　　　　　　　　　设置原点

N5 G00 G17 G90 X5. 0 Y55. 0 Z5. 0;　　快速运行到起始点

N8 G01 Z – 5 F200 S800 M03;

N10 G41 G450 X30. 0 Y60. 0 F260;　　　轮廓左边补偿，过渡圆弧

N20 X40. 0 Y80. 0;

N30 G02 X65. 0 Y55. 0 I0 J – 25. 0;

N40 G01 X95. 0;

N50 G02 X115. 0 Y70. 0 I15. 0 J0;

N60 G01 X105. 0 Y45. 0；
N70 X110. 0 Y35. 0；
N80 X90. 0；
N90 X65. 0 Y15. 0；
N100 X40. 0 Y40. 0；
N110 X30. 0 Y60. 0；
N120 G40 X5. 0 Y60. 0；　　　　取消补偿方式
N130 G00 Z50. 0 M02；

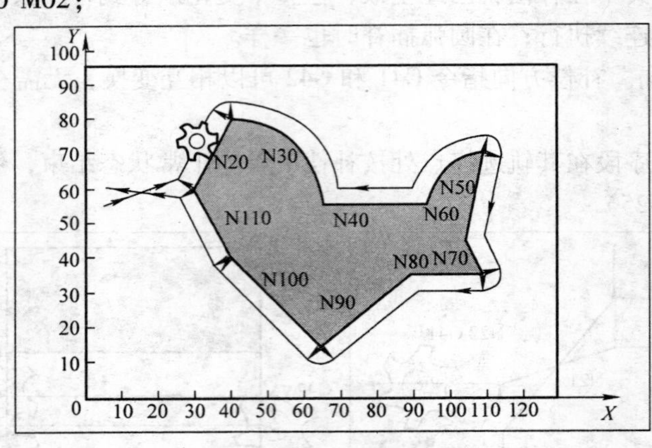

图 2-26　刀尖半径补偿举例

2. 刀具长度补偿（G43、G44、G49）

刀具长度补偿指令一般用于刀具轴向（Z 方向）的补偿。当所选用的刀具长度不同或者需进行刀具轴向进刀补偿时，需使用该指令。它可以使刀具在 Z 方向上的实际位移量大于或小于程序给定值，即实际位移量 = 程序给定值 ± 补偿值。G43 相加法，G44 相减法，如图 2-27 所示。

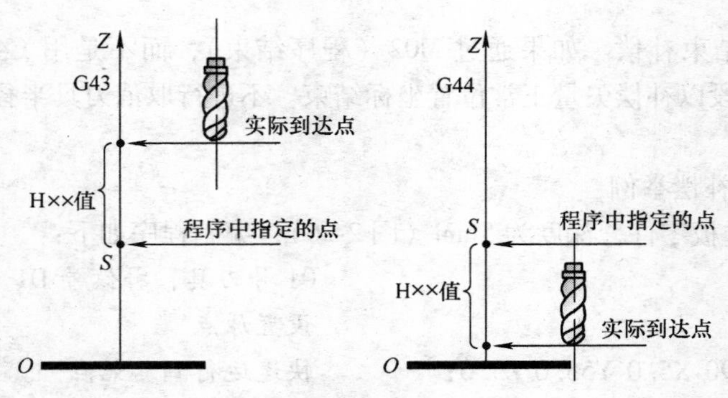

图 2-27　刀具长度补偿

指令格式：
G43（G44）Z __　H __；
…
G49

G43——刀具长度正补偿；
G44——刀具长度负补偿；
G49——取消长度补偿；
Z——刀具补偿建立或取消的终点坐标；
H——补偿值地址。

说明：

1）G43、G44、G49 为模态 G 代码，这组指令默认值是 G49。

2）用 H 代码指定偏置号。编程时以假定的理想刀具长度与实际使用的刀具长度之差作为偏置量存储在偏置存储器 H01 ~ H99 中。在 FANUC 系统中，该指令可以根据存储在偏置存储器中的设定值，通过偏置号把存储在偏置存储器中的偏置量调出来与程序中的坐标值进行加减运算，以达到补偿刀具长度的目的，实现用实际选定的刀具进行正确的加工，而不必对加工程序进行修改。H00 偏置量固定为零，也可以用来取消刀具长度补偿。

例 2-6 H1——刀具偏移值为 20.0mm。

G90 G43 Z100.0 H1；刀具将沿 Z 轴运动到 120.0mm 的位置。

3. 基点计算

选择工件上表面中心点为工件坐标原点，本项目基点位置如图 2-28 所示。

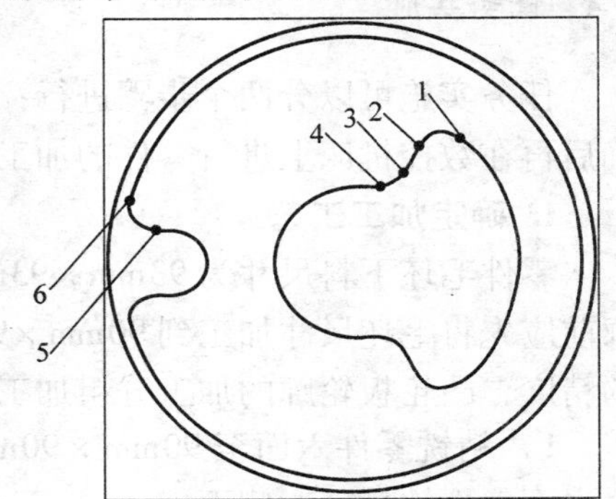

图 2-28 坐标点标注示意图

1.（19.838，22.456） 2.（12.247，21.213） 3.（9.526，16.5） 4.（5.196，14） 5.（−32.327，6） 6.（−40.101，12.486）

因图样中为对称图形，所以其他的坐标点为对称点。

任务准备

1. 设备选择

选用××型加工中心；计算机及仿真软件；采用机用虎钳夹具。

2. 零件毛坯

零件毛坯尺寸为 93mm×93mm×20mm，材料为 45 钢。

3. 刀具类型

选用直径为 ϕ80mm 的面铣刀，选用直径为 ϕ16mm、ϕ8mm 的立铣刀，制订数控加工刀具卡片，见表 2-7。

表 2-7 数控加工刀具卡片

产品名称或代号：			零件名称：		零件图号：	
序号	刀具号	刀具规格及名称	材料	数量	加工表面	备注
1	01	ϕ80mm 面铣刀	硬质合金	1	零件六个面	
2	02	ϕ16mm 立铣刀	高速钢	1	铣零件外轮廓	
3	03	ϕ8mm 立铣刀	硬质合金	1	铣零件内轮廓	

4. 工、量具选用

本任务加工所选用的工、量具清单见表2-8。

表2-8　工、量具清单

序号	名称	规格/mm	数量	备注
1	游标卡尺	0~200（0.02）	1	
2	半径样板（凹）	0~20	1	
3	机用虎钳	0~200	1	
4	量块	100	1	

任务实施

任务实施可以分两个步骤进行：先利用数控仿真软件在计算机上进行仿真加工，操作正确后再在数控机床上进行零件的加工。

1. 确定加工工艺

零件毛坯下料尺寸为93mm×93mm×20mm，三个方向仍留了余量，所以在加工凸台轮廓前应先将毛坯尺寸加工到90mm×90mm×18mm，再加工凸轮板轮廓，要保证凸轮板轮廓的精度，凸轮板轮廓的加工分粗加工和精加工进行。零件的加工工艺路线安排如下：

1）精铣零件六面至90mm×90mm×18mm，精铣六面时可先铣一对侧面，在铣上下两个大面，再铣另一对侧面。

2）粗铣凸轮板外轮廓直径方向留余量0.5mm。

3）粗铣凸轮板内轮廓直径方向留余量0.5mm。

4）精铣凸轮板外轮廓至尺寸。

5）精铣凸轮板内轮廓至尺寸。

想一想？

粗加工时轮廓要留余量0.5mm，在凸轮板的加工过程中刀具半径补偿D的取值应为多少？

在进行粗铣和精铣编程时，以零件的几何中心作为工件原点，确定加工方向为顺时针方向，铣外轮廓进刀点选择工件外，确定进刀点的坐标（68.0，0）。铣内外轮廓进刀点选择工件内，根据零件尺寸确定进刀点的坐标（-33.664，11.0），分一层切削。确定加工工艺后，填写数控加工工艺卡片，见表2-9。

表2-9　数控加工工艺过程卡片

铣零件六面	工步号	工步内容	刀具号	主轴转速/(r/min)	进给速度/(mm/min)	背吃刀量/mm	备注
	1	铣零件六面	01	750	80	1	
铣零件轮廓	1	粗铣零件外轮廓，留余量0.5mm	02	850	120	2.5	
	2	粗铣零件内轮廓，留余量0.5mm	02	1000	110	2.5	
	3	精铣零件外轮廓至尺寸	03	850	120	0.25	
	4	精铣零件内轮廓至尺寸	03	1000	110	0.25	

2. 程序的编制和输入

1）本零件的轮廓精加工程序见表2-10。

表2-10　精加工程序

加工程序	程序说明	实物图
%	程序传输起始符	
O0001；	程序名	
N100 G21；	米制单位	
N102 G00 G17 G40 G49 G80 G90；	程序初始化	
N104 T03 M06；	换03号刀	
N106 G00 G90 G54 X68.0 Y0 S850 M03；	快速定位至进刀点，主轴正转转速850r/min	
N108 G43 H2 Z50.0 M08；	*Z*轴快速定位至50mm	
N110 Z10.0；	*Z*轴快速定位至10mm	
N112 G01 Z-6.0 F120；	刀具进刀至-6mm，进给速度120mm/min	
N114 G41 D2 Y24.0 F120；	直线切削左刀补调用03号刀具半径补偿	
N116 G03 X44.0 Y0.0 R24.0；	逆时针圆弧切入圆弧半径24mm	
N118 G02 X0.0 Y-44.0 R44.0；	顺时针圆弧切削	
N120 X-44.0 Y00 R44.0；		
N122 X0.0 Y44.0 R44.0；		
N124 X44.0 Y0.0 R44.0；		
N126 G03 X68.0 Y-24.0 R24.0；	逆时针圆弧切出圆弧半径24mm	
N128 G01 G40 Y0.0；	直线切削取消刀具半径补偿	
N130 G00 Z50.0；	刀具快速抬到50mm高	
N132 M05；	主轴停转	
N134 G91 G28 Z0.0；	主轴回到换刀点	
N138 T03 M06；	换03号刀	
N140 G00 G90 G54 X-33.664 Y11.0 S1000 M03；	快速定位至下刀点，主轴正转转速1000r/min	
N142 G43 H3 Z50.0；	*Z*轴快速定位至50mm	
N144 Z10.0；	*Z*轴快速定位至10mm	
N146 G01 Z-6.0 F110；	刀具进刀至-6mm，进给速度110mm/min	
N148 G41 D03 X-38.664；	直线切削左刀补调用03号刀具半径补偿	
N150 G03 X-33.664 Y6.0 R5.0；	逆时针圆弧切入圆弧半径5mm	
N152 G01 X-32.0；	直线切削	

（续）

加工程序	程序说明	实物图
N154 G02 Y -6.0 R6.0;	顺时针圆弧切削	
N156 G01 X -35.327;	直线切削	
N158 G03 X -40.101 Y -12.486 R5.0;	逆时针圆弧切削	
N160 X40.101 Y12.486 R42.0;		
N162 X -40.101 R42.0;		
N164 X -35.327 Y6.0 R5.0;		
N166 G01 X -33.664;	直线切削	
N168 G03 X -28.664 Y11.0 R5.0;	逆时针圆弧切削	
N170 G01 G40 X -33.664;	直线切削取消刀具半径补偿	
N172 Z4.0 F110;	刀具抬到 4mm 高	
N174 G00 Z50.0;	刀具快速抬到 50mm 高	
N176 X0.0 Y -22.0;	快速定位至进刀点	
N178 Z10.0;	Z 轴快速定位至 10mm	
N180 G01 Z -6.0 F110;	刀具进刀至 -6mm，进给速度 110mm/min	
N182 G42 D3 X -8.0;	直线切削右刀补调用 03 号半径补偿	
N184 G02 X0.0 Y -14.0 R8.0;	顺时针圆弧切入圆弧半径 8mm	
N186 G01 X5.196;	直线切削	
N188 G02 X9.526 Y -16.5 R5.0;	顺时针圆弧切削	
N190 G01 X12.247 Y -21.213;	直线切削	
N192 G03 X19.893 Y -22.456 R5.0;	逆时针圆弧切削	
N194 Y22.456 R30.0;		
N196 X12.247 Y21.213 R5.0;		
N198 G01 X9.526 Y16.5;	直线切削	
N200 G02 X5.196 Y14.0 R5.0;	顺时针圆弧切削	
N202 G01 X0.0;	直线切削	
N204 G03 Y -14.0 R14.0;	逆时针圆弧切削	
N206 G02 X8.0 Y -22.0 R8.0;	顺时针圆弧切削	
N208 G01 G40 X0.0;	直线切削取消刀具半径补偿	
N210 Z4.0 F500;	刀具抬到 4mm 高	
N212 G00 Z50.0;	刀具快速抬到 50mm 高	
N214 M05;	主轴停转	
N216 G91 G28 Z0.0;	主轴回到换刀点	
N218 G28 Y0.0;	主轴回到 Y 轴参考点	
N220 M30;	程序结束并返回程序开头	
%	程序传输结束符	

3. 零件的模拟加工

零件程序输入和校验完成后，可以利用数控加工仿真软件进行零件的加工仿真，如图 2-29 所示。

4. 工件装夹

1）检查毛坯尺寸。

2）把机用虎钳装夹在加工中心工作台上，用指示表找正机用虎钳固定钳口，使钳口与加工中心 X 轴平行，找正误差 <0.02mm。

3）将工件装夹在机用虎钳上，下面用垫铁支撑，使工件放平，并伸出钳口 10mm，然后夹紧并敲实工件，之后用手试试垫铁是否能动，若能动则工件没有敲实。

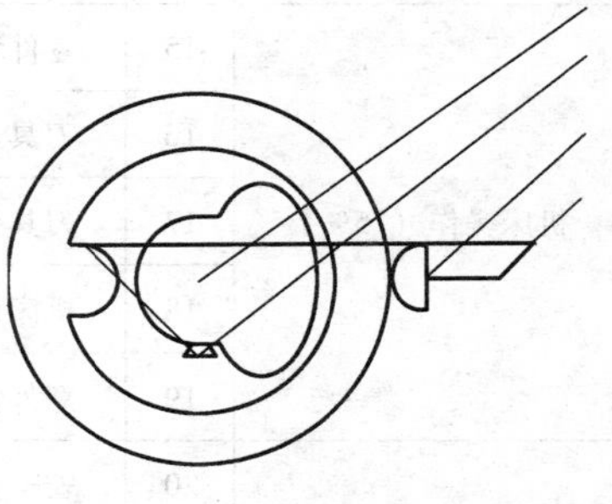

图 2-29　零件加工轨迹图

4）用寻边器测量工件左右两侧，测出 X 向中心坐标；再用寻边器测量工件前后两侧，测出 Y 向中心坐标。按下偏置键，将当前机床坐标系输入到 G54 设定画面的 X、Y 坐标值中。

5）用对刀块（量块）测量 Z 坐标值方法：缓慢摇动 Z 向手轮，当感觉对刀块（量块长度为 100mm）的上、下两接触面具有一定的挤压力时，停止摇动手轮，将当前机床坐标系 Z 值（如铣刀长度值 $Z-201.035$）记下，再加上量块高度 100mm，即长度补偿 H 值为 -301.035mm。

检查评议

零件完成加工后，测量尺寸后，填写零件质量评分表，见表 2-11。

表 2-11　零件质量评分表

姓名		零件名称	凸轮板	加工时间		总得分	
项目与配分		序号	技术要求	配分	评分标准	检查记录	得分
工件加工评分（55%）	外形轮廓	1	轮廓圆弧 $R5$（6 处）	7	超差 0.01mm 扣 2 分		
		2	轮廓圆弧 $R42$	7	超差 0.01mm 扣 2 分		
		3	轮廓圆弧 $R30$	7	超差 0.01mm 扣 2 分		
		4	轮廓直径 $\phi88^{+0.03}_{0}$	6	半径样板检查不合格扣 6 分		
		5	轮廓宽度 12	6	超差不得分		
		6	轮廓深度 $6^{+0.03}_{0}$	6	超差不得分		
		7	轮廓深度 2	6	超差不得分		
	表面粗糙度	8	轮廓侧面 $Ra1.6\mu m$	5	超差不得分		
		9	轮廓底面 $Ra3.2\mu m$	5	超差不得分		
程序与工艺（25%）		10	程序正确、完整	6	不正确每处扣 1 分		
		11	程序格式规范	5	不规范每处扣 0.5 分		
		12	加工工艺合理	5	不合理每处扣 1 分		
		13	程序参数选择合理	4	不合理每处扣 0.5 分		
		14	指令选用合理	5	不合理每处扣 1 分		

（续）

姓名			零件名称	凸轮板	加工时间		总得分	
项目与配分	序号	技术要求		配分	评分标准		检查记录	得分
机床操作（15%）	15	零件装夹合理		2	不合理每次扣1分			
	16	刀具选择及安装正确		2	不正确每次扣1分			
	17	刀具坐标系设定正确		4	不正确每次扣1分			
	18	机床面板操作正确		4	误操作每次扣1分			
	19	意外情况处理正确		3	不正确每处扣1.5分			
安全文明生产（5%）	20	安全操作		2.5	违反操作规程全扣			
	21	机床整理及保养规范		2.5	不合格全扣			

想一想？

根据测量结果，大家会发现根据表2-10加工程序清单加工出的零件尺寸偏大，如何修改刀具半径补偿值才能使加工的零件合格？

问题及防治

在加工过程中由于初次接触刀具半径补偿，经常遇到的问题、产生原因及解决方法见表2-12。

表2-12　轮廓加工问题、产生原因及解决方法

问题现象	产生原因	解决方法
工件深度尺寸不能保证	1. 刀具对刀不准确 2. 工件没有放平	1. 深度方向先留余量，测量后再进行深度精加工 2. 工件夹紧敲实
工件尺寸不合格	1. 编程错误 2. 刀具半径补偿值错误	1. 检查程序，正确编程 2. 刀具半径补偿值的选择很关键，刀具半径补偿值选择偏大则零件偏大，刀具半径补偿值选择偏小则零件偏小

扩展知识练习

1. 拓展项目任务描述

图2-30为支架零件，已加工至毛坯尺寸，零件中间有一圆弧形状的凹槽，生产方式为小批量生产，无热处理工艺要求，试选择合适的夹具，制订加工工艺方案，选择合理的切削用量，编制数控加工程序，并完成该零件的加工和检测。

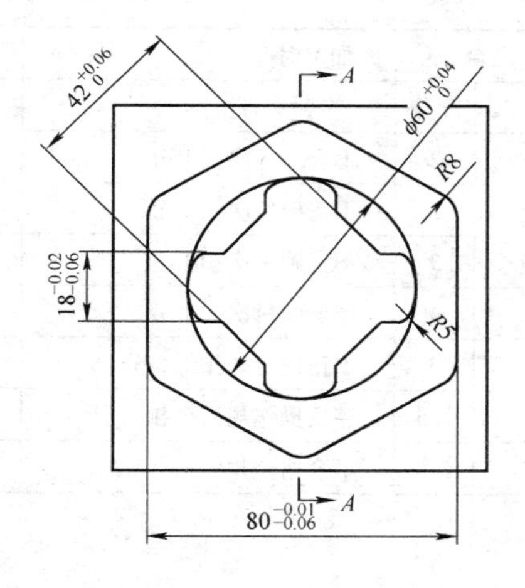

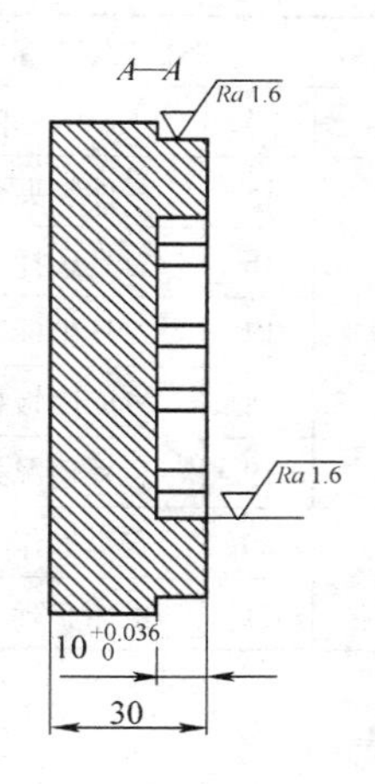

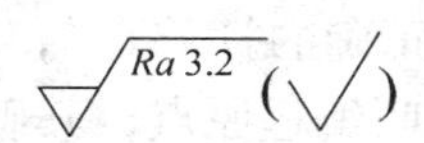

图 2-30　支架零件

2. 拓展项目评分标准（见表 2-13）

表 2-13　拓展项目零件质量评分表

姓名		零件名称	支架	加工时间		总得分	
项目与配分		序号	技术要求	配分	评分标准	检查记录	得分
工件加工评分（55%）	外形轮廓	1	轮廓长度 $80^{-0.01}_{-0.06}$	10	超差 0.01mm 扣 2 分		
		2	轮廓直径 $\phi60^{+0.04}_{0}$	4	超差 0.01mm 扣 2 分		
		3	槽宽 $42^{+0.06}_{0}$	10	超差 0.02mm 扣 2 分		
		4	槽宽 $18^{-0.02}_{-0.06}$	10	超差 0.02mm 扣 2 分		
		5	R8 圆弧（6 处）	6	超差不得分		
		6	R5 圆弧（8 处）	8	超差不得分		
		7	轮廓深度 $10^{+0.036}_{0}$	2	超差不得分		
	表面粗糙度	8	轮廓侧面 $Ra1.6\mu m$	5	每处表面粗糙度值增大 1 级扣 2 分		
		9	轮廓底面 $Ra3.2\mu m$	3	表面粗糙度值增大 1 级扣 1 分		
程序与工艺（25%）		10	程序正确、完整	6	不正确每处扣 1 分		
		11	程序格式规范	5	不规范每处扣 0.5 分		
		12	加工工艺合理	4	不合理每处扣 1 分		
		13	程序参数选择合理	4	不合理每处扣 0.5 分		
		14	指令选用合理	4	不合理每处扣 1 分		

（续）

姓名		零件名称	凸台	加工时间		总得分	
项目与配分	序号	技术要求	配分	评分标准		检查记录	得分
机床操作（15%）	15	零件装夹合理	2	不合理每次扣 1 分			
	16	刀具选择及安装正确	2	不正确每次扣 1 分			
	17	刀具坐标系设定正确	3	不正确每次扣 1 分			
	18	机床面板操作正确	4	误操作每次扣 1 分			
	19	意外情况处理正确	3	不正确每处扣 1.5 分			
安全文明生产（5%）	20	安全操作	2.5	违反操作规程全扣			
	21	机床整理及保养规范	2.5	不合格全扣			

考证要点

一、判断题（正确的打“✓”，错误的打“×”）

1. 工件原点又叫编程原点，其确定原则是一定要计算方便。（　　）

2. 数控机床每次接通电源后在运行前，首先应做的是机床各坐标轴回参考点。（　　）

3. 数控机床的机床坐标原点和机床参考点是重合的。（　　）

二、单项选择题

1. 程序中指定了（　　）时，刀具半径补偿被取消。

A. G40　　B. G41　　C. G42　　D. G43

2. 在编制轮廓时，下列说法（　　）是错误的。

A. 刀具路径与工件轮廓有一个偏移量

B. 刀具中心路径沿工件轮廓运动

C. 以工件轮廓尺寸为刀具编程路径

D. 程序中应使用刀具半径补偿指令

3. 用 ϕ12mm 的刀具进行轮廓的粗、精加工，要求精加工余量为 0.4mm，则粗加工偏移量为（　　）mm。

A. 12.4　　B. 11.6　　C. 6.2　　D. 5.6

三、问答题

什么是脉冲当量？

四、计算题

1. 执行下列程序后，钻孔深度是________。

……

G90 G01 G43 Z－50 H01 F100（H01 补偿值－2.00mm）

……

2. 执行下列程序后，钻孔深度是________。

……

G90 G01 G44 Z－50 H02 F100（H02 补偿值 2.00mm）

……

任务3　方槽板的加工

任务描述

图2-31为有外轮廓、凸台和圆弧形状、凹槽薄壁轮廓的方槽板零件，生产方式为小批量生产，无热处理工艺要求，零件毛坯尺寸为105mm×105mm×28mm，材料为45钢，试选择合适的夹具，制订加工工艺方案，选择合理的切削用量，编制数控加工程序，并完成该零件的加工和检测。

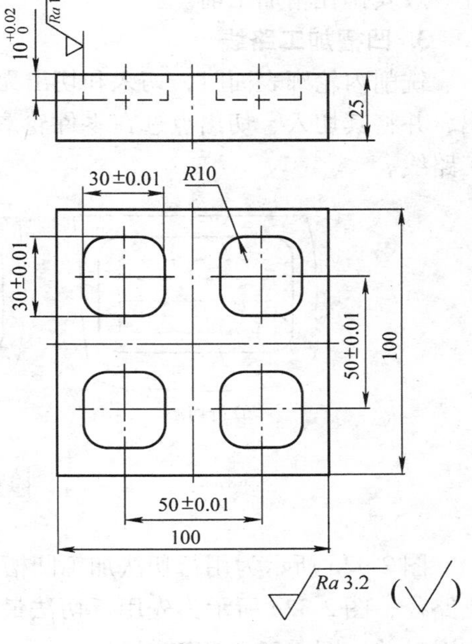

图2-31　方槽板

任务分析

该零件内、外轮廓和深度尺寸精度要求都较高，故采用粗铣-精铣方案。加工顺序按照先粗后精的原则确定，具体加工顺序为粗铣外轮廓、粗铣内轮廓、精铣外轮廓、精铣内轮廓。该零件形状简单，四个侧面较光整，加工面与非加工面之间的位置精度要求不高，故可选用机用虎钳，以零件的底面和两个侧面定位，用机用虎钳口从侧面夹紧。立铣刀规格根据加工尺寸选择，内轮廓的最小内圆角为*R*10，所以选择ϕ16mm立铣刀，不需额外去除槽内余量。因立铣刀在加工内轮廓时不能向下进给，所以需要使用键槽铣刀。

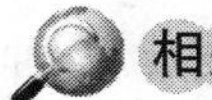

相关知识

工件的机械加工工艺路线包括切削加工、热处理和辅助工序。因此，在拟订工艺路线时，要合理全面安排好切削加工、热处理和辅助工序顺序。

1. 工序顺序的安排原则

（1）基准先行　选为精基准的表面应先进行加工，以便为后续工序提供可靠的精基准。

（2）先粗后精　各表面均应按照粗加工-半精加工-精加工-光整加工的顺序依次进行，以便逐步提高加工精度和降低表面粗糙度值。

（3）先主后次　先加工主要表面（如定位基面、装配面、工作面），后加工次要表面（如自由表面、键槽、螺孔等）。次要表面常穿插进行，一般安排在主要表面达到一定精度之后、最终精加工之前进行。

（4）先面后孔　对于箱体、支架、连杆类工件，一般应先加工平面后加工孔。这是因为先加工好平面后，就能以平面定位加工孔，定位稳定可靠，保证平面和孔的位置精度。

2. 热处理工序的安排

为提高材料的力学性能，改善金属加工性能以及消除残余应力，在工艺过程中适当安排一些热处理工序。

（1）预备热处理　其目的是改善工件的加工性能，消除内应力，改善金相组织为最终热处理做好准备（如正火、退火和调质等）。它一般安排在粗加工前，但调质常安排在粗加工后进行。

（2）消除残余应力热处理　其目的是消除毛坯制造和切削加工过程中产生的残余应力，如时效和退火。

（3）最终热处理　最终热处理的目的是提高零件的力学性能（如强度、硬度、耐磨性），包括调质、淬火-回火，以及各种表面处理（渗碳淬火、碳氮共渗和氮化）。最终热处理一般安排在精加工前。

3. 凹槽加工路线

铣削内轮廓表面时，切入和切出无法外延，这时铣刀可沿零件轮廓的法线方向切入和切出，并将其切入、切出点选在零件轮廓两几何元素的交点处。图 2-32 为加工凹槽的三种加工路线。

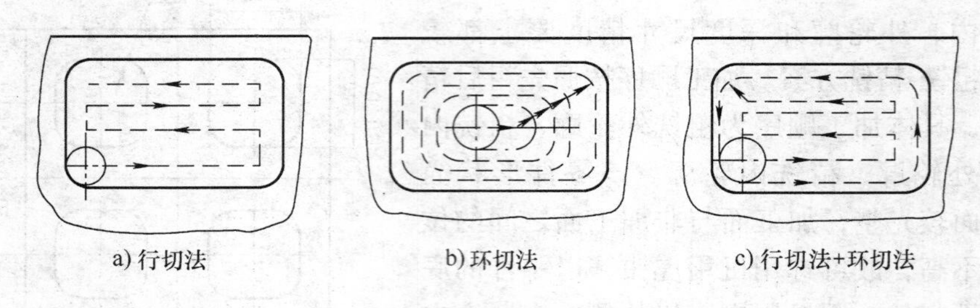
a) 行切法　b) 环切法　c) 行切法+环切法

图 2-32　凹槽加工路线

图 2-32a 所示为用行切法加工凹槽的刀具路径；图 2-32b 所示为用环切法加工凹槽的刀具路径；图 2-32c 所示为先用行切法最后用环切一刀光整轮廓表面。三种方案中，图 2-32a 方案最差，图 2-32c 方案最好。

在轮廓铣削过程中要避免进给停顿，否则会因铣削力的突然变化，将在停顿处轮廓表面上留下刀痕。

4. 顺铣和逆铣对加工的影响

在铣削加工中，采用顺铣还是逆铣方式是影响加工表面粗糙度的重要因素之一。逆铣时切削力 F 的水平分力 F_f 的方向与进给运动 v_f 方向相反，顺铣时切削力 F_f 的水平分力 F_X 的方向与进给运动 v_f 的方向相同。铣削方式的选择应视零件图样的加工要求、工件材料的性质、特点以及机床、刀具等条件综合考虑。通常，由于数控机床传动采用滚珠丝杠结构，其进给传动间隙很小，顺铣的工艺性优于逆铣。

图 2-33a 为采用顺铣切削方式精铣外轮廓，图 2-33b 为采用逆铣切削方式精铣型腔轮廓，图 2-33c 为顺、逆铣时的切削区域。

同时，为了降低表面粗糙度值，延长刀具寿命，对于铝镁合金、钛合金和耐热合金等材料，尽量采用顺铣加工。但如果零件毛坯为钢铁材料锻件或铸件，表皮硬而且余量一般较大，这时粗加工采用逆铣，精加工采用顺铣较为合理。

5. 子程序指令功能

在一个加工程序中，如果其中有些加工内容完全相同或相似，为了简化程序，可以把这些重复的程序段单独列出，并按一定的格式编写成子程序。主程序在执行过程中如果需要某一子程序，通过调用指令来调用该子程序，子程序执行完后又返回到主程序，继续执行后面的程序段。

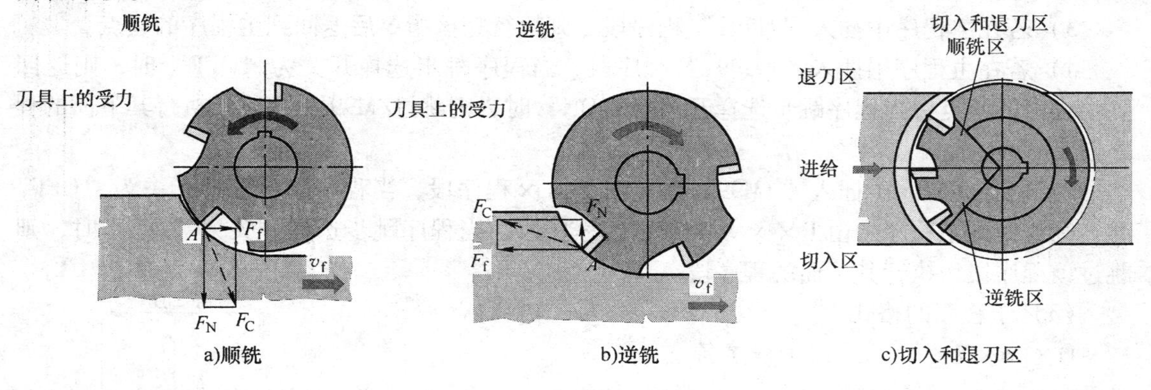

a)顺铣　　b)逆铣　　c)切入和退刀区

图 2-33　顺铣和逆铣

（1）子程序的嵌套　当一个主程序调用一个子程序时，该子程序可以调用另一个子程序，这样的情况称为子程序的两重嵌套。一般机床可以允许最多达四重的子程序嵌套。在调用子程序指令中，指令可以重复执行所调用的子程序，最多达 9999 次。在编程中使用较多的是二重嵌套，其程序的执行情况如图 2-34 所示。

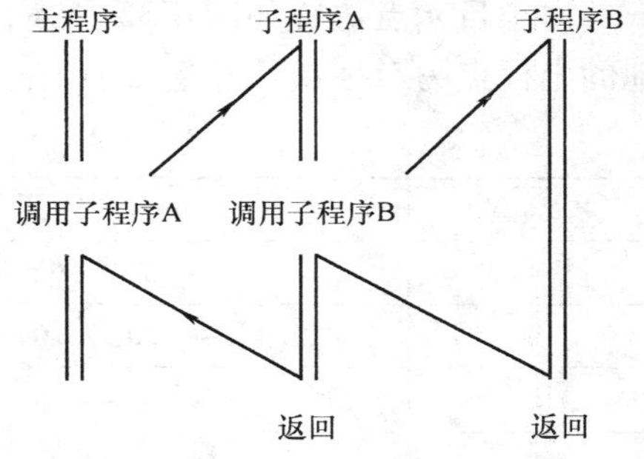

图 2-34　子程序嵌套

（2）子程序的应用

1）当零件上具有若干处相同的轮廓形状时，只要编写一个加工该轮廓形状的子程序，然后用主程序多次调用该子程序的方法完成对工件的加工。

2）加工中反复出现具有相同轨迹的刀具路径　如果相同轨迹的刀具路径出现在某个加工区域或在这个区域的各个层面上，采用子程序编写加工程序比较方便，在程序中常用增量值确定切入深度。

3）在加工较复杂的零件时，往往包含许多独立的工序，有时工序之间需要做适当的调整，为了优化加工程序，把每一个独立的工序编成一个子程序，这样形成了模块式的程序结构，便于对加工顺序进行调整，主程序中只有换刀和调用子程序等指令。

6. 子程序指令格式

（1）调用子程序指令（M98）

指令格式：M98　P△△△△××××；

指令功能：调用子程序

指令说明：前 4 个△为重复调用子程序的次数，后 4 个×为要调用的子程序号。若只调用一次子程序前面的△可省略不写，系统允许重复调用次数为 1～9999 次。

（2）子程序结束指令（M99）

指令格式：M99；

指令功能：子程序运行结束，返回主程序

指令说明：

1）执行到子程序结束 M99 指令后，返回至主程序，继续执行“M98 P△△△△××××；”程序段下面的主程序。

2）若子程序结束指令用“M99　P××××;”格式时，表示执行完子程序后，返回到主程序中由P××××指定的程序段。

3）若在主程序中插入“M99;”程序段，则执行完该指令后返回到主程序的起点。

4）若在主程序中插入“/M99;”程序段，当程序跳步选择开关为“OFF”时，则返回到主程序的起点；当程序跳步选择开关为“ON”时，则跳过/M99程序段，执行其下面的程序段。

5）若在主程序中插入“/M99　P;”××××程序段，当程序跳步选择开关为“OFF”时，则返回到主程序中由P××××指定的程序段；当程序跳步选择开关为“ON”时，则跳过该程序段，执行其下面的程序段。

（3）子程序的格式

```
O××××;        子程序名
……;
……;           子程序内容
M99;           子程序结束
```

7. 基点计算

本项目基点位置如图2-35所示。因图样为对称图形所以其他的坐标点为对称点，各基点的坐标见表2-14。

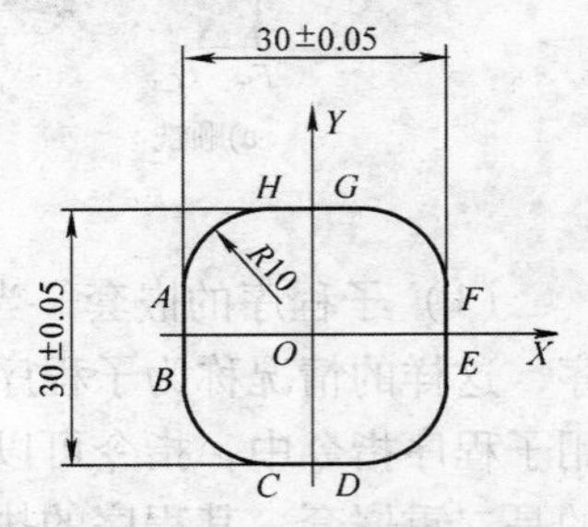

图2-35　基点位置图

表2-14　基点坐标

基　点	坐标(X,Y)	基　点	坐标(X,Y)
A	(-15.0,5.0)	E	(15.0,-5.0)
B	(-15.0,-5.0)	F	(15.0,5.0)
C	(-5.0,-15.0)	G	(5.0,15.0)
D	(5.0,-15.0)	H	(-5.0,15.0)

任务准备

1. 设备选择

选用××型加工中心；计算机及仿真软件；采用机用虎钳夹具。

2. 零件毛坯

零件毛坯尺寸为105mm×105mm×28mm，材料为45钢。

3. 刀具类型

选用直径为ϕ80mm的面铣刀，刀片材料为硬质合金，选用直径为ϕ16mm的立铣刀，刀具材料为高速钢，制订数控加工刀具卡片，见表2-15。

表2-15　数控加工刀具卡片

产品名称或代号：			零件名称：		零件图号：	
序号	刀具号	刀具规格及名称	材料	数量	加工表面	备注
1	01	ϕ80mm面铣刀	硬质合金	1	零件六个面	
2	02	ϕ16mm立铣刀	高速钢	1	粗铣零件外轮廓	

4. 工、量具选用

本任务加工所选用的工、量具清单见表2-16。

表2-16 工、量具清单

序号	名称	规格/mm	数量	备注
1	游标卡尺	0～200	1	
2	内径千分尺	25～50	1	
3	深度千分尺	0～25	1	
4	机用虎钳	0～200	1	

任务实施

任务实施可以分两个步骤进行：先利用数控仿真软件在计算机上进行仿真加工，操作正确后再在数控机床上进行零件的加工。

1. 确定加工工艺

零件毛坯下料尺寸为105mm×105mm×28mm，三个方向仍留了余量，所以在加工凸台轮廓前应先将毛坯尺寸加工到100mm×100mm×25mm，再加工方槽板内轮廓，要保证方槽板的精度，方槽板内槽的加工分粗加工和精加工进行。零件的加工工艺路线安排如下：

1）精铣零件六面至90mm×90mm×18mm，精铣六面时可先铣一对侧面，在铣上下两个大面，再铣另一对侧面。

2）粗铣方槽板内轮廓双边留余量0.5mm。

3）精铣方槽板内轮廓至尺寸。

想一想？

加工方槽板内槽有四个，需要编几个程序？能否通过镜像指令加工？能否通过偏置内槽中心坐标加工？

在进行编程时，以内槽的几何中心作为工件原点，确定加工方向为逆时针方向，采用顺铣加工，铣内外轮廓进刀点选择工件内，根据零件尺寸，确定进刀点的坐标（0，0），分两层铣削。在子程序调用两遍完成深度10mm的粗加工，粗加工完成之后再进行精加工，精加工分一层铣削。确定加工工艺后，填写数控加工工艺卡片，见表2-17。

表2-17 数控加工工艺过程卡片

铣零件六面	工步号	工步内容	刀具号	主轴转速/(r/min)	进给速度/(mm/min)	背吃刀量/mm	备注
	1	铣零件六面	01	750	80	1	
铣零件轮廓	2	粗铣零件内轮廓，留余量0.5mm	02	850	100	7.5	
	3	精铣零件内轮廓至尺寸	02	850	150	0.25	

2. 程序的编制和输入

1）粗加工本零件的主加工程序见表2-18。

表 2-18　主加工程序

加工程序	程序说明	实物图
%	程序传输起始符	
O1234;	主程序名	
G91 G28 Z0;	主轴回换刀点	
T02 M06;	换 02 号刀，ϕ16mm 键槽铣刀	
G40 G49 G80;	程序初始化	
M03 S850;	主轴正转转速 850r/min	
G90 G00 G54 X0 Y0;	第一个方槽，工件坐标系 G54	
G43 H02 Z100.0;	*Z* 轴快速定位至 100mm	
Z5.0;	*Z* 轴快速定位至 5mm	
M98 P4321 L2 D02;	加工第一个方槽	
G90 G00 G55 X0 Y0;	第二个方槽，工件坐标系 G55	
M98 P4321 L2 D02;	加工第二个方槽	
G90 G00 G56 X0 Y0;	第三个方槽，工件坐标系 G56	
M98 P4321 L2 D02;	加工第三个方槽	
G90 G00 G57 X0 Y0;	第四个方槽，工件坐标系 G57	
M98 P4321 L2 D02;	加工第四个方槽	
G90 G00 Z150.0;	刀具快速抬到 150mm 高	
M05;	主轴停转	
G91 G28 Z0;	主轴回换刀点	
M30;	程序结束并返回程序开头	
%	程序传输结束符	

2）粗加工本零件的子加工程序见表 2-19。

表 2-19　子加工程序

加工程序	程序说明	实物图
%	程序传输起始符	
O4321;	子程序名	
G90 Z0	刀具进刀至 0 平面	
G91 G01 Z-5.0 F100;	刀具进刀至 -5mm，进给速度 100mm/min	
G41 G01 X-5.0 Y10.0 F100;	直线切削左刀补	
G03 X-15.0 Y0 R10.0;	逆时针圆弧切削	
G01 Y-5.0;	直线切削	
G03 X-5.0 Y-15.0 R10.0;	逆时针圆弧切削	
G01 X5.0;	直线切削	
G03 X15.0 Y-5.0 R10.0;	逆时针圆弧切削	
G01 Y5.0;	直线切削	

（续）

加工程序	程序说明	实物图
G03 X5.0 Y15.0 R10.0;	逆时针圆弧切削	
G01 X-5.0;	直线切削	
G03 X-15.0 Y5.0 R10.0;	逆时针圆弧切削	
G01Y0;	直线切削	
G03 X-5.0 Y-10.0 R10.0;	逆时针圆弧切削	
G40 G01 X0 Y0;	直线切削取消刀具半径补偿	
G00 G90 Z5.0;	快速抬到5mm高	
M99;	子程调用结束并返回主程序	
%	程序传输结束符	

3）精加工本零件通过修改半径补偿值来保证加工精度，精加工的主加工程序见表2-20。

表2-20　精加工的主程序

加工程序	程序说明	实物图
%	程序传输起始符	
O1234;	主程序名	
G91 G28 Z0;	主轴回换刀点	
T02 M06;	换02号刀，ϕ16mm键槽铣刀	
G40 G49 G80;	程序初始化	
M03 S850;	主轴正转转速850r/min	
G90 G00 G54 X0 Y0;	第一个方槽，工件坐标系G54	
G43 H02 Z100.0;	Z轴快速定位至100mm	
Z5.0;	Z轴快速定位至5mm	
M98 P4321 D03;	加工第一个方槽	
G90 G00 G55 X0 Y0;	第二个方槽，工件坐标系G55	
M98 P4321 D03;	加工第二个方槽	
G90 G00 G56 X0 Y0;	第三个方槽，工件坐标系G56	
M98 P4321 D03;	加工第三个方槽	
G90 G00 G57 X0 Y0;	第四个方槽，工件坐标系G57	
M98 P4321 D03;	加工第四个方槽	
G90 G00 Z150.0;	刀具快速抬到150mm高	
M05;	主轴停转	
G91 G28 Z0;	主轴回换刀点	
M30;	程序结束并返回程序开头	
%	程序传输结束符	

4）精加工本零件的子加工程序见表2-21。

表 2-21　子加工程序

加工程序	程序说明	实物图
%	程序传输起始符	
O4321；	子程序名	
G01 Z－10.0 F150；	刀具下刀至－10mm，速度 150mm/min	
G41 G01 X－5.0 Y10.0 F150；	直线切削左刀补	
G03 X－15.0 Y0 R10.0；	逆时针圆弧切削	
G01 Y－5.0；	直线切削	
G03 X－5.0 Y－15.0 R10.0；	逆时针圆弧切削	
G01 X5.0；	直线切削	
G03 X15.0 Y－5.0 R10.0；	逆时针圆弧切削	
G01 Y5.0；	直线切削	
G03 X5.0 Y15.0 R10.0；	逆时针圆弧切削	
G01 X－5.0；	直线切削	
G03 X－15.0 Y5.0 R10.0；	逆时针圆弧切削	
G01 Y0；	直线切削	
G03 X－5.0 Y－10.0 R10.0；	逆时针圆弧切削	
G40 G01 X0 Y0；	直线切削取消刀具半径补偿	
G00 G90 Z5.0；	快速抬到 5mm 高	
M99；	子程调用结束并返回主程序	
%	程序传输结束符	

3. 零件的模拟加工

零件程序输入和校验完成后，可以利用数控加工仿真软件进行零件的加工仿真，如图 2-36 所示。

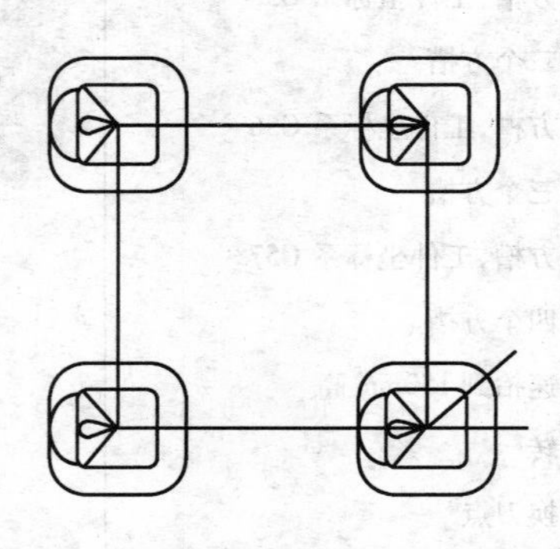

图 2-36　零件加工轨迹图

检查评议

零件完成加工后，测量尺寸后，填写零件质量评分表，见表 2-22。

表 2-22 零件质量评分表

姓名			零件名称	方槽板	加工时间		总得分	
项目与配分		序号	技术要求	配分	评分标准	检查记录	得分	
工件加工评分(55%)	轮廓尺寸	1	轮廓圆弧 R10(16处)	16	超差0.01mm扣2分			
		2	宽度 30±0.01	16	超差0.01mm扣2分			
		3	中心距 50±0.01	6	超差0.01mm扣2分			
		4	轮廓深度 $10^{+0.02}_{0}$	3	超差不得分			
		5	轮廓长度 100	1	超差不得分			
		6	轮廓宽度 100	1	超差不得分			
		7	轮廓深度 25	2	超差不得分			
	表面粗糙度	8	轮廓侧面 Ra1.6μm	5	超差不得分			
		9	轮廓底面 Ra3.2μm	5	超差不得分			
程序与工艺(25%)		10	程序正确、完整	6	不正确每处扣1分			
		11	程序格式规范	5	不规范每处扣0.5分			
		12	加工工艺合理	5	不合理每处扣1分			
		13	程序参数选择合理	4	不合理每处扣0.5分			
		14	指令选用合理	5	不合理每处扣1分			
机床操作(15%)		15	零件装夹合理	2	不合理每次扣1分			
		16	刀具选择及安装正确	2	不正确每次扣1分			
		17	刀具坐标系设定正确	4	不正确每次扣1分			
		18	机床面板操作正确	4	误操作每次扣1分			
		19	意外情况处理正确	3	不正确每处扣1.5分			
安全文明生产(5%)		20	安全操作	2.5	违反操作规程全扣			
		21	机床整理及保养规范	2.5	不合格全扣			

想一想?

根据加工过程，可以发现每一层的背吃刀量为5mm，共调用两遍子程序完成加工深度10mm通过Z轴的坐标偏置能否完成加工？子程序怎样变化？

问题及防治

在加工过程中由于初次接触刀具补偿，经常遇到的问题、产生原因及解决方法见表2-23。

表 2-23 轮廓加工问题、产生原因及解决方法

问题现象	产生原因	解决方法
工件深度尺寸不能保证	1. 刀具对刀不准确 2. 工件没有放平	1. 深度方向先留余量,测量后再进行深度精加工 2. 工件夹紧敲实
工件尺寸不合格	1. 编程错误 2. 刀具补偿值错误	1. 检查程序,正确编程 2. 刀具补偿值的选择很关键,刀具补偿值选择偏大则零件偏大,刀具补偿值选择偏小则零件偏小

扩展知识练习

1. 拓展项目任务描述

图 2-37 为凸台零件，毛坯尺寸已加工至尺寸，零件上面为一带凹槽的半圆形凸台，生产方式为小批量生产，无热处理工艺要求，试选择合适的夹具，制订加工工艺方案，选择合理的切削用量，编制数控加工程序，并完成该零件的加工和检测。

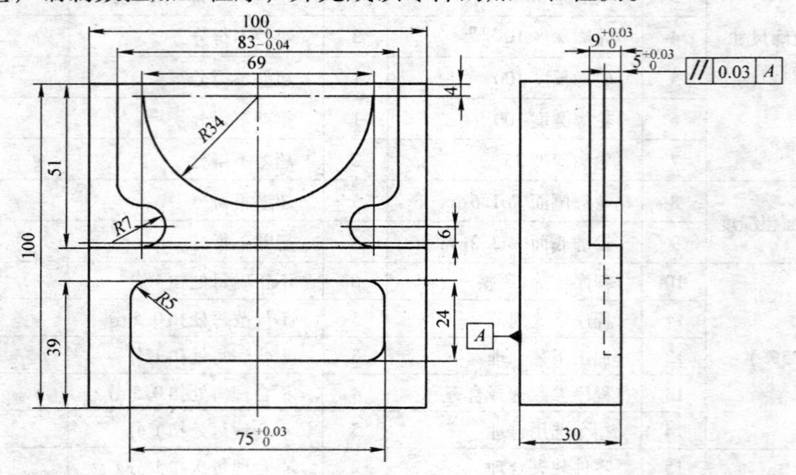

图 2-37　凸台零件

2. 拓展项目评分标准

表 2-24　拓展项目零件质量评分表

姓名		零件名称	凸台	加工时间		总得分	
项目与配分		序号	技术要求	配分	评分标准	检查记录	得分
工件加工评分(55%)	外形轮廓	1	轮廓长度 $83^{\ 0}_{-0.04}$	6	超差 0.01mm 扣 2 分		
		2	轮廓长度 $75^{+0.03}_{\ 0}$	6	超差 0.01mm 扣 2 分		
		3	轮廓深度 $5^{+0.03}_{\ 0}$	8	超差 0.02mm 扣 2 分		
		4	轮廓深度 $9^{+0.03}_{\ 0}$	8	超差 0.02mm 扣 2 分		
		5	*R*7 圆弧(4 处)	8	超差不得分		
		6	*R*5 圆弧(4 处)	8	超差不得分		
		7	*R*34 圆弧(1 处)	2	超差不得分		
		8	轮廓宽度 24	2	超差不得分		
		9	轮廓宽度 51	2	超差不得分		
	表面粗糙度	10	轮廓侧面 *Ra*1.6μm	5	超差不得分		
		11	轮廓底面 *Ra*3.2μm	3	超差不得分		
程序与工艺(25%)		12	程序正确、完整	6	不正确每处扣 1 分		
		13	程序格式规范	5	不规范每处扣 0.5 分		
		14	加工工艺合理	4	不合理每处扣 1 分		
		15	程序参数选择合理	4	不合理每处扣 0.5 分		
		16	指令选用合理	4	不合理每处扣 1 分		

（续）

姓名		零件名称	凸台	加工时间		总得分	
项目与配分	序号	技术要求	配分	评分标准		检查记录	得分
机床操作(15%)	17	零件装夹合理	2	不合理每次扣1分			
	18	刀具选择及安装正确	2	不正确每次扣1分			
	19	刀具坐标系设定正确	3	不正确每次扣1分			
	20	机床面板操作正确	4	误操作每次扣1分			
	21	意外情况处理正确	3	不正确每处扣1.5分			
安全文明生产(5%)	22	安全操作	2.5	违反操作规程全扣			
	23	机床整理及保养规范	2.5	不合格全扣			

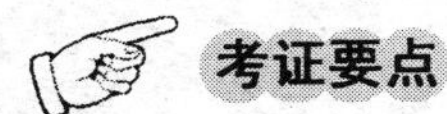

考证要点

一、判断题（正确的打“✓”，错误的打“×”）

1. 固定循环功能中的K指重复加工次数，一般在增量方式下使用。（　　）

2. 对表面有硬皮的毛坯件，不宜采用顺铣。（　　）

3. 圆柱铣刀的顺铣与逆铣相比，顺铣时切削刃一开始就切入工件，切削刃磨损比较小。（　　）

二、单项选择题

1. 在铣削工件时，若铣刀的旋转方向与工件的进给方向相反称为（　　）。

A. 顺铣　B. 逆铣　C. 横铣　D. 纵铣

2. 加工孔时，孔径较小的孔一般采用“钻、扩、铰”方法，孔径较大的孔一般采用（　　）方法。

A. 钻、铰　B. 钻、半精镗、精镗

C. 钻、扩、铰　D. 钻、精镗

3. 在工件上既有平面需要加工，又有孔需要加工时，可采用（　　）。

A. 粗铣平面-钻孔-精铣平面　B. 先加工平面，后加工孔

C. 先加工孔，后加工平面　D. 任何一种形式

三、问答题

简述数控铣床编程时应注意的问题。

四、编程题

某零件的外形轮廓如图2-38所示，厚度为6mm，试编制相应加工程序。

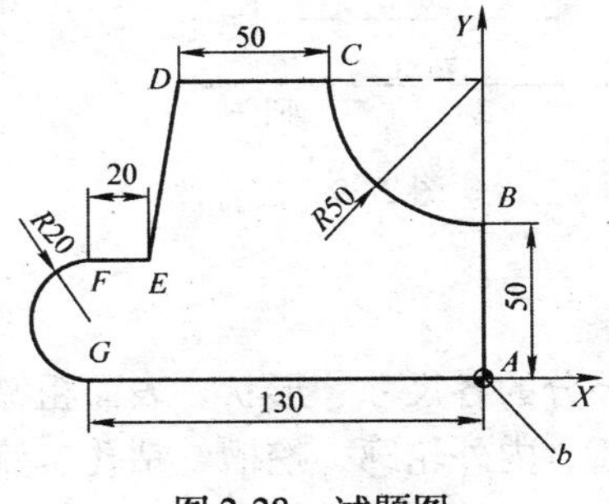

图2-38　试题图

刀具：直径为 ϕ12mm 的立铣刀

进刀、退刀方式：安全平面距离零件上表面 10mm，轮廓外形的延长线切入切出。

要求：用刀具半径补偿功能手动编制精加工程序。

任务4　配合件的加工

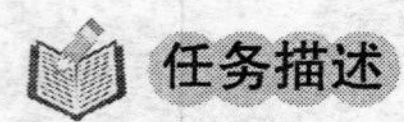

任务描述

图 2-39 包括“L”形凸件和“L”形凹件的配合件，有外轮廓、凸台和圆弧形状，生产方式为小批量生产，无热处理工艺要求，零件毛坯尺寸为 75mm × 75mm × 25mm，材料为 45 钢，试选择合适的夹具，制订加工工艺方案，选择合理的切削用量，编制数控加工程序，并完成该零件的加工和检测。

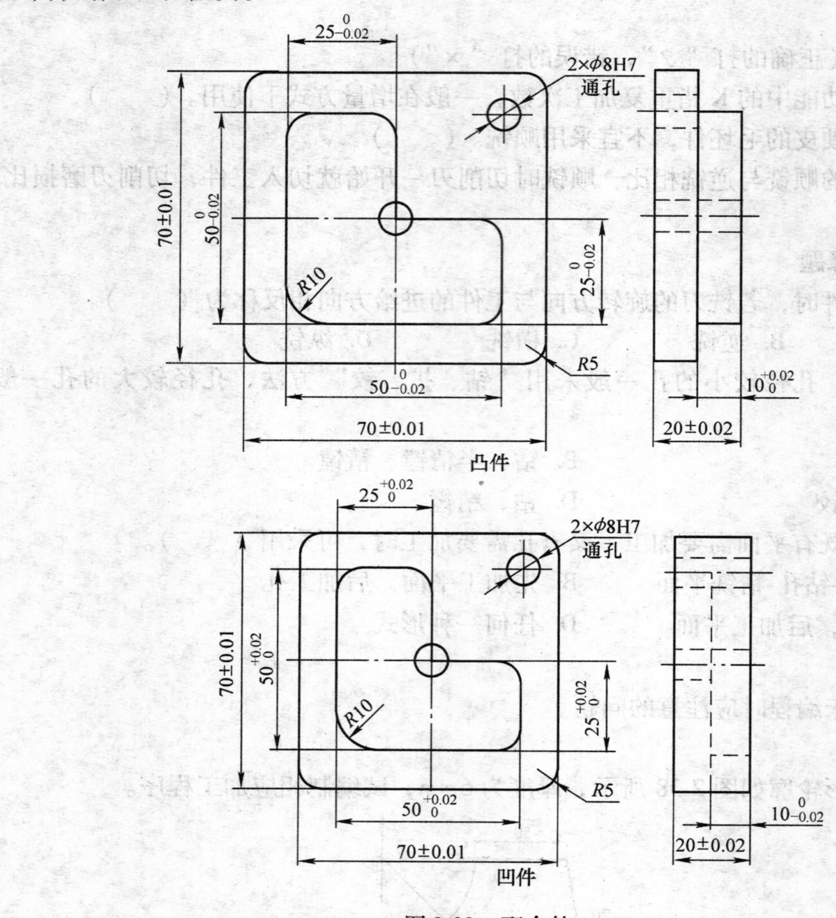

图 2-39　配合件

任务分析

两零件外形规则，被加工部分的各尺寸、形状、表面粗糙度及凸凹配合等要求较高。零件结构简单，包含了平面、圆弧、内外轮廓、挖槽、钻孔、铰孔的加工，且大部分的尺寸公差等级均达到 IT7 ~ IT8。

“L”形凸台和“L”形凹件都选用机用虎钳装夹，校正机用虎钳固定钳口，使之与工作台 X 轴移动方向平行。在工件下表面与机用虎钳之间放入精度较高的平行垫块（垫块厚度与宽度适当），利用木锤或铜棒敲击工件，使平行垫块不能移动后夹紧工件。首先，根据图样要求加工“L”形凸件，然后加工“L”形凹件。“L”形凹件完成加工后必须在拆卸之前与“L”形凸件进行配合，若间隙偏小，可改变刀具半径补偿，再次加工轮廓，直至配合情况良好后取下“L”形凹件。

相关知识

工件加工步骤：

步骤1　操作前应准备的工具、设备、用品

（1）工件材料（考场准备）　毛坯尺寸75mm×75mm×25mm 材料为45钢。

（2）设备（考场准备）　立式加工中心机床（本例所用机床型号：友嘉 VB610A 数控系统为 FANUC Series 0i）。

3. 工具、夹具、量具、刀具（考场准备）

1）工装夹具：精密机用虎钳、螺栓及各种扳手。

2）量具：0～150mm 游标卡尺（分度值0.02mm）、深度游标卡尺、0～25mm 内径千分尺、25～50mm 内径千分尺、深度千分尺、ϕ8mm 塞规。

3）刀具：ϕ3mm 中心钻，ϕ7.8mm 麻花钻，ϕ8mm 铰刀，ϕ8mm 铣刀，ϕ12mm 铣刀。

4）辅具：笔、纸、计算器。

步骤2　工件的装夹及原点参数输入

1）安装及找正精密液压机用虎钳（图2-40），找正误差<0.01mm。

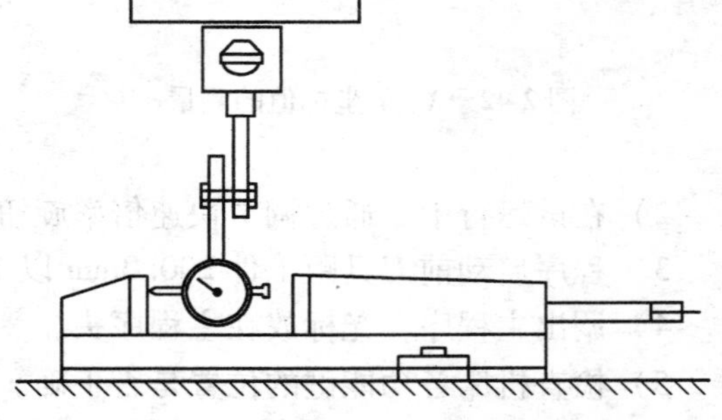

图2-40　精密机用虎钳安装找正

2）安装工件（图2-41），利用木锤或铜棒敲击工件，使平行垫块不能移动后夹紧工件。

3）用寻边器测量工件左右两侧，测出 X 向中心坐标；用寻边器测量工件前后两侧，测出 Y 向中心坐标（图2-42）。

按下偏置键，将当前机床坐标系 X、Y 值坐标系中。

用 Z 向设定器测量 Z 坐标值。

步骤3　装夹刀具及参数输入

1）依据加工工艺卡将5把刀具装入刀柄。

2）将5把刀具依次放入刀库对应的刀座中。

3）用机内测量的方法（或用刀具预调仪采用机外测量的方法），测出5把刀具的长度值。

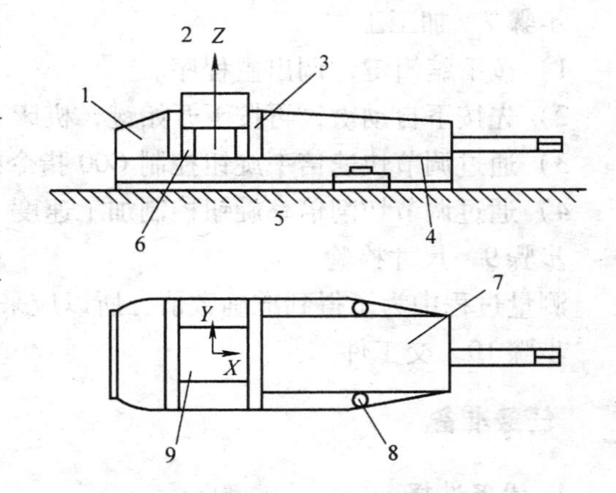

图2-41　板件的装夹

1—固定钳口　2—Z 方向坐标　3—活动钳口　4—滑台　5—工作台　6—平行快　7—精密机用虎钳　8—螺栓　9—工件

4）按下刀具长度偏置键，将值输入到 G54 工件坐标系中。

步骤 4　输入程序

1）按下编辑键，再按程序键，进入程序输入模式。

2）按插入键输入程序。

3）当输入有误时，可用删除键删除。

4）当程序需要修改时，可用替换键替换。

5）通过操作面板将程序清单内容手动输入到内存中。

步骤 6　程序试运行

1）将 G54 中 Z 坐标或附加坐标系提高 +100.0mm 以上。（图 2-43）

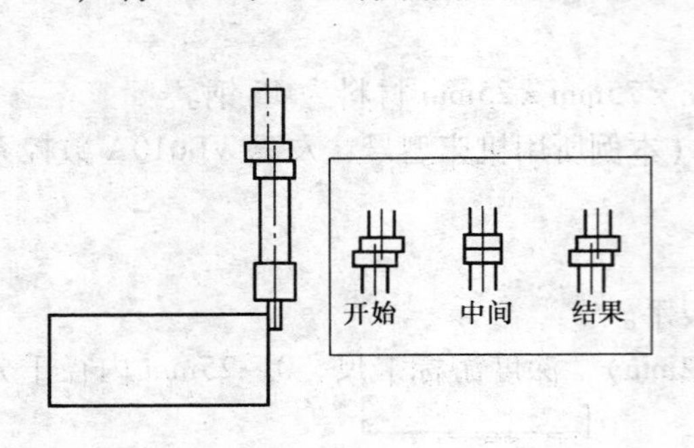

图 2-42　X、Y 坐标值的测量

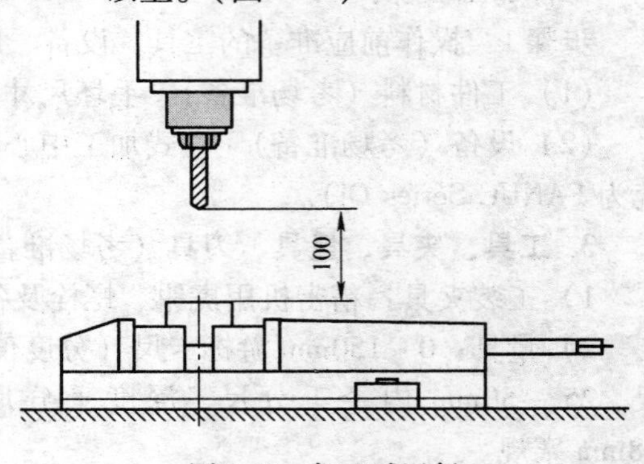

图 2-43　加工试运行

2）在试运行中，通过调节快速倍率旋钮及切削倍率旋钮控制加工速度。

3）程序启动前刀具距工件 200.0mm 以上。

4）调出主程序，光标放在主程序头。

5）检查机床各功能键的位置是否正确。

6）启动程序时一只手按开始按键，另一只手放在停止按键上方。

步骤 7　加工工件

1）按下编辑键，调出主程序。

2）先按下自动键，再按下开始键，机床开始加工。

3）通过调节快速倍率旋钮控制 G00 指令的速度。

4）通过调节切削倍率旋钮控制加工速度。

步骤 9　尺寸检验

测量过程中为了得到准确数值，所以应采用多次测量。

步骤 10　交工件

任务准备

1. 设备选择

选用济南一机 J1VMC400B 型加工中心；计算机及仿真软件；采用机用虎钳夹具。

2. 零件毛坯

零件毛坯尺寸为 75mm ×75mm ×25mm，数量 2 块，材料为 45 钢。

3. 刀具类型

选用直径为ϕ80mm的面铣刀，刀片材料为硬质合金，选用直径为ϕ12mm、ϕ8mm的立铣刀，直径为ϕ3mm中心钻、ϕ7.8mm麻花钻、ϕ8H7铰刀，编制数控加工刀具卡片，见表2-25。

表2-25　数控加工刀具卡片

产品名称或代号：			零件名称：		零件图号：	
序号	刀具号	刀具规格及名称	材料	数量	加工表面	备　注
1	01	ϕ3mm中心钻	高速钢	1	中心孔	
2	02	ϕ7.8mm麻花钻	高速钢	1	钻底孔	
3	03	ϕ8H7铰刀	高速钢	1	铰孔	
4	04	ϕ12mm立铣刀(4刃)	高速钢	1	粗铣零件轮廓	
5	05	ϕ8mm立铣刀	硬质合金	1	精铣零件轮廓	
6	06	ϕ80mm面铣刀	硬质合金	1	零件六个面	

4. 工、量具选用

本任务加工所选用的工、量具清单见表2-26。

表2-26　工、量具清单

序　号	名　称	规格/mm	数　量	备　注
1	游标卡尺	0~200	1	每组
2	内径千分尺	25~50	1	每组
3	深度千分尺	0~25	1	每组
4	外径千分尺	25~50	1	每组
5	外径千分尺	0~25	1	每组
6	机用虎钳	0~200	1	每组
7	塞规	ϕ8H7	1	每组

任务实施

任务实施可以分两个步骤进行：先利用数控仿真软件在计算机上进行仿真加工，操作正确后再在数控机床上进行零件的加工。

1. 确定加工工艺

零件毛坯下料尺寸为75mm×75mm×25mm，三个方向仍留了余量，所以在加工“L”形凸件和“L”形凹件前应先将毛坯尺寸加工到70mm×70mm×20mm，“L”形凸件和“L”形凹件，要保证两件的配合精度，“L”形凸件和“L”形凹件的加工分粗加工和精加工进行。零件的加工工艺路线安排如下：

1）精铣零件六面至70mm×70mm×20mm，精铣六面时可先铣一对侧面，在铣上下两个大面，再铣另一对侧面。

2）加工凸件孔至尺寸要求。

3）粗铣“L”形凸件双边留余量0.5mm。

4）精铣“L”形凸件至尺寸。

5）加工凹件孔至尺寸要求。

6）粗铣“L”形凹件双边留余量0.5mm。

7）精铣“L”形凹件至尺寸。

想一想？

加工“L”形凸件和“L”形凹件，需要编几个程序？“L”形凸件和“L”形凹件的进刀点该怎样选择？怎样确定刀具路径？

在进行编程时，“L”形凸件和“L”形凹件几何中心作为工件原点，确定“L”形凸件加工方向为顺时针方向，采用顺铣加工，进刀点选择在工件外（图2-44）。“L”形凹件加工方向为逆时针方向，采用顺铣加工，进刀点选择工件内（图2-45）。

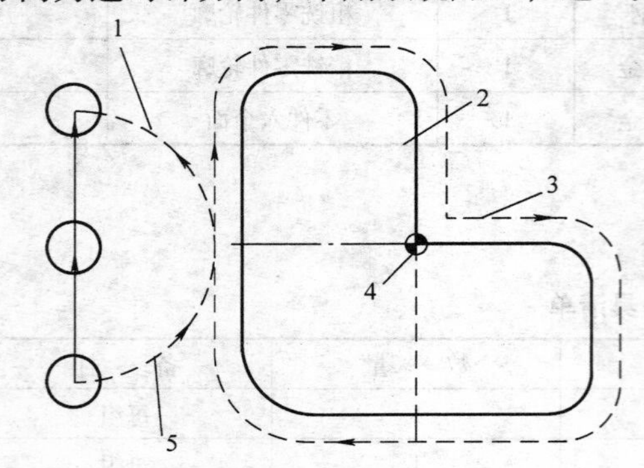

图2-44　外形加工

1—退刀路线　2—工件　3—刀具路径　4—G54坐标　5—进刀路线

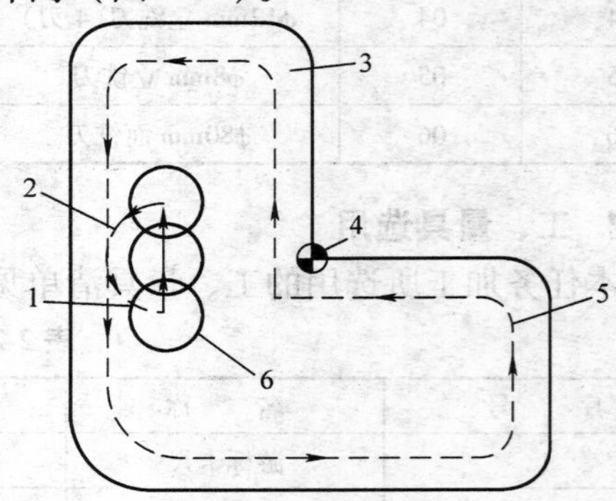

图2-45　槽加工

1—退刀路线　2—进刀路线　3—工件　4—G54坐标　5—刀具路径　6—刀具

根据零件尺寸，确定“L”形凸件进刀点的坐标（-45.0，0），确定“L”形凹件进刀点的坐标（-15.0，0），分两层铣削。确定加工工艺后，填写数控加工工艺卡片，见表2-27。

表2-27　数控加工工艺过程卡片

铣零件六面	工步号	工步内容	刀具号	主轴转速/(r/min)	进给速度/(mm/min)	背吃刀量/mm	备注
	1	铣零件六面	06	750	80	1	
铣“L”形凸件轮廓	2	“L”形凸件中心孔	01	1000	100		
	3	“L”形凸件 ϕ7.8mm 底孔	02	850	100		
	4	“L”形凸件 ϕ8mm 孔	03	200	50		
	5	粗铣“L”形凸件轮廓	04	800	100	9.5	
	6	精铣“L”形凸件轮廓	05	2000	300	0.25	
铣“L”形凹件轮廓	7	“L”形凹件中心孔	01	1000	100		
	8	“L”形凹件 ϕ7.8mm 底孔	02	850	100		
	9	“L”形凹件 ϕ8mm 孔	03	200	50		
	10	粗铣“L”形凹件轮廓	04	800	100	9.5	
	11	精铣“L”形凹件轮廓	05	2000	300	0.25	

2. 程序的编制和输入

（1）“L”形凸件主加工程序（见表2-28）

表2-28 “L”形凸件主加工程序

加工程序	程序说明	实物图
%	程序传输起始符	
O10；	主程序名	
N1010 T01；	换01号刀，中心钻	
N1020 M98 P1；	调用1号子程序	
N1040 T02；	换02号刀，ϕ7.8mm麻花钻	
N1050 M98 P2；	调用2号子程序	
N1070 T03；	换03号刀，ϕ8.0mm铰刀	
N1080 M98 P3；	调用3号子程序	
N1100 T04；	换04号刀，ϕ12.0mm铣刀	
N1100 M98 P4；	调用4号子程序	
N1120 T05；	换05号刀，ϕ8.0mm铣刀	
N1130 M98 P5；	调用5号子程序	
N1150 M30；	程序结束并返回程序开头	
%	程序传输结束符	

（2）“L”形凸件子加工程序（见表2-29）

表2-29 “L”形凸件子加工程序

加工程序	程序说明	实物图
%	程序传输起始符	
O01；（ϕ3中心钻钻凹坑子程序）	子程序名	
N010 G90 G54 G0 X0 Y0 S1000 M03；	快速定位0点，主轴正转，转速1000r/min	
N0011 G43 H1 Z100.0；	刀具进刀至100mm	
N0012 M08；	切削液开	
N0013 G98 G81 X0 Y0 R5.0 Z－3.0 F100；	钻孔固定循环	
N0014 X25.0 Y25.0；	定孔位置	
N0015 G80；	取消钻孔固定循环	
N0016 M99；	子程调用结束并返回主程序	
%	程序传输结束符	
%	程序传输起始符	
O02；（ϕ7.8mm麻花钻钻孔子程序）	子程序名	
N0100 G90 G54 G00 X0 Y0 S850 M03；	快速定位0点，主轴正转，转速850r/min	
N0105 G43 H2 Z100.0；	刀具进刀至100mm	
N0110 M08；	切削液开	
N0115 G98 G81 X0 Y0 R5.0 Z－15.0 F100；	钻孔固定循环	
N0120 X25.0 Y－25.0；	定孔位置	

（续）

加工程序	程序说明	实物图
N0125　G80；	取消钻孔固定循环	
N0130　M99；	子程调用结束并返回主程序	
%	程序传输结束符	
%	程序传输起始符	
O03；（ϕ8.0mm 铰刀铰孔子程序）	子程序名	
N0200 G90 G54 G00 X0 Y0 S200 M03；	快速定位0点，主轴正转，转速200r/min	
N0205 G43 H3 Z100.0；	刀具进刀至100mm	
N0210 M08；	切削液开	
N0215 G98 G81 X0 Y0 R5.0 Z-10.0 F50；	钻孔固定循环	
N0220 X25.0 Y25.0；	定孔位置	
N0225 G80；	取消钻孔固定循环	
N0230　M99；	子程调用结束并返回主程序	
%	程序传输结束符	
%	程序传输起始符	
O04；（ϕ12mm 粗铣外框轮廓）	子程序名	
N1000 G90 G54 G00 X0 Y0 S800 M03；	快速定位0点，主轴正转，转速200r/min	
N1005 G43 H4 Z100.0；	刀具进刀至100mm	
N1010 M08；	切削液开	
N1020 X-45.0；	移动到进刀点	
N1025 Z5.0；	刀具进刀至5mm	
N1030 G01 Z-5.0 F50；	进刀至-5mm	
N1035 G41 Y-20.0 D01 F100；	直线切削左刀补	
N1040 G03 X-25.0 Y0 R20.0；	逆时针圆弧切削入	
N1045 G01Y20.0；	直线切削	
N1050 G02 X-20.0 Y25.0 R5.0；	顺时针圆弧切削	
N1055 G01 X-5.0；	直线切削	
N1060 G02 X0 Y20.0 R5.0；	顺时针圆弧切削	
N1065 G01 Y0；	直线切削	
N1070 X20.0；	直线切削	
N1075 G02 X25.0 Y-5.0 R5.0；	顺时针圆弧切削	
N1080 G01 Y-20.0；	直线切削	
N1085 G02 X20.0 Y-25.0 R5.0；	顺时针圆弧切削	
N1090 G01 X-15.0；	直线切削	
N1095 G02 X-25.0 Y-15.0 R10.0；	顺时针圆弧切削	
N1100 G01 Y0；	直线切削	
N1105 G03 X-45.0 Y20.0 R20.0；	逆时针圆弧切削出	
N1110 G40 G01 Y0；	直线切削取消刀具半径补偿	
N1115 G01 Z-9.8 F50；	进刀至-5mm	
N1120 G41 Y-20.0 D01 F100；	直线切削左刀补	

（续）

加工程序	程序说明	实物图
N1125 G03 X-25.0 Y0 R20.0;	逆时针圆弧切削入	
N1130 G01 Y20.0;	直线切削	
N1135 G02 X-20.0 Y25.0 R5.0;	顺时针圆弧切削	
N1140 G01 X-5.0;	直线切削	
N1145 G02 X0 Y20.0 R5.0;	顺时针圆弧切削	
N1150 G01 Y0;	直线切削	
N1155 X20.0;	直线切削	
N1160 G02 X25.0 Y-5.0 R5.0;	顺时针圆弧切削	
N1165 G01 Y-20.0;	直线切削	
N1170 G02 X20.0 Y-25.0 R5.0;	顺时针圆弧切削	
N1175 G01 X-15.0;	直线切削	
N1180 G02 X-25.0 Y-15.0 R10.0;	顺时针圆弧切削	
N1185 G01 Y0;	直线切削	
N1190 G03 X-45.0 Y20.0 R20.0;	逆时针圆弧切削出	
N1195 G40 G01 Y0;	直线切削取消刀具半径补偿	
N1200 G00 Z100.0;	快速抬到100mm高	
N1205 X0 Y0;	返回G54原点	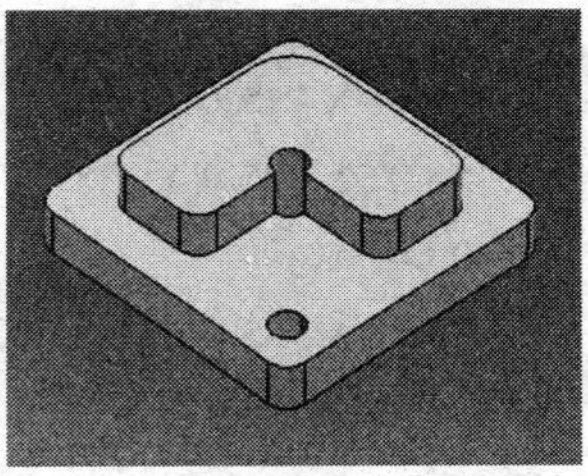
N1210 M99;	子程调用结束并返回主程序	
%	程序传输结束符	
%	程序传输起始符	
O05;（ϕ8mm精铣外框轮廓）	子程序名	
N2000 G90 G54 G00 X0 Y0 S2000 M03;	快速定位0点，主轴正转，转速2000r/min	
N2005 G43 H5 Z100.0;	刀具进刀至100mm	
N2010 M08;	切削液开	
N2015 X-45.0;	移动到进刀点	
N2020 Z5.0;	刀具进刀至5mm	
N2025 G01 Z-5.0 F50 F300;	进刀至-5mm	
N2035 G41 Y-20.0 D03;	直线切削左刀补	
N2040 G03 X-25.0 Y0 R20.0;	逆时针圆弧切削入	
N2045 G01Y20.0;	直 线 切 削	
N2050 G02 X-20.0 Y25.0 R5.0;	顺时针圆弧切削	
N2055 G01 X-5.0;	直线切削	
N2060 G02 X0 Y20.0 R5.0;	顺时针圆弧切削	
N2065 G01 Y0;	直线切削	
N2070 X20.0;	直线切削	
N2075 G02 X25.0 Y-5.0 R5.0;	顺时针圆弧切削	
N2080 G01 Y-20.0;	直线切削	

（续）

加工程序	程序说明	实物图
N2085 G02 X20.0 Y-25.0 R5.0;	顺时针圆弧切削	
N2090 G01 X-15.0;	直线切削	
N2095 G02 X-25.0 Y-15.0 R10.0;	顺时针圆弧切削	
N2100 G01 Y0;	直线切削	
N2105 G03 X-45.0 Y20.0 R20.0;	逆时针圆弧切削出	
N2110 G01 Z-10.0 F50;	进刀至-10mm	
N2115 G41 Y-20.0 D02 F300;	直线切削左刀补	
N2120 G03 X-25.0 Y0 R20.0;	逆时针圆弧切削入	
N2125 G01 Y20.0;	直线切削	
N2130 G02 X-20.0 Y25.0 R5.0;	顺时针圆弧切削	
N2135 G01 X-5.0;	直线切削	
N2140 G02 X0 Y20.0 R5.0;	顺时针圆弧切削	
N2145 G01 Y0;	直线切削	
N2150 X20.0;	直线切削	
N2155 G02 X25.0 Y-5.0 R5.0;	顺时针圆弧切削	
N2160 G01 Y-20.0 R5.0;	直线切削	
N2165 G02 X20.0 Y-25.0;	顺时针圆弧切削	
N2170 G01 X-15.0;	直线切削	
N2175 G02 X-25.0 Y-15.0 R10.0;	顺时针圆弧切削	
N2180 G01 Y0;	直线切削	
N2185 G03 X-45.0 Y20.0 R20.0;	逆时针圆弧切削出	
N2190 G40 G01 Y0;	直线切削取消刀具半径补偿	
N2195 G00 Z100.0;	快速抬到100mm高	
N2200 X0 Y0;	返回G54原点	
N2205 M99;	子程调用结束并返回主程序	
%	程序传输结束符	

（3）“L”形凹件主加工程序（见表2-30）

表2-30 “L”形凹件主加工程序

加工程序	程序说明	实物图
%	程序传输起始符	
O11;	主程序名	
N1010 T01;	换刀,01号刀,中心钻	
N1020 M98 P11;	调用01号子程序	
N1040 T02;	换刀,02号刀,ϕ7.8mm麻花钻	
N1050 M98 P21;	调用02号子程序	
N1070 T03;	换刀,03号刀,ϕ8.0mm铰刀	
N1080 M98 P31;	调用03号子程序	

（续）

加工程序	程序说明	实物图
N1100 T04；	换刀，04号刀，ϕ12.0mm铣刀	
N1100 M98 P41；	调用04号子程序	
N1120 T05；	换刀，05号刀，ϕ8.0mm铣刀	
N1130 M98 P51；	调用05号子程序	
N1150 M30；	程序结束并返回程序开头	
%	程序传输结束符	

4）"L"形凹件子加工程序（见表2-31）

表2-31　"L"形凹件子加工程序

加工程序	程序说明	实物图
%	程序传输起始符	
O011；（ϕ3mm中心钻钻凹坑程序）	子程序名	
N1001 G90 G54 G00 X0 Y0 S1000 M03；	快速定位0点，主轴正转，转速1000r/min	
N1002 G43 H1 Z100.0；	刀具进刀至100mm	
N1003 M08；	切削液开	
N1004 G98 G81 X0 Y0 R5.0 Z－3.0 F100；	钻孔固定循环	
N1005 X25.0 Y25.0；	定孔位置	
N1006 G80；	取消钻孔固定循环	
N1007 M99；	子程调用结束并返回主程序	
%	程序传输结束符	
%	程序传输起始符	
O021；（ϕ7.8mm麻花钻钻孔子程序）	子程序名	
N2002 G90 G54 G00 X0 Y0 S850 M03；	快速定位0点，主轴正转，转速850r/min	
N2004 G43 H2 Z100.0；	刀具进刀至100mm	
N2006 M08；	切削液开	
N2008 G98 G81 X0 Y0 R5.0 Z－23.0 F100；	钻孔固定循环	
N2010 X25.0 Y25.0；	定孔位置	
N2012 G80；	取消钻孔固定循环	
N2014 M99；	子程调用结束并返回主程序	
%	程序传输结束符	
%	程序传输起始符	
O031；（ϕ8.0mm铰刀铰孔子程序）	子程序名	
N3002 G90 G54 G00 X0 Y0 S200 M03；	快速定位0点，主轴正转，转速200r/min	
N3004 G43 H3 Z100.0；	刀具进刀至100mm	
N3006 M08；	切削液开	
N3008 G98 G81 X0 Y0 R5.0 Z－23.0 F50；	钻孔固定循环	
N3010 X25.0 Y25.0；	定孔位置	
N3012 G80；	取消钻孔固定循环	

（续）

加工程序	程序说明	实物图
N3014 M99;	子程调用结束并返回主程序	
%	程序传输结束符	
%	程序传输起始符	
O041;（φ12mm 铣刀粗加工子程序）	子程序名	
N1500 G90 G54 G00 X0 Y0 S800 M03;	快速定位0点，主轴正转，转速800r/min	
N1510 G43 H5 Z100.0;	刀具进刀至100mm	
N1520 M08;	切削液开	
N1530 X-15.0;	移动到进刀点	
N1540 Z5.0;	刀具进刀至5mm	
N1550 G01 Z-5.0 F50;	进刀至-5mm	
N1560 Y15.0 F100;	直线切削	
N1570 X-10.0;		
N1580 Y-10.0;		
N1590 X15.0;		
N1600 Y-15.0;		
N1610 X-15.0;		
N1620 Y0;		
N1630 G01 Z-9.8 F50;	进刀至-9.8mm	
N1640 Y15.0 F100;	直线切削	
N1650 X-10.0;		
N1660 Y-10.0;		
N1670 X15.0;		
N1680 Y-15.0;		
N1690 X-15.0;		
N1700 Y0;		
N1710 G00 Z100.0;	快速抬到100mm高	
N1720 X0 Y0;	返回G54原点	
N1730 M99;	子程调用结束并返回主程序	
%	程序传输结束符	
%	程序传输起始符	
O051;（φ8mm 精加工子程序）	子程序名	
N3000	快速定位0点，主轴正转，进给转速2000r/min	
G90 G54 G00 X0 Y0 S2000 M03;		
N3005 G43 H5 Z100.0;	刀具进刀至100mm	
N3010 M08;	切削液开	
N3015 X-15.0;	移动到进刀点	
N3020 Z5.0;	刀具进刀至5mm	
N3025 G01 Z-5.0 F50;	进刀至-5mm	

（续）

加工程序	程序说明	实物图
N3030 G41 Y10.0 D01 F100；	直线切削左刀补	
N3035 G03 X－25.0 Y0 R10.0；	逆时针圆弧切削入	
N3040 G01 Y－15.0；	直线切削	
N3045 G03 X－15.0 Y－25.0 R10.0；	逆时针圆弧切削	
N3050 G01 X20.0；	直线切削	
N3055 G03 X25.0 Y－20.0 R5.0；	逆时针圆弧切削	
N3060 G01 Y－5.0；	直线切削	
N3065 G03 X20.0 Y0 R5.0；	逆时针圆弧切削	
N3070 G01 X0；	直线切削	
N3075 Y20.0；	直线切削	
N3080 G03 X－5.0 Y25.0 R5.0；	逆时针圆弧切削	
N3085 G01 X－20.0；	直线切削	
N3090 G03 X－25.0 Y20.0 R5.0；	逆时针圆弧切削	
N3100 G01 Y0；	直线切削	
N3105 G03 X－15.0 Y－10.0 R10.0；	逆时针圆弧切削出	
N3110 G40 G01 Y0；	直线切削取消刀补	
N3115 G01 Z－10.0 F50；（第二层）	进刀至－10mm	
N3120 G41 Y10.0 D02 F100；	直线切削左刀补	
N3125 G03 X－25.0 Y0 R10.0；	逆时针圆弧切削入	
N3130 G01 Y－15.0；	直线切削	
N3135 G03 X－15.0 Y－25.0 R10.0；	逆时针圆弧切削	
N3140 G01 X20.0；	直线切削	
N3145 G03 X25.0 Y－20.0 R5.0；	逆时针圆弧切削	
N3150 G01 Y－5.0；	直线切削	
N3155 G03 X20.0 Y0 R5.0；	逆时针圆弧切削	
N3160 G01 X0；	直线切削	
N3165 Y20.0；	直线切削	
N3170 G03 X－5.0 Y25.0 R5.0；	逆时针圆弧切削	
N3175 G01 X－20.0；	直线切削	
N3180 G03 X－25.0 Y20.0 R5.0；	逆时针圆弧切削	
N3185 G01 Y0；	直线切削	
N3190 G03 X－15.0 Y－10.0 R10.0；	逆时针圆弧切削出	
N3195 G40 G01 Y0；	直线切削取消刀具半径补偿	
N3200 G00 Z100.0；	快速抬到100mm高	
N3205 X0 Y0；	返回G54原点	
N3210 M99；	子程调用结束并返回主程序	
%	程序传输结束符	

3. 零件的模拟加工

零件程序输入和校验完成后，可以利用数控加工仿真软件进行零件的加工仿真。

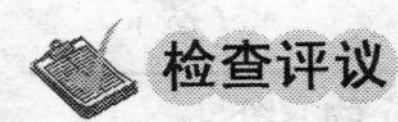

检查评议

零件完成加工后，测量尺寸后，填写零件质量评分表，见表2-32。

表2-32　零件质量评分表

姓名		零件名称	配合件	加工时间		总得分	
项目与配分		序号	技术要求	配分	评分标准	检查记录	得分
工件加工评分(55%)	轮廓尺寸	1	轮廓圆弧 $R10$(2处)	2	超差0.01mm扣2分		
		2	轮廓圆弧 $R5$(8处)	8	超差0.01mm扣2分		
		3	轮廓尺寸 $50^{\ 0}_{-0.02}$(2处)	4	超差0.01mm扣1分		
		4	轮廓尺寸 $25^{\ 0}_{-0.02}$(2处)	4	超差0.01mm扣1分		
		5	轮廓尺寸 $50^{+0.02}_{\ 0}$(2处)	4	超差0.01mm扣1分		
		6	轮廓尺寸 $25^{+0.02}_{\ 0}$(2处)	4	超差0.01mm扣1分		
		7	轮廓深度 20 ± 0.02	2	超差不得分		
		8	轮廓深度 $10^{+0.02}_{\ 0}$	2	超差不得分		
		9	轮廓深度 $10^{\ 0}_{-0.02}$	2	超差不得分		
		10	轮廓尺寸 70 ± 0.01	4	超差不得分		
		11	$\phi8H7$(4处)	4	超差不得分		
		12	配合	10	$\phi8^{\ 0}_{-0.02}$mm的两销插入孔中,超差0.01mm扣2分		
	表面粗糙度	13	轮廓侧面 $Ra1.6\mu m$	5	超差不得分		
		14	轮廓底面 $Ra3.2\mu m$	5	超差不得分		
程序与工艺(25%)		15	程序正确、完整	6	不正确每处扣1分		
		16	程序格式规范	5	不规范每处扣0.5分		
		17	加工工艺合理	5	不合理每处扣1分		
		18	程序参数选择合理	4	不合理每处扣0.5分		
		19	指令选用合理	5	不合理每处扣1分		
机床操作(15%)		20	零件装夹合理	2	不合理每次扣1分		
		21	刀具选择及安装正确	2	不正确每次扣1分		
		22	刀具坐标系设定正确	4	不正确每次扣1分		
		23	机床面板操作正确	4	误操作每次扣1分		
		24	意外情况处理正确	3	不正确每处扣1.5分		
安全文明生产(5%)		25	安全操作	2.5	违反操作规程全扣		
		26	机床整理及保养规范	2.5	不合格全扣		

想一想？

根据测量结果，大家会发现测量的尺寸都合格，但是有可能两件不能配合，这是什么原因？如何才能保证零件尺寸和配合都合格？

问题及防治

在加工过程中由于初次接触配合件的加工，经常遇到的问题、产生原因及解决方法见表2-33。

表 2-33　轮廓加工问题、产生原因及解决方法

问题现象	产生原因	解决方法
配合件不能配合	1. 工件加工尺寸不准确 2. 加工的凸件和凹件公差选择不准确	1. 加工时注意及时测量尺寸,保证单件的加工精度 2. 加工的凸件选择下极限偏差保证加工尺寸,凹件选择上极限偏差保证加工尺寸

扩展知识练习

1. 拓展项目任务描述

图2-46为十字配合件，毛坯尺寸已加工至尺寸，零件中间为一圆弧形凹槽，生产方式为小批量生产，无热处理工艺要求，试选择合适的夹具，制订加工工艺方案，选择合理的切削用量，编制数控加工程序，并完成该零件的加工和检测。

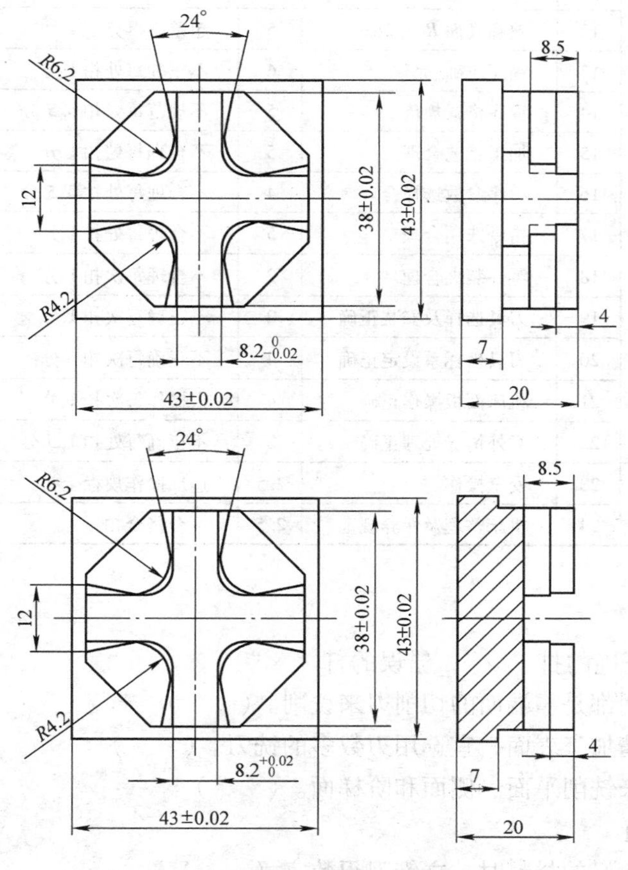

图2-46　十字配合件

2. 拓展项目评分标准（见表2-34）

表2-34 拓展项目零件质量评分表

姓名		零件名称	十字配合件	加工时间		总得分	
项目与配分		序号	技术要求	配分	评分标准	检查记录	得分
工件加工评分(55%)	轮廓尺寸	1	轮廓圆弧 $R4.2$(8处)	4	超差不得分		
		2	轮廓圆弧 $R6.2$(8处)	4	超差不得分		
		3	轮廓尺寸 $8.2_{-0.02}^{0}$(4处)	6	超差0.01mm扣1分		
		4	轮廓尺寸 $8.2_{0}^{+0.02}$(4处)	6	超差0.01mm扣1分		
		5	轮廓尺寸 43 ± 0.02(4处)	4	超差0.01mm扣1分		
		6	轮廓尺寸 38 ± 0.02(8处)	10	超差0.01mm扣1分		
		7	轮廓深度4	2	超差不得分		
		8	轮廓深度8.5	2	超差不得分		
		9	轮廓深度20	2	超差不得分		
		10	配合	10	$\phi8_{-0.02}^{0}$mm的两销插入孔中,超差0.01mm扣2分		
	表面粗糙度	11	轮廓侧面 $Ra1.6\mu m$	5	超差不得分		
		12	轮廓底面 $Ra3.2\mu m$	5	超差不得分		
程序与工艺(25%)		13	程序正确、完整	6	不正确每处扣1分		
		14	程序格式规范	5	不规范每处扣0.5分		
		15	加工工艺合理	5	不合理每处扣1分		
		16	程序参数选择合理	4	不合理每处扣0.5分		
		17	指令选用合理	5	不合理每处扣1分		
机床操作(15%)		18	零件装夹合理	2	不合理每次扣1分		
		19	刀具选择及安装正确	2	不正确每次扣1分		
		20	刀具坐标系设定正确	4	不正确每次扣1分		
		21	机床面板操作正确	4	误操作每次扣1分		
		22	意外情况处理正确	3	不正确每处扣1.5分		
安全文明生产(5%)		23	安全操作	2.5	违反操作规程全扣		
		24	机床整理及保养规范	2.5	不合格全扣		

考证要点

一、判断题（正确的打“✓”，错误的打“×”）

1. 立铣刀的切削都是靠端面的切削刃来铣削。（　　）
2. 欲得较好的精加工表面，宜选用刃数多的铣刀。（　　）
3. 立铣刀可用来铣削平面、侧面和阶梯面。（　　）

二、单项选择题

1. 精铣切削性良好的材料时，立铣刀刃数宜（　　）。

A. 较少　　B. 较多　　C. 均可　　D. 无法区别

2. 铣削一外轮廓，为避免切入/切出点产生刀痕，最好采用（　　）。

A. 法向切入/切出　　B. 切向切入/切出

C. 斜向切入/切出　　D. 垂直切入/切出

3. 有些零件需要在不同的位置上重复加工同样的轮廓形状，应采用（　　）。

A. 比例加工功能　　B. 镜像加工功能

C. 旋转功能　　D. 子程序调用功能

三、问答题

用刀具补偿功能的优越性是什么？

四、编程题

某零件的外形轮廓如图2-47所示，要求用直径 ϕ10mm 的立铣刀精铣外形轮廓。手工编制零件程序。安全面高度50mm，直接/圆弧引入切向进刀，直线退刀。工艺路线：刀具路径、零件外形轮廓（厚20mm，坐标原点位于表面）如图2-47所示。

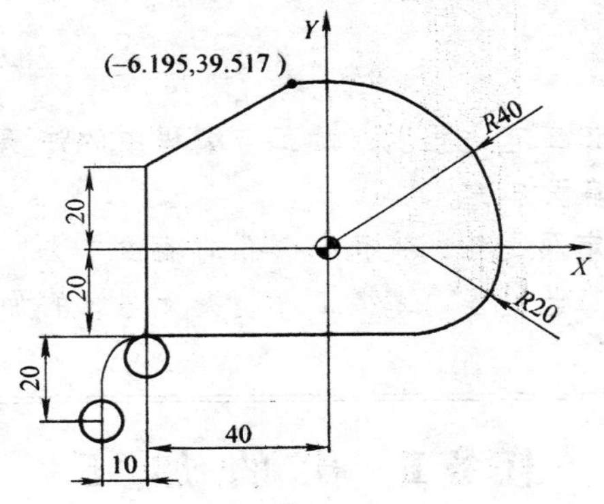

图2-47　试题图

单元3 固定循环编程

知识目标：

1. 钻、锪、铰、镗孔的加工。
2. 螺纹孔的加工。

技能目标：

1. 了解孔类零件的加工工艺过程以及加工与编程中的注意事项，掌握切削参数的确定方法及孔类零件加工的编程方法。
2. 掌握切削参数的确定及锪孔、铰孔、镗孔的编程方法。
3. 了解攻螺纹的加工工艺过程，掌握工件装夹及螺纹的加工方法，掌握参数的选用及攻螺纹的编程方法。

任务1 孔的加工

任务描述

图3-1为包含内轮廓凹槽和圆弧等形状内轮廓的挡板零件，生产方式为小批量生产，无热处理工艺要求，零件毛坯尺寸为93mm×93mm×25mm，材料为45钢，试选择合适的夹具，制订加工工艺方案，选择合理的切削用量，编制数控加工程序，并完成该零件的加工和检测。

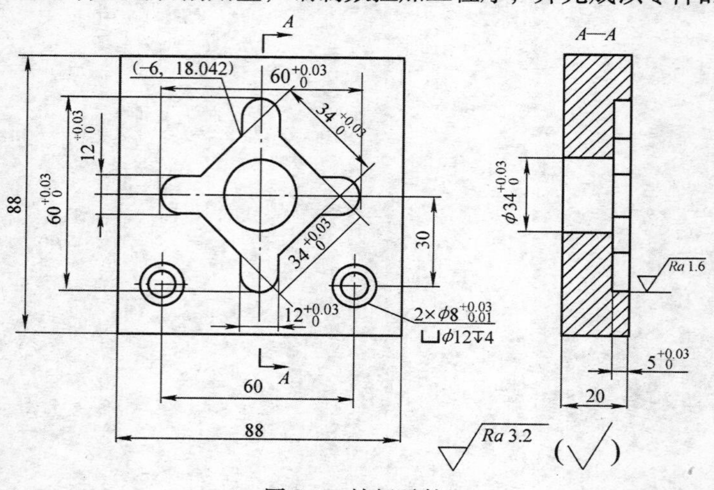

图3-1 挡板零件

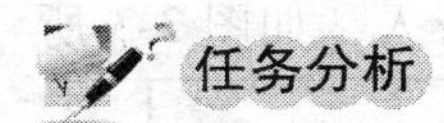

任务分析

该零件内轮廓和深度的尺寸精度要求较高，故采用粗铣-精铣方案。加工顺序按照先粗后精的原则确定，具体加工顺序为粗铣外轮廓、粗铣内轮廓、精铣外轮廓、精铣内轮廓。该零件形状简单，四个侧面较光整，加工面之间的位置精度要求不高，故可选用机用虎钳装夹，以零件的底面和两个侧面定位，用机用虎钳钳口从侧面夹紧。立铣刀规格根据加工尺寸选择，内轮廓的最小内圆角为 $R6$，所以选择 ϕ10mm 立铣刀。因立铣刀在加工内轮廓时不能向下进给，所以还需要使用键槽铣刀。

相关知识

1. 加工工艺路线

（1）复合加工　复合加工（既有铣削又有孔加工的零件），采用先铣后钻的原则。为了减少换刀次数，减小空行程时间，消除不必要的误差，采用按刀具划分工序的原则，即用同一把刀具完成所有该刀具能加工的部位后，再换另一把刀具。

孔加工时要采用先钻、后扩、再铰孔的顺序进行。当加工位置精度要求较高的孔系时，要特别注意安排孔的加工顺序。如果顺序安排不当，可能会把坐标轴的反向间隙带入，直接影响位置精度。

攻螺纹时应先钻底孔，对于精度有要求的螺纹孔，还需要二次攻螺纹。

加工工件既有平面又有孔时，应先加工平面、后钻孔，可提高孔的加工精度。但对于槽孔，可以先钻孔，后加工平面。

同工位集中加工，尽量就近位置加工，以缩短刀具移动距离，减少空运行时间。所以应选择图3-2a所示加工路线。

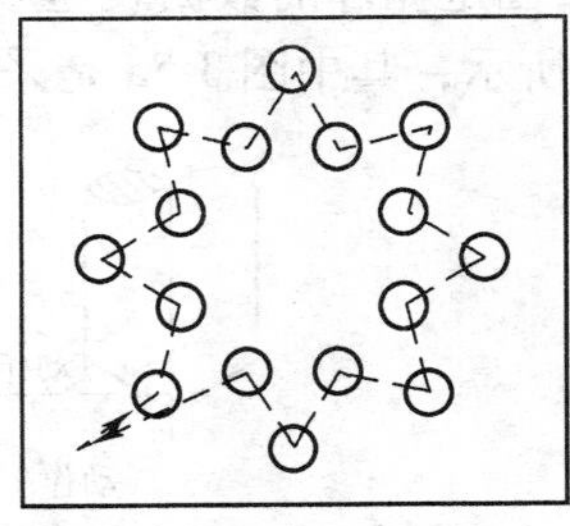

a)

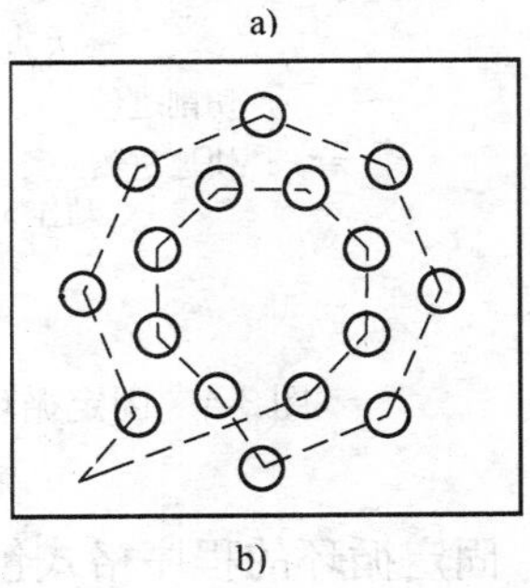

b)

图3-2　同工位集中加工示意图

（2）加工工艺路线拟订

1）加工顺序安排

①基面先行：先加工基准表面，以此为精基准表面，装夹误差小。

②先粗后精。

③先主后次。

④先面后孔。

2）加工路线的确定原则

①保证精度和表面粗糙度，效率较高。

②使数值计算简便，减少编程工作量。

③加工路线最短，减少空刀时间。

3）孔加工路线

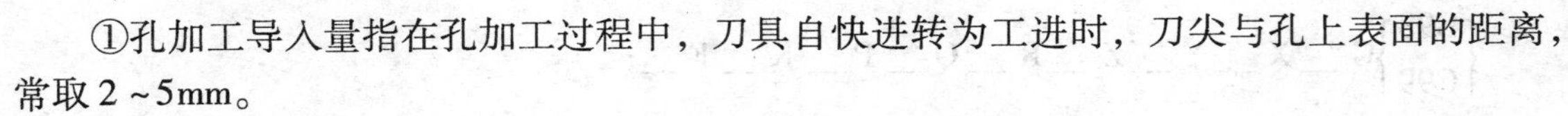

①孔加工导入量指在孔加工过程中，刀具自快进转为工进时，刀尖与孔上表面的距离，常取2～5mm。

②孔加工超越量：钻尖长度 $=0.3D$，通孔镗孔，超越量1～3mm，通孔铰孔3～5mm，钻通孔为钻尖长度 $+(1\sim3)$mm。

③相互位置精度高的孔系的加工路线，应避免将坐标轴的反向间隙带入，如图 3-3 所示。起始点-1-2-3-*P*-4-5-6，在加工 5、6 孔时，*X* 方向的反向间隙会使定位误差增加。

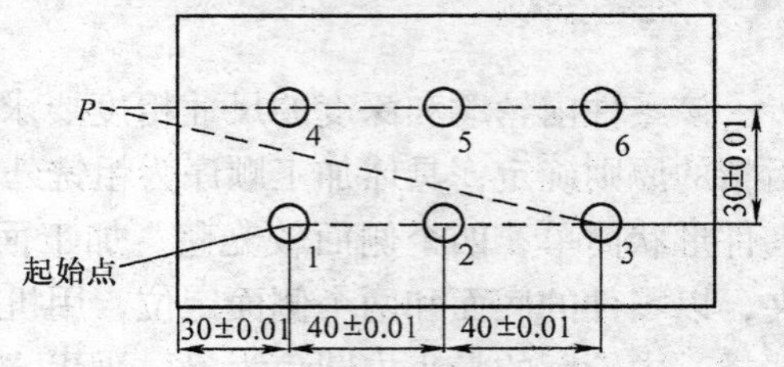

图 3-3　孔的加工路线

最佳路线：起始点-1-2-3-*P*-6-5-4。

2. 固定循环指令及应用

数控加工中，某些加工动作循环程序已经固定。例如，钻孔、镗孔的动作是孔位平面定位、快速引进、工作进给、快速退回等，这样一系列典型的加工动作已经预先编好程序，存储在内存中可用称为固定循环的一个 G 代码程序段调用，从而简化编程工作。

孔加工固定循环指令码有 G73、G74、G76、G80～G89，通常由下述六个动作构成（图 3-4）：

1） *X* 轴、*Y* 轴定位。

2） 定位到 *R* 点（定位方式取决于前一个指令是 G00 还是 G01）。

3） 孔加工。

4） 在孔底的动作。

5） 退回到 *R* 点（参考点）。

6） 快速返回到起始点。

固定循环的数据表达形式可以用绝对坐标值（G90）和增量坐标值（G91）表示，如图 3-5 所示，其中图 3-5a 是采用 G90 表示，图 3-5b 是采用 G91 表示。

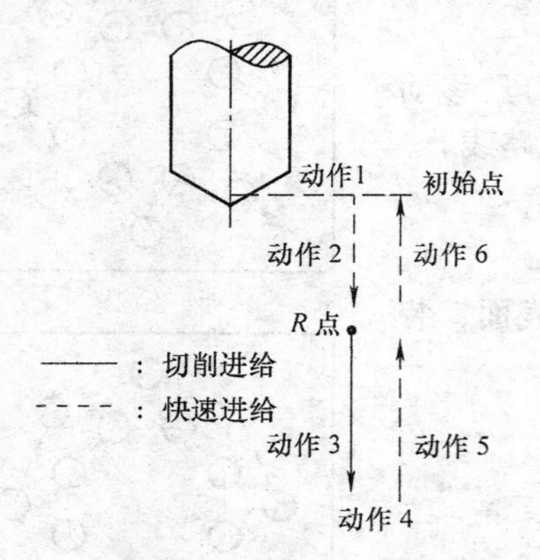

图 3-4　固定循环动作

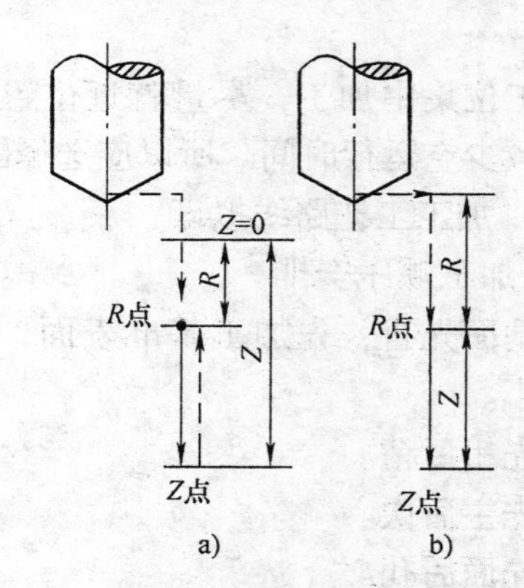

图 3-5　固定循环的数据形式

固定循环的程序格式包括数据形式、返回点平面、孔加工方式、孔位置数据、孔加工数据和循环次数。数据形式（G90 或 G91）在程序开始时就已指定，因此在固定循环程序格式中可不注出。固定循环的程序格式如下：

$$\begin{Bmatrix} G98 \\ G99 \end{Bmatrix} G\_\_ X\_\_ Y\_\_ Z\_\_ R\_\_ Q\_\_ P\_\_ K\_\_ F\_\_;$$

说明：

G98——返回初始平面。

G99——返回 R 点平面。

G＿——固定循环代码 G73、G74、G76 和 G81～G89 之一。

X、Y——加工起点到孔位的距离（G91）或孔位坐标（G90）。

R——初始点到 R 点的距离（G91）或 R 点的坐标（G90）。

Z——R 点到孔底的距离（G91）或孔底坐标（G90）。

Q——每次进给深度（G73/G83）。

P——刀具在孔底的暂停时间。

F——切削进给速度。

K——固定循环的次数。

G73、G74、G76 和 G81～G89、Z、R、P、F、Q 是模态指令码。G80、G01～G03 等代码可以取消固定循环。

取消孔加工固定循环 G80。该指令码能取消孔加工固定循环，同时 R 点和 Z 点也被取消。

（1）高速深孔加工循环（G73）

1）格式：$\left\{\begin{matrix}G98\\G99\end{matrix}\right\}$G73 X＿Y＿Z＿R＿Q＿P＿F＿；

2）说明：

Q——每次进给深度；

G73 用于 Z 轴的间歇进给，使深孔加工时容易排屑，减少退刀量，可以进行高效加工。

G73 指令动作循环如图 3-6 所示。

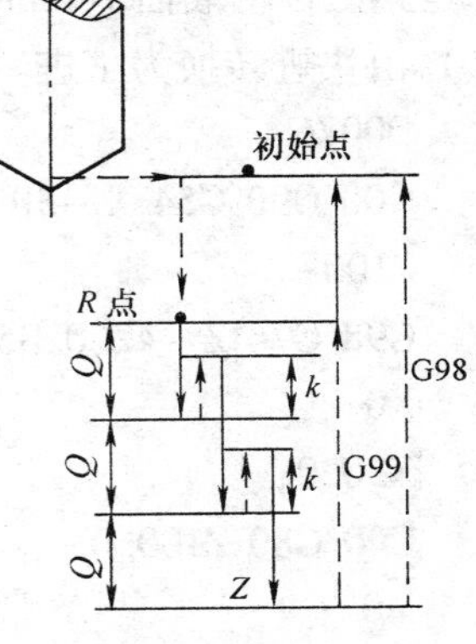

图 3-6　G73 指令动作图

Z、Q 移动量为零时，该指令不执行。

例 3-1　使用 G73 指令编制如图 3-7 所示深孔的加工程序。设刀具起点距工件上表面 100mm，孔深 80mm，在距工件上表面 5mm 处（R 点）由快进转换为工进，每次进给深度 10mm，每次退刀距离由机床参数决定。

```
O0073;
G00 G90 G54 X-30.0 Y0 M03 S1000;
Z100;
G73 Z-30 R5.0 Q10 F60;
X0;
X30.0;
G00 G80 Z100.0;
M30;
```

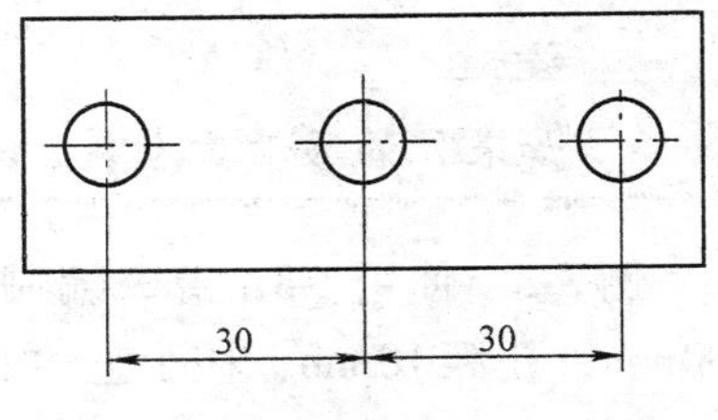

图 3-7　深孔加工

（2）精镗循环（G76）

1）格式：$\left\{\begin{matrix}G98\\G99\end{matrix}\right\}$G76 X＿Y＿Z＿R＿Q＿F＿；

2）说明：

Q——X、Y 轴 45°正向位移量。

G76 指令码用于精镗时，主轴在孔底定向停止后，向刀尖反方向移动，然后快速退刀。这种带有让刀的退刀不会划伤已加工平面，保证了镗孔精度。

G76 指令动作循环如图 3-8 所示。

注意

如果 Z 的移动量为零，该指令不执行。

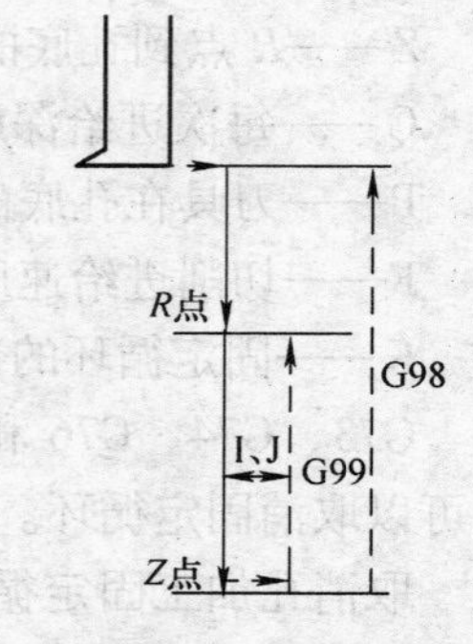

图 3-8　G76 指令动作

例 3-2　使用 G76 指令编制如图 3-7 所示精镗加工程序：设刀具起点距工件上表面 100mm，孔深 50mm，在距工件上表面 5mm 处（R 点）由快进转换为工进。

```
O0076;
G00 G90 G54 X-30.0 Y0 M03 S1000;
Z100;
G98 G76 Z-42.0 R5.0 Q100 F100;
X0;
X30.0;
G00 G80 Z100.0;
M05;
M30;
```

（3）钻孔固定循环（G81）

1）格式：$\begin{Bmatrix} G98 \\ G99 \end{Bmatrix}$G81 X__ Y__ Z__ R__ F__;

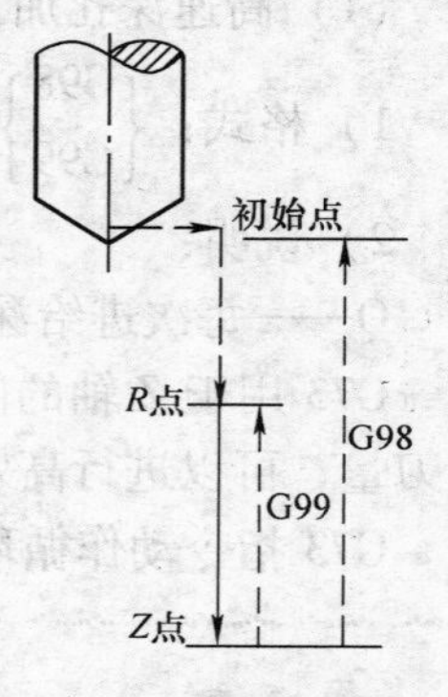

图 3-9　G81 指令动作

2）说明：

G81 钻孔动作循环包括 X、Y 轴定位、快进、工进和快速返回等动作。

G81 指令动作循环如图 3-9 所示。

注意

如果 Z 的移动量为零，该指令不执行。

例 3-3　使用 G81 指令编制如图 3-7 所示钻孔加工程序：设刀具起点距工件上表面 100mm，孔深 10mm，在距工件上表面 5mm 处（R 点）由快进转换为工进。

```
O0081;
G00 G90 G54 X-30.0 Y0 M03 S1000;
Z100;
G98 G81 Z-10.0 R5.0 Q10 F100;
X0;
X30.0;
```

G00 G80 Z100. 0；

M05；

M30；

（4）带停顿的钻孔循环（G82）

格式：$\left\{\begin{matrix}G98\\G99\end{matrix}\right\}$G82 X__ Y__ Z__ R__ P__ F__；

G82 指令除了要在孔底暂停外，其他动作与 G81 相同。暂停时间由 P 给出。

G82 指令主要用于加工不通孔，以提高孔深精度。

注意

如果 Z 的移动量为零，该指令不执行。

（5）深孔加工循环（G83）

1）格式：$\left\{\begin{matrix}G98\\G99\end{matrix}\right\}$G83　X__ Y__ Z__ R__ Q__ P__ K__ F__ L__；

2）说明：

Q——每次进给深度。

每次退刀后再进给时，由快速进给转换为切削进给时距上次加工面的距离。

G83 指令动作循环如图 3-10 所示。

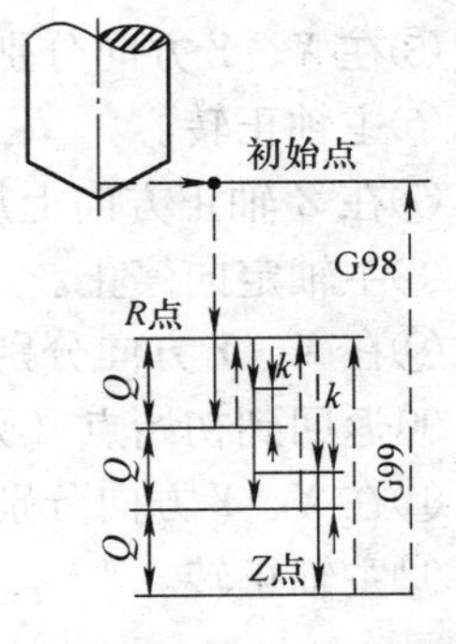

图 3-10　G81 指令动作

注意

Z、Q 移动量为零时，该指令不执行。

例 3-4　使用 G83 指令编制如图 3-7 所示深孔加工程序。设刀具起点距工件上表面 100mm，工件上表面距孔底 80mm，在距工件上表面 5mm 处（*R* 点）由快进转换为工进，每次进给深度 10mm，每次退刀后，再由快速进给转换为切削进给时距上次加工面的距离 0. 55mm（机床参数设定）。

O0083；

G00 G90 G54 X－30. 0 Y0 M03 S1000；

Z100. 0；

G73 Z－30. 0 R5 Q10 F60；

X0；

X30. 0；

G00 G80. 0 Z100；

M30；

（6）镗孔循环（G85）　G85 指令与 G84 指令相同，但在孔底时主轴不反转。

（7）镗孔循环（G86）　G86 指令与 G81 指令相同，但在孔底时主轴停止，然后快速退回。

注意

①如果 Z 的移动位置为零，该指令不执行。

②调用此指令之后，主轴将保持正转。

（8）反镗循环（G87）

1）格式：$\begin{cases}G98\\G99\end{cases}$G87 X__ Y__ Z__ R__ Q__ F__;

2）说明：

Q——X、Y 轴 45°正向位移量。

G87 指令动作循环如图 3-11 所示，描述如下：

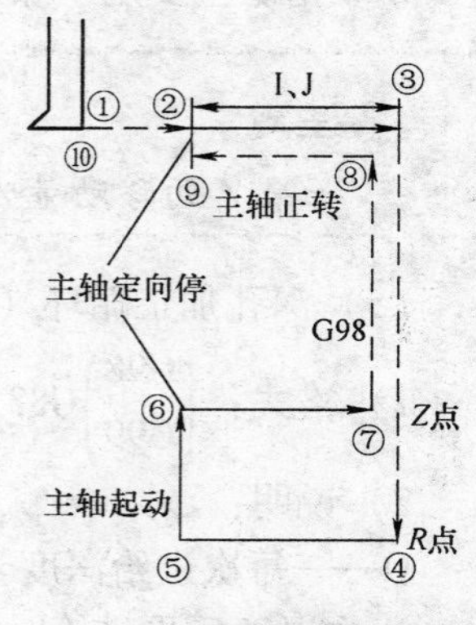

图 3-11　G87 指令动作

①在 X、Y 轴定位。

②主轴定向停止。

③在 X、Y 方向分别向刀尖的反方向移动 Q 值。

④定位到 R 点（孔底）。

⑤在 X、Y 方向分别向刀尖方向移动 Q 值。

⑥主轴正转。

⑦在 Z 轴正方向上加工至 Z 点。

⑧主轴定向停止。

⑨在 X、Y 方向分别向刀尖反方向移动 Q 值。

⑩返回到初始点（只能用 G98）。

⑪在 X、Y 方向分别向刀尖方向移动 Q 值。

⑫主轴正转。

注意

如果 Z 的移动量为零，该指令不执行。

例 3-5　使用 G87 指令编制如图 3-7 所示反镗加工程序：设刀具起点距工件上表面 100mm，孔深 20mm，R 点距上表面 -45mm。

```
O0087
G00 G90 G54 X-30.0 Y0 M03 S1000;
Z100.0;
G98 G76 Z-20.0 R-45.0 Q200 F100;
X0;
X30.0;
G00 G80 Z100.0;
M05;
M30;
```

（9）镗孔循环（G88）

1）格式：$\begin{Bmatrix}G98\\G99\end{Bmatrix}$G88　X__Y__Z__R__P__F__L__;

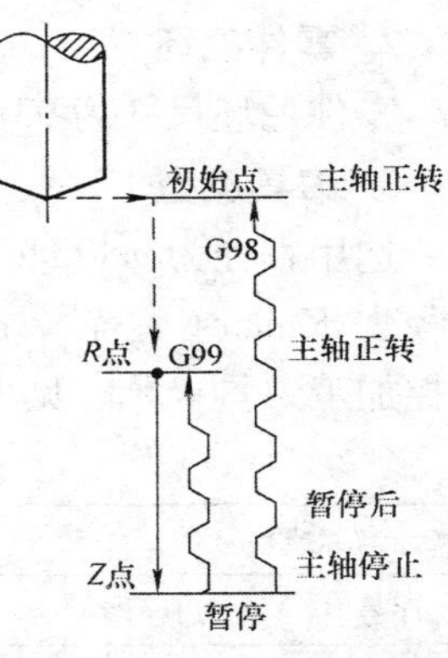

图3-12　G88指及动作

G88指令动作循环如图3-12所示。描述如下：

①在X、Y轴定位。

②定位到R点。

③在Z轴正方向上加工至Z点（孔底）。

④暂停后主轴停止。

⑤转换为手动状态，手动将刀具从孔中退出。

⑥返回到初始平面。

⑦主轴正转。

注意

如果Z的移动量为零该指令不执行。

例3-6　使用G88指令编制如图3-17所示镗孔加工程序：设刀具起点距工件上表面100mm，安全平面R点距上表面5mm，孔深40mm。

```
O0088;
G00 G90 G54 X-30.0 Y0 M03 S1000;
Z100.0;
G98 G76 Z-40.0 R5 F100;
X0;
X30.0;
G00 G80 Z100;
M05;
M30;
```

（10）镗孔循环G89　G89指令与G86指令相同，但在孔底时有暂停。

注意

如果Z的位移为零，该指令不执行。

3. 基点计算

选择工件上表面中心点为工件坐标原点，本任务基点位置如图3-13所示。因图样为对称图形所以其他的坐标点为对称点。

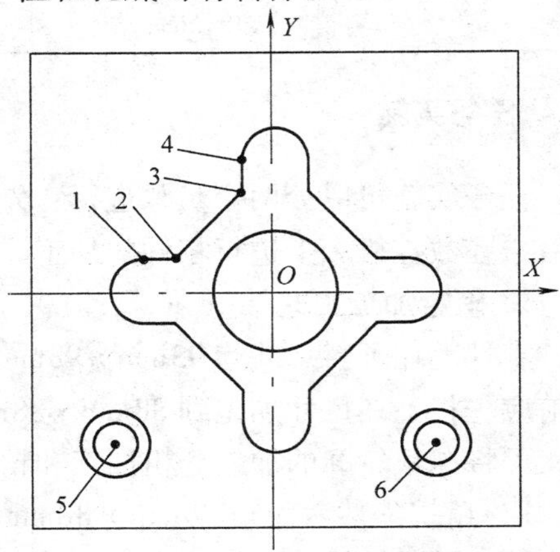

图3-13　坐标点标注示意图
1.（-24.0, 6.0）　2.（-18.042, 6.0）
3.（-6.0, 18.042）　4.（-6.0, 24.0）
5.（-30.0, -30.0）　6.（30.0, -30.0）

任务准备

1. 设备选择

选用××型加工中心；计算机及仿真软件；采用机用虎钳夹具。

2. 零件毛坯

零件毛坯尺寸为93mm×93mm×25mm，材料为45钢。

3. 刀具类型

选用直径为ϕ80mm的面铣刀，刀片材料为硬质合金，选用直径为ϕ10mm的立铣刀，直径为ϕ3mm中心钻、ϕ7.8mm麻花钻、ϕ12mm锪平钻、ϕ24mm镗刀、ϕ8H7铣刀，编制数控加工刀具卡片，见表3-1。

表3-1 数控加工刀具卡片

产品名称或代号：			零件名称：		零件图号：	
序号	刀具号	刀具规格及名称	材料	数量	加工表面	备注
1	01	ϕ3mm中心钻	高速钢	1	中心孔	
2	02	ϕ7.8mm麻花钻	高速钢	1	钻底孔	
3	03	ϕ12mm锪平钻	高速钢	1	锪孔	
4	04	ϕ8H7铰刀	高速钢	1	铰孔	
5	05	ϕ10mm立铣刀	高速钢	1	铣零件内轮廓	
6	06	ϕ24mm镗刀	硬质合金	1	镗孔	
7	07	ϕ80mm面铣刀	硬质合金	1	铣零件六个面	

4. 工、量具选用

本任务加工所选用的工、量具清单见表3-2。

表3-2 工具、量具清单

序 号	名 称	规格/mm	数 量	备 注
1	机用虎钳	200	1	
2	游标卡尺	150	1	
3	内径指示表	6~9	1	
4	内径指示表	18~35	1	

 任务实施

任务实施可以分两个步骤进行：先利用数控仿真软件在计算机上进行仿真加工，操作正确后再在数控机床上进行零件的加工。

1. 确定加工工艺

零件毛坯下料尺寸为93mm×93mm×25mm，三个方向仍留了余量，所以在加工凸台轮廓前应先将毛坯尺寸加工到88mm×88mm×20mm，再加工挡板轮廓。要保证挡板轮廓的精度，可将挡板轮廓的加工分粗加工和精加工进行。零件的加工工艺路线安排如下：

1）精铣零件六面至88mm×88mm×20mm，精铣六面时可先铣一对侧面，再铣上下两个大面，最后铣另一对侧面。

2）加工孔至尺寸要求。

3）粗铣挡板外轮廓直径方向留余量0.5mm。

4）粗铣挡板内轮廓直径方向留余量0.5mm。

5）精铣挡板外轮廓至尺寸。

6）精铣挡板内轮廓至尺寸。

想一想？

镗孔时，刀具镗到孔底时是旋转的还是停止的？

在进行粗铣和精铣编程时，以零件的几何中心作为工件坐标原点，确定加工方向为逆时针方向，铣内轮廓进刀点选择在工件内，确定进刀点的坐标（-6.0，0），分一层铣削。确定加工工艺后，填写数控加工工艺卡片，见表3-3。

表3-3 数控加工工艺过程卡片

铣零件六面	工步号	工步内容	刀具号	主轴转速/(r/min)	进给速度/(mm/min)	背吃刀量/mm	备注
	1	铣零件六面	07	750	80	1	
铣零件轮廓	1	钻中心孔	01	1000	100		
	2	钻 ϕ7.8mm 底孔	02	800	50		
	3	锪 ϕ12mm 孔	03	850	50		
	4	钻 ϕ8H7 孔	04	150	50		
	5	粗铣内轮廓	05	1000	100	10	
	6	精铣内轮廓	05	1000	100	0.25	
	7	精镗孔至尺寸	06	800	30	0.25	

2. 程序的编制和输入

（1）本零件的轮廓粗、精加工程序（见表3-4）。

表3-4 粗、精加工程序

加工程序	程序说明	实物图
%	程序传输起始符	
O1234;	程序名	
G00 G40 G80 G90;	程序初始化	
G28 G91 Z0;	回到换刀点	
T01 M06;	换01号刀	
G00 G90 G54 X0 Y0 M03 S1000;	快速定位，主轴正转，转速1000r/min	
G43 H1 Z100.0;	Z轴快速定位至100mm	
Z10.0;	Z轴快速定位至10mm	
G81 Z-3.0 R5.0 F100;	钻孔固定循环	
X-30.0 Y-30.0;	定孔位置	
X30.0;	定孔位置	
G00 G80 Z100.0;	取消钻孔固定循环	
G28 G91 Z0;	回到换刀点	

（续）

加工程序	程序说明	实物图
M05;	主轴停转	
T02 M06;	换02号刀	
G00 G90 G54 X0 Y0 M03 S800;	快速定位，主轴正转，转速800r/min	
G43 H1 Z100.0;	*Z*轴快速定位至100mm	
Z10.0;	*Z*轴快速定位至10mm	
G83 Z-24.0;R5.0 Q5.0 F50;	钻孔固定循环	
X-30.0 Y-30.0;	定孔位置	
X30.0;	定孔位置	
G00 G80 Z100.0;	取消钻孔固定循环	
G28 G91 Z0;	回到换刀点	
M05;	主轴停转	
T03 M06;	换03号刀	
G00 G90 G54 X-30.0 Y30.0 M03 S850;	快速定位，主轴正转，转速850r/min	
G43 H1 Z100.0;	*Z*轴快速定位至100mm	
Z10.0;	*Z*轴快速定位至10mm	
G81 Z-4.0 R5.0 F50;	钻孔固定循环	
X30.0;	定孔位置	
G00 G80 Z100.0;	取消钻孔固定循环	
G28 G91 Z0;	回到换刀点	
M05;	主轴停转	
T04 M06;	换04号刀	
G00 G90 G54 X-30.0 Y30.0 M03 S150;	快速定位，主轴正转，转速150r/min	
G43 H1 Z100.0;	*Z*轴快速定位至100mm	
Z10.0;	*Z*轴快速定位至10mm	
G85 Z-23.0 R5.0 F50;	钻孔固定循环	
X30.0;	定孔位置	
G0 G80 Z100.0;	取消钻孔固定循环	
G28 G91 Z0;	回到换刀点	
M05;	主轴停转	
G00 G17 G40 G49 G80 G90;	程序初始化	
T05 M06;	换05号刀	
G00 G90 G54 X0.0 Y0.0 S1000 M03;	快速定位，主轴正转，转速1000r/min	
G43 H5 Z50.0	*Z*轴快速定位至50mm	
Z10.0;	*Z*轴快速定位至10mm	

（续）

加工程序	程序说明	实物图
G1 Z-21.0 F100.0;	刀具下刀至-21mm，进给速度100mm/min	
X-6.0;	直线切削	
G41 D5 Y6.0 F50;	直线切削，左刀补调用05号半径补偿	
G3 X-12.0 Y0.0 R6.0;	逆时针圆弧切入圆弧半径6mm	
X12.0 R12.0;	逆时针圆弧切削圆弧半径12mm	
X-12.0 R12.0;	逆时针圆弧切削圆弧半径12mm	
X-6.0 Y-6.0 R6.0;	逆时针圆弧切削圆弧半径6mm	
G1 G40 Y0.0;	直线切削，取消半径补偿	
Z-11.0 F100;	刀具提刀至-11mm，进给速度100mm/min	
G00 Z50.0;	刀具快速抬到50mm高	
X0 Y0;	快速定位	
Z10.0;	*Z*轴快速定位至10mm	
G1 Z-5.0 F100;	刀具下刀至-5mm，进给速度100mm/min	
Y-21.021;	直线切削	
G41 D5 X6.0 F50;	直线切削，左刀补调用05号半径补偿	
Y-18.042;	直线切削	
X18.042 Y-6.0;		
X24.0;		
G03 X30.0 Y0.0 R6.0;	逆时针圆弧切削	
X24.0 Y6.0 R6.0;		
G1 X18.042;	直线切削	
X6.0 Y18.042;		
Y24.0;		
G03 X-6.0 R6.0;	逆时针圆弧切削	
G01 Y18.042;	直线切削	
X-18.042 Y6.0;		
X-24.0;		
G03 Y-6.0 R6.0;	逆时针圆弧切削	
G01 X-18.042;	直线切削	
X-6.0 Y-18.042;		
Y-24.0;		
G03 X6.0 R6.0;	逆时针圆弧切削	
G01 Y-21.021;	直线切削	
G40 X0.0;	直线切削，取消半径补偿	
Z5.0 F500;	刀具提刀至5mm，进给速度500mm/min	
G0 Z50.0;	刀具快速抬到50mm高	
M05;	主轴停转	

（续）

加工程序	程序说明	实物图
G91 G28 Z0.0；	回到换刀点	
T06 M06；	换06号刀	
G00 G90 G54 X0 Y0 M03 S800；	快速定位，主轴正转，转速800r/min	
G43 H6 Z100.0；	*Z*轴快速定位至100mm	
Z10.0；	*Z*轴快速定位至10mm	
G76 Z-22.0 R5.0 Q500 F30；	镗孔固定循环	
G0 G80 Z100.0；	取消镗孔固定循环	
G28 G91 Z0；	回到换刀点	
G28 Y0；	回到*Y*轴原点进行测量	
M05；	主轴停转	
M30；	程序结束并返回程序开头	
%	程序传输结束符	

3. 零件的模拟加工

零件程序输入和校验完成后，可以利用数控加工仿真软件进行零件的加工仿真，如图3-14所示。

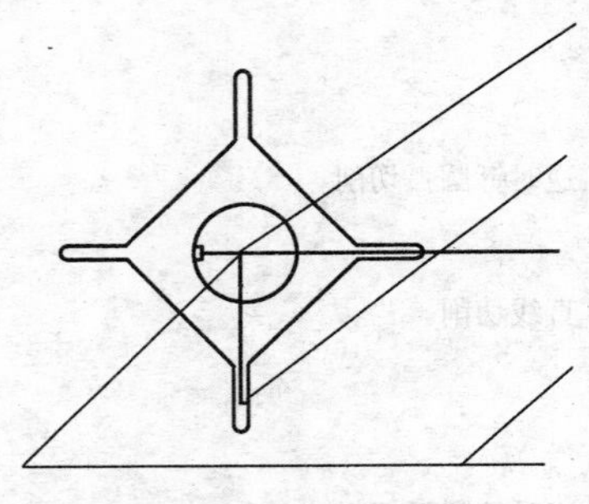

图3-14 零件加工轨迹图

4. 工件装夹

检查评议

零件完成加工、测量尺寸后，填写零件质量评分表，见表3-5。

表3-5 零件质量评分表

姓名		零件名称	挡板	加工时间		总得分	
项目与配分		序号	技术要求	配分	评分标准	检查记录	得分
工件加工评分(55%)	外形轮廓	1	轮廓圆弧*R*12(4处)	8	超差0.01mm扣2分		
		2	轮廓宽度$12^{+0.03}_{0}$(4处)	8	超差0.01mm扣2分		
		3	轮廓宽度$34^{+0.03}_{0}$(2处)	6	超差0.01mm扣2分		
		4	轮廓直径$\phi24^{+0.03}_{0}$	10	超差0.01mm扣2分		
		5	轮廓宽度$60^{+0.03}_{0}$(2处)	6	超差不得分		

（续）

姓名			零件名称	挡板	加工时间		总得分	
项目与配分		序号	技术要求		配分	评分标准	检查记录	得分
工件加工评分(55%)	外形轮廓	6	轮廓深度 $5^{+0.03}_{0}$		2	超差0.01mm扣2分		
		7	轮廓深度20		2	超差不得分		
		8	锪孔 $\phi12$(2处)		4			
	表面粗糙度	9	轮廓侧面 $Ra1.6\mu m$		5	超差不得分		
		10	轮廓底面 $Ra3.2\mu m$		4	超差不得分		
程序与工艺(25%)		11	程序正确、完整		6	不正确每处扣1分		
		12	程序格式规范		5	不规范每处扣0.5分		
		13	加工工艺合理		5	不合理每处扣1分		
		14	程序参数选择合理		4	不合理每处扣0.5分		
		15	指令选用合理		5	不合理每处扣1分		
机床操作(15%)		16	零件装夹合理		2	不合理每次扣1分		
		17	刀具选择及安装正确		2	不正确每次扣1分		
		18	刀具坐标系设定正确		4	不正确每次扣1分		
		19	机床面板操作正确		4	误操作每次扣1分		
		20	意外情况处理正确		3	不正确每处扣1.5分		
安全文明生产(5%)		21	安全操作		2.5	违反操作规程全扣		
		22	机床整理及保养规范		2.5	不合格全扣		

想一想？

根据测量结果，镗孔可能出现“大小头”的现象，如何才能使镗孔加工合格？

问题及防治

在加工过程中由于初次接触镗孔，经常遇到的问题、产生原因及解决方法见表3-6。

表3-6 轮廓加工问题、产生原因及解决方法

问题现象	产生原因	解决方法
镗孔表面有振痕	1. 刀具没有夹紧 2. 镗刀杆没有夹紧 3. 刀片没有夹紧	1. 夹紧刀具 2. 夹紧镗刀杆 3. 夹紧刀片
镗孔表面粗糙度差	1. 进给量选择不恰当 2. 刀片磨损	1. 根据材料选择合理的切削用量 2. 更换刀片

扩展知识练习

1. 拓展项目任务描述

图3-15为脚座零件，毛坯已加工至尺寸，零件为凸台，中间为一圆形凹槽，生产方式为小批量生产，无热处理工艺要求，试选择合适的夹具，制订加工工艺方案，选择合理的切削用量，编制数控加工程序，并完成该零件的加工和检测。

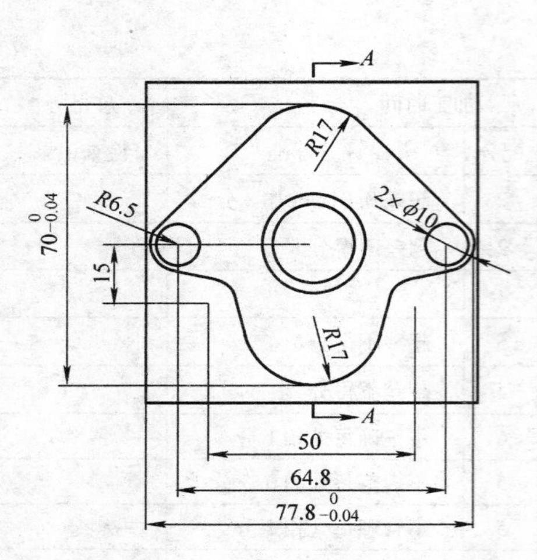

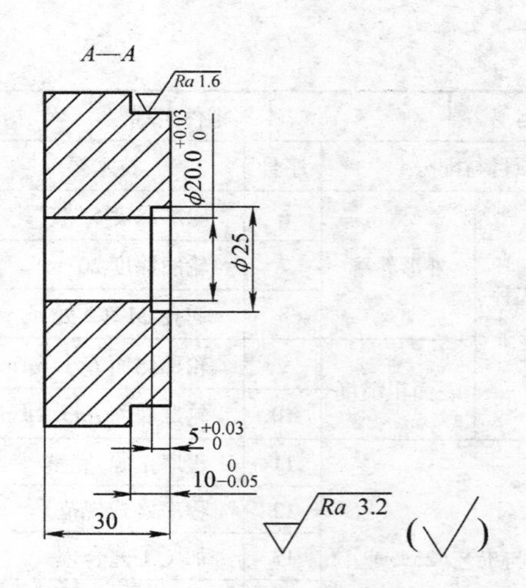

图 3-15　脚座零件

2. 拓展项目评分标准（见表 3-7）

表 3-7　拓展项目零件质量评分表

姓名		零件名称	脚座	加工时间		总得分	
项目与配分		序号	技术要求	配分	评分标准	检查记录	得分
工件加工评分(55%)	外形轮廓	1	轮廓圆弧 $R6.5$(4 处)	8	超差 0.01mm 扣 2 分		
		2	轮廓圆弧 $R17$	8	超差 0.01mm 扣 2 分		
		3	轮廓尺寸 $70^{0}_{-0.04}$	6	超差 0.02mm 扣 2 分		
		4	轮廓直径 $\phi20^{+0.03}_{0}$	10	超差 0.02mm 扣 2 分		
		5	轮廓直径 $\phi25$	4	超差不得分		
		6	轮廓尺寸 $77.8^{0}_{-0.04}$	4	超差不得分		
		7	轮廓深度 $5^{+0.03}_{0}$	3	超差不得分		
		8	轮廓深度 $10^{0}_{-0.05}$	3	超差不得分		
	表面粗糙度	9	轮廓侧面 $Ra1.6\mu m$	5	超差不得分		
		10	轮廓底面 $Ra3.2\mu m$	4	超差不得分		
程序与工艺(25%)		11	程序正确、完整	6	不正确每处扣 1 分		
		12	程序格式规范	5	不规范每处扣 0.5 分		
		13	加工工艺合理	5	不合理每处扣 1 分		
		14	程序参数选择合理	4	不合理每处扣 0.5 分		
		15	指令选用合理	5	不合理每处扣 1 分		
机床操作(15%)		16	零件装夹合理	2	不合理每次扣 1 分		
		17	刀具选择及安装正确	2	不正确每次扣 1 分		
		18	刀具坐标系设定正确	4	不正确每次扣 1 分		
		19	机床面板操作正确	4	误操作每次扣 1 分		
		20	意外情况处理正确	3	不正确每处扣 1.5 分		
安全文明生产(5%)		21	安全操作	2.5	违反操作规程全扣		
		22	机床整理及保养规范	2.5	不合格全扣		

考证要点

一、判断题（正确的打“✓”，错误的打“×”）

1. 滚珠丝杠副消除轴向间隙的目的主要是减小摩擦力矩。(　　)

2. 采用立铣刀加工内轮廓时，铣刀直径应小于或等于工件内轮廓最小曲率半径的2倍。(　　)

3. 在轮廓加工中，主轴的径向和轴向跳动精度不影响工件的轮廓精度。(　　)

二、单项选择题

1. 在数控加工中心机床上铣一个正方形零件（外轮廓），如果使用的铣刀直径比原来小1mm，则计算加工后的正方形尺寸（　　）。

A. 小1mm　　B. 小0.5mm　　C. 大1mm　　D. 大0.5mm

2. 执行下列程序后，钻孔深度是（　　）。

G90 G01 G43 Z－50 H01 F100（H01补偿值－2.00mm）

A. 48mm　　B. 52mm　　C. 50mm　　D. 54mm

3. 执行下列程序后，镗孔深度是（　　）。

G90 G01 G44 Z－50 H02 F100（H02补偿值2.00mm）

A. 48mm　　B. 52mm　　C. 50mm　　D. 54mm

三、问答题

什么是数控机床的定位精度和重复定位精度？

四、工艺题

如图3-16所示槽轮零件毛坯尺寸：105mm×85mm×25mm，写出刀具卡片和数控加工工艺卡片。

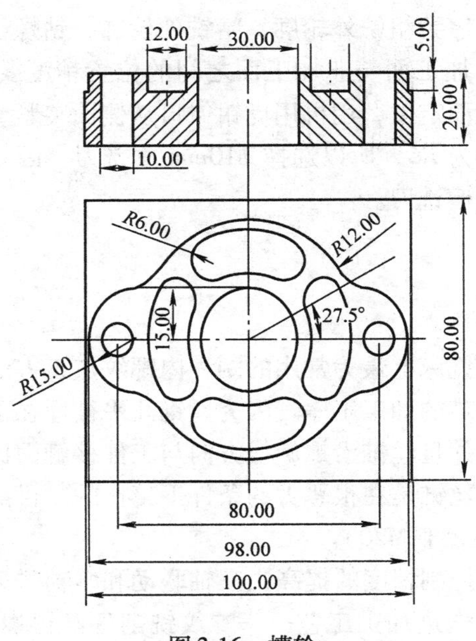

图3-16　槽轮

任务2　螺纹的加工

任务描述

图3-17为有外轮廓、凹槽、螺纹和圆弧等形状的拨盘座零件，生产方式为小批量生产，无热处理工艺要求，零件毛坯尺寸为93mm×93mm×23mm，材料为45钢，试选择合适的夹具，制订加工工艺方案，选择合理的切削用量，编制数控加工程序，并完成该零件的加工和检测。

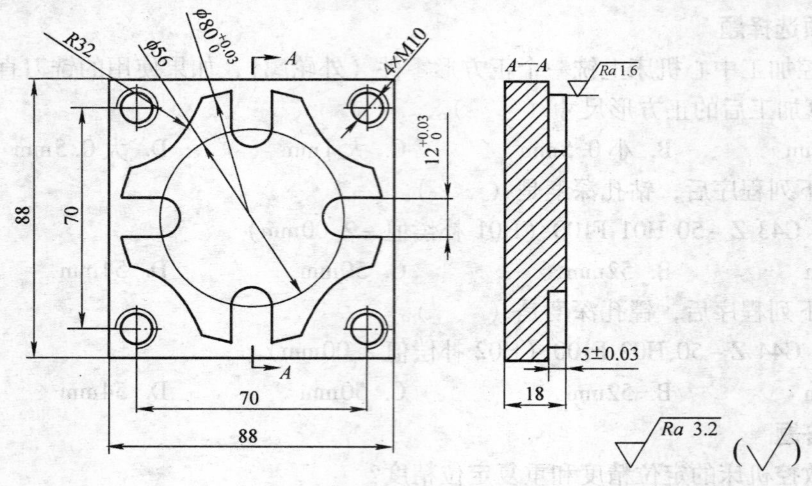

图3-17　拨盘座零件图

任务分析

该零件外轮廓和深度尺寸精度要求较高，故采用粗铣-精铣方案。加工顺序按照先粗后精的原则确定，具体加工顺序为粗铣外轮廓、精铣外轮廓、钻螺纹底孔、攻螺纹。该零件形状简单，四个侧面较光整，加工面与非加工面之间的位置精度要求不高，故可选用机用虎钳，以零件的底面和两个侧面定位，用机用虎钳钳口从侧面夹紧。立铣刀规格根据加工尺寸选择，内轮廓的最小内圆角为*R*6，所以选择ϕ10mm立铣刀。因立铣刀在加工内轮廓时不能向下进给，所以需要使用键槽铣刀。

相关知识

1. 攻螺纹和铣螺纹

攻螺纹和铣螺纹是数控铣床上最为常用的两种内螺纹加工方法。攻螺纹是比较传统的内螺纹加工方法，属于比较困难的加工工序。因为丝锥几乎被埋在工件中进行切削的，其每齿的加工负荷比其他刀具大，并且丝锥沿螺旋线方向与工件接触面比较大，切削螺纹时必须容纳并排除切屑，因此可以说丝锥是在很恶劣的条件下工作的。目前攻螺纹一般用于孔径比较小的螺纹孔的加工（一般不大于M20）。

随着数控技术的发展，控制精度的提高，三轴联动和多轴联动数控系统的产生及其在生产领域的广泛应用，相应的先进加工工艺——螺纹铣削逐渐得以实现。一般直径大于M20的螺纹都建议采用铣螺纹加工。攻螺纹与铣螺纹比较如下：

（1）机床 攻螺纹几乎能在任何加工中心或铣床上进行。相比之下，铣螺纹最低限度要用能编程螺纹插补的 CNC 加工中心。攻螺纹也能在车床上进行，用刀具旋转。在车床上不能铣螺纹，因为需要螺旋运动。

（2）材料 攻螺纹几乎可以用于硬度最高达 50HRC 的材料。铣螺纹可用于硬度最高达 60HRC 的材料。当遇到特殊金属时，铣螺纹有时可以很方便地加工螺纹，而用其他方法却很难加工。

（3）速度 攻螺纹以相当低的速度进行，而铣螺纹通常需要较高的切削速度和进给率。螺旋刀具路径长，因而需要高进给率，以便高效循环加工螺纹。

（4）中径 一把丝锥的中径是固定的，但一把螺纹铣刀的中径更灵活。螺纹铣刀产生的螺纹中径取决于 CNC 刀具路径，这意味着中径是可以变化的。

例如：同样直径的两个孔，铣螺纹可以加工成不同中径的螺纹。同一把刀具可以生产 1/4 - 20 UNC 或 1/4 - 20 STI 螺纹。

铣螺纹也可以用一把刀，在一定范围的孔径中，加工出同样的中径。例如，可以生产 1/2 - 14 和 3/4 - 14 的螺纹而不用换刀。

（5）多功能性 丝锥只能用来攻螺纹。相比之下，一把螺纹铣刀可以设计用来完成各种孔加工工序，如钻孔、孔倒角、加工螺纹和清根（即切削螺纹底部未完成的部分。）

（6）旋向 一把丝锥只能生产一种旋向（左旋或右旋）的螺纹，这是在丝锥上已经磨好的。但是，通过 CNC 编程的简单改变，就能使螺旋铣刀加工出左旋或右旋螺纹。

攻螺纹是一种高生产率的、常用的在孔中加工螺纹的方法。但螺纹铣刀应用更广泛，螺纹铣刀能解决有关排屑、动力和不通孔等有关问题。

攻螺纹的另一个缺点是关于它的设计限制。在攻螺纹的末尾，丝锥必须反向旋转，从孔中退出来。但是，螺纹铣刀可以快速退刀。

（7）深度 当遇到不通孔时，由于丝锥的锥度顶角的存在，会在孔中留下未完成的螺纹；螺纹铣刀的底部是平，不存在这个问题。它能加工出完整的螺纹。

相比之下，当螺纹特别深时，用丝锥加工可能更好。一把长丝锥能高效地加工螺纹，在孔中可以向下走很长的距离，螺纹铣刀就不适用。在铣螺纹时，切削力不平衡，刀具倾向于偏斜。当超过一定的深度时，偏斜太大，不能很好地加工出螺纹。通常，螺纹铣刀限制螺纹深度大约为刀具直径的 2.5 倍。

（8）切屑 当在某些材料上攻螺纹时，有时产生长的、连续的切屑。这样的切屑可能把孔堵死，并把丝锥折断。铣螺纹就没有这个问题，像任何铣削加工一样，产生短的、折断的切屑。切屑管理方便是车间选择螺纹铣的主要原因。

（9）动力 丝锥在相当低的主轴速度下运转。因此，丝锥不能利用到机床主轴马达的全功率或额定功率。当一台小的加工中心，需要在一个特别大的孔中攻螺纹的，可能动力不够，但对于小的机床，用铣螺纹可以在大直径孔中成功地加工螺纹。

2. 螺纹程序编制

（1）刚性攻螺纹固定循环（攻螺纹循环 G84）

1）指令格式：G84 X __ Y __ Z __ R __ P __ F __ L

2）指令说明：G84 攻螺纹时从 R 点到 Z 点主轴正转，在孔底暂停后，主轴反转，然后退回。

G84 指令动作循环如图 3-18 所示。

注意

1）攻螺纹时速度倍率、进给保持均不起作用。

2）*R* 点应选在距工件表面 7mm 以上的地方。

3）如果 *Z* 的移动量为零，该指令不执行。

例 3-7 使用 G84 指令编制如图 3-7 所示正螺纹的加工程序：设刀具起点距工件上表面 100mm，孔深 20mm，在距工件上表面 5mm 处（*R* 点）由快进转换为工进。

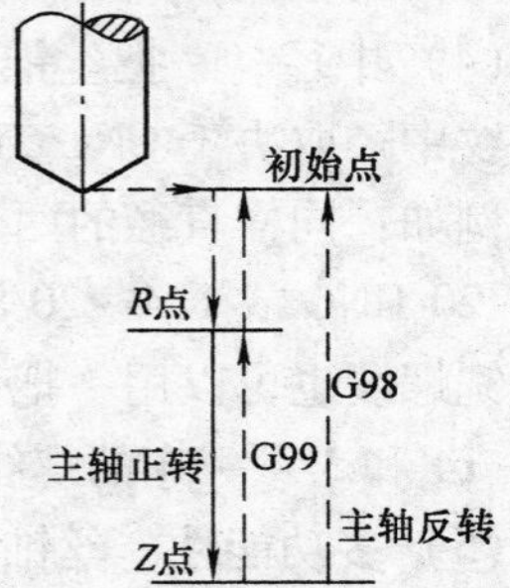

图 3-18 G84 指令动作及编程

```
O84;
G00 G90 G54 X-30.0 Y0 M4 S1000;
Z100.0;
G98 G74 Z-2.0 R5 F100;
X0;
X30.0;
G0 G80 Z100.0;
M05;
M30;
```

（2）左攻螺纹循环（G74）

1）指令格式：$\begin{Bmatrix}G98\\G99\end{Bmatrix}$G74 X__ Y__ Z__ R__ P__ F__ k__;

2）指令说明：

G74 攻左螺纹时主轴反转，到孔底时主轴正转，然后退回。

G74 指令动作循环如图 3-19 所示。

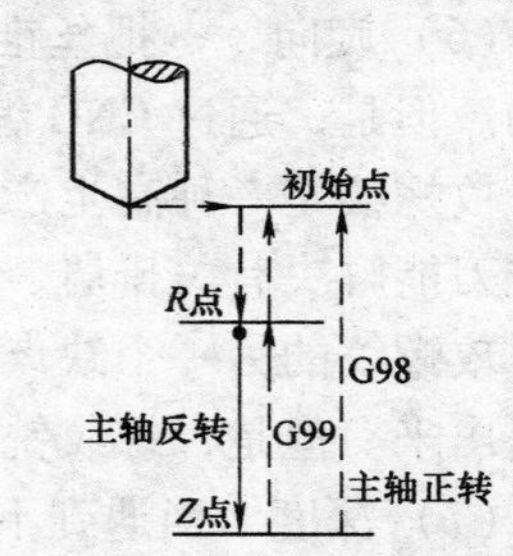

图 3-19 G74 指令动作图及 G74 编程

注意

1）攻螺纹时速度倍率、进给保持均不起作用。

2）*R* 点应选在距工件表面 7mm 以上的地方。

3）如果 *Z* 的移动量为零，该指令不执行。

例 3-8 使用 G74 指令编制如图 3-7 所示左螺纹的加工程序：设刀具起点距工件上表面 100mm，孔深 20mm，在距工件上表面 5mm 处（*R* 点）由快进转换为工进。

```
O74;
G00 G90 G54 X-30.0 Y0 M4 S1000;
Z100.0
G98 G74 Z-20 R5 F100;
X0;
X30;
G0 G80 Z100;
```

M5；

M30；

（3）螺旋线插补指令

1）指令格式：

G17 G02/G03 X __ Y __ I __ J __ Z __ F __；

G18 G02/G03 X __ Z __ I __ K __ Y __ F __；

G19 G02/G03 Y __ Z __ J __ K __ X __ F __；

2）指令说明：当螺旋插补在G17/G18/G19三个平面中任选一平面内做圆弧插补时，在于其垂直的直线轴上做同步的直线运动。

指令串中的F用来指定螺距。当采用G94时 F＝螺距×转速，但采用G95时 F＝螺距。

X、Y、Z 中由G17/G18/G19平面选定的两个坐标为螺旋线投影圆弧的终点，意义同圆弧进给，第3坐标是与选定平面相垂直的轴终点；其余参数的意义同圆弧进给。

该指令对另一个不在圆弧平面上的坐标轴施加移动指令，对于任何小于360°的圆弧，可附加任一数值的单轴指令。

例3-9　使用G03对图3-20所示的螺旋线编程。AB 为一螺旋线，起点 A 的坐标为（30，0，0），终点 B 的坐标为（0，30，10）；圆弧插补平面为 XY 面，圆弧 AB' 是 AB 在 XY 平面上的投影，B' 的坐标值是（0，30，0），从 A 点到 B' 是逆时针方向。在加工 AB 螺旋线前，要把刀具移到螺旋线起点 A 处，则加工程序编写如下：

G91编程时：

G91 G17 F300；

G03 X－30 Y30 R30 Z10；

G90编程时：

G90 G17 F300；

G03 X0 Y30 R30 Z10；

3. 基点计算

选择工件上表面中心点为工件坐标原点，本任务基点位置如图3-13所示。因图样为对称图形所以其他的坐标点为对称点。

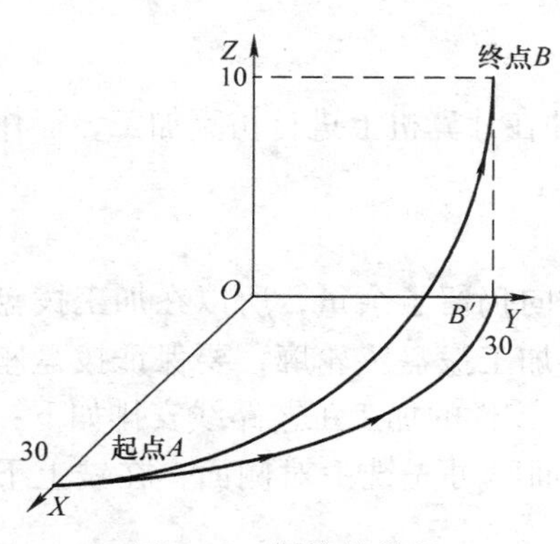

图3-20　螺旋线编程

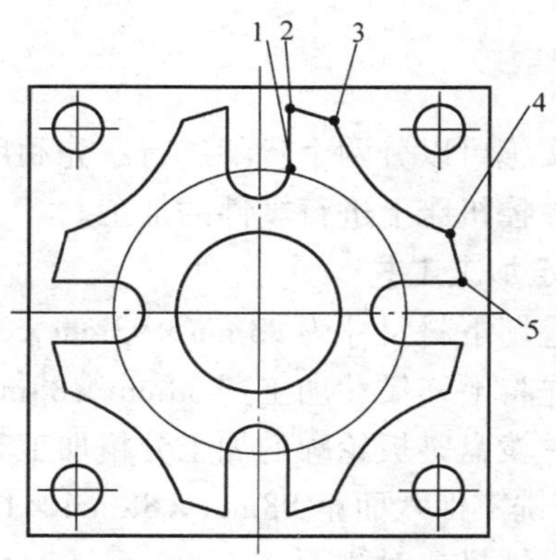

图3-21　坐标点标注示意图

1.（6.0，28.0）　2.（6.0，39.547）　3.（15.248，36.979）
4.（36.979，15.248）　5.（39.547，6.0）

任务准备

1. 设备选择

选用××型加工中心；计算机及仿真软件；采用机用虎钳夹具。

2. 零件毛坯

零件毛坯尺寸为93mm×93mm×23mm，材料为45钢。

3. 刀具类型

选用直径为ϕ80mm的面铣刀，刀片材料为硬质合金，选用直径为ϕ10mm的立铣刀，直径为ϕ3mm中心钻、ϕ8.5mm麻花钻、M10丝锥，编制数控加工刀具卡片，见表3-8。

表3-8 数控加工刀具卡片

产品名称或代号：			零件名称：		零件图号：	
序号	刀具号	刀具规格及名称	材料	数量	加工表面	备注
1	01	ϕ10mm立铣刀	高速钢	1	铣零件外轮廓	
2	02	ϕ3mm中心钻	高速钢	1	中心孔	
3	03	ϕ8.5mm麻花钻	高速钢	1	钻底孔	
4	04	M10丝锥	高速钢	1	攻螺纹	
5	05	ϕ80mm面铣刀	硬质合金	1	零件六个面	

4. 工、量具选用

本任务加工所选用的工、量具清单见表3-9。

表3-9 工、量具清单

序 号	名 称	规格/mm	数 量	备 注
1	游标卡尺	0~150	1	
2	半径样板（凹）	0~20	1	
3	机用虎钳	0~200	1	
4	丝锥	M10	2	

任务实施

任务实施可以分两个步骤进行：先利用数控仿真软件在计算机上进行仿真加工，操作正确后再在数控机床上进行零件的加工。

1. 确定加工工艺

零件毛坯下料尺寸为93mm×93mm×23mm，三个方向仍留了余量，所以在加工拨盘座轮廓前应先将毛坯尺寸加工到88mm×88mm×18mm，再加工拨盘座轮廓，要保证拨盘座轮廓的精度，拨盘座板轮廓的加工分粗加工和精加工进行。零件的加工工艺路线安排如下：

1）精铣零件六面至88mm×88mm×18mm，精铣六面时可先铣一对侧面，在铣上下两个大面，再铣另一对侧面。

2）粗铣拨盘座外轮廓直径方向留余量0.5mm。

3）精铣拨盘座外轮廓至尺寸。

4）加工螺纹至尺寸。

想一想？

加工通螺纹时，丝锥加工是刚好加工到孔底停止，还是加工出孔底至少丝锥导锥的距离再停止？

在进行粗铣和精铣编程时，以零件的几何中心作为工件原点，确定加工方向为顺时针方向，铣外轮廓进刀点选择工件外，确定进刀点的坐标（-4.0，-55.0），分一层铣削。确定加工工艺后，填写数控加工工艺卡片，见表3-10。

表3-10　数控加工工艺过程卡片

铣零件六面	工步号	工步内容	刀具号	主轴转速/(r/min)	进给速度/(mm/min)	背吃刀量/mm	备注
	1	铣零件六面	05	750	80	1	
铣零件轮廓	1	粗铣外轮廓	01	1000	50	10	
	2	精铣外轮廓	01	1000	100	0.25	
	3	钻中心孔	02	1000	100		
	4	钻 ϕ8.5mm 底孔	03	800	50		
	5	攻螺纹	04	80	1.5		

2. 程序的编制和输入

（1）本零件的轮廓粗、精加工程序见表3-11。

表3-11　粗、精加工程序

加工程序	程序说明	实物图
%	程序传输起始符	
O1234;	程序名	
N0020 G00 G17 G40 G49 G80;	程序初始化	
N0025 G28 G91 Z0;	回到换刀点	
N0030 T01 M06;	换01号刀	
N0040; G00 G90 G54 X-4.0 Y-55.0 S1000 M03;	快速定位至进刀点，主轴正转，转速1000r/min	
N0050 G43 H1 Z50.0;	Z轴快速定位至50mm	
N0070 Z10.0	Z轴快速定位至10mm	
N0080 G01 Z-5.0 F50;	刀具进刀至-5mm，速度50mm/min	
N0090 G41 D1 X6.0;	直线切削，左刀补调用01号半径补偿	
N0100 Y-28.0;	直线切削	
N0110 G03 X-6.0 R6.0;	逆时针圆弧切削	
N0120 G01 Y-39.547;	直线切削	

（续）

加工程序	程序说明	实物图
N0130 G02 X-15.248 Y-36.98 R40.0;	顺时针圆弧切削	
N0140 G03 X-36.98 Y-15.248 R32.0;	逆时针圆弧切削	
N0150 G02 X-39.547 Y-6.0 R40.0;	顺时针圆弧切削	
N0160 G01 X-28.0;	直线切削	
N0170 G03 Y6.0 R6.0;	逆时针圆弧切削	
N0180 G01 X-39.547;	直线切削	
N0190 G02 X-36.98 Y15.248 R40.0;	顺时针圆弧切削	
N0200 G03 X-15.248 Y36.98 R32.0;	逆时针圆弧切削	
N0210 G02 X-6.0 Y39.547 R40.0;	顺时针圆弧切削	
N0220 G01 Y28.0;	直线切削	
N0230 G03 X6.0 R6.0;	逆时针圆弧切削	
N0240 G01 Y39.547;	直线切削	
N0250 G02 X15.248 Y36.98 R40.0;	顺时针圆弧切削	
N0260 G03 X36.98 Y15.248 R32.0;	逆时针圆弧切削	
N0270 G02 X39.547 Y6.0 R40.0;	顺时针圆弧切削	
N0280 G01 X28.0;	直线切削	
N0290 G03 Y-6.0 R6.0	逆时针圆弧切削	
N0300 G01 X39.547;	直线切削	
N0310 G02 X36.98 Y-15.248 R40.0;	顺时针圆弧切削	
N0320 G03 X15.248 Y-36.98 R32.0;	逆时针圆弧切削	
N0330 G02 X0 Y-40.7 R40.0;	顺时针圆弧切削	
N0340 G01 G40 Y-55.0;	直线切削	
N0350 Z5.0 F500.0;	刀具提刀至5mm,速度500mm/min	
N0360 G00 Z50.0;	刀具快速抬到50mm高	
N0370 M05;	主轴停转	
N0380 G91 G2 8Z0.0;	回到换刀点	
N0390 T02 M06;	换02号刀	
N0400; G0 G90 G54 X-35.0 Y-35.0 S1000 M3;	快速定位至进刀点,主轴正转,转速1000r/min	
N0410 G43 H2 Z50.0;	Z轴快速定位至50mm	
N0430 Z10.0;	Z轴快速定位至10mm	
N0440 G98 G81 Z-3.0 R5.0 F50;	钻孔固定循环	
N0450 X35.0;	定孔位置	
N0460 Y35.0;	定孔位置	
N0470 X-35.0;	定孔位置	

（续）

加工程序	程序说明	实物图
N0480 G00 G80 Z100.0;	取消钻孔固定循环	
N0490 M05;	主轴停转	
N0500 G28 G91 Z0;	回到换刀点	
N0510 T03 M06;	换03号刀	
N0520; G0 G90 G54 X－35.0 Y－35.0 S800 M03;	快速定位至进刀点，主轴正转，转速1000r/min	
N0530 G43 H3 Z50.0	Z轴快速定位至50mm	
N0550 Z10.0	Z轴快速定位至10mm	
N0560 G98 G81 Z－22.0 R5.0 F50;	钻孔固定循环	
N0570 X35.0;	定孔位置	
N0580 Y35.0;	定孔位置	
N0590 X－35.0;	定孔位置	
N0600 G00 G80 Z100.0;	取消钻孔固定循环	
N0610 M05;	主轴停转	
N0620 G28 G91 Z0;	回到换刀点	
N0630 T04 M06;	换04号刀	
N0640; G00 G90 G54 X－35.0 Y－35.0 S80 M03;	快速定位至进刀点，主轴正转，转速80r/min	
N0650 G43 H4 Z50.0;	Z轴快速定位至50mm	
N0670 Z10.0;	Z轴快速定位至10mm	
N0680 G95;	进给速度转换为mm/r	
N0690 G98 G84 Z－22.0 R5.0 F1.5;	攻螺纹固定循环，进给量为1.5mm/r	
N0700 X35.0;	定孔位置	
N0710 Y35.0;	定孔位置	
N0720 X－35.0;	定孔位置	
N0730 G00 G80 Z100.0;	取消钻孔固定循环	
N0740 G94;	进给转换为mm/min	
N0750 M05;	主轴停转	
N0760 G28 G91 Z0;	回到换刀点	
N0770 G28 Y0.0;	回到Y轴原点，测量零件	
N0780 M30;	程序结束并返回程序开头	
%	程序传输结束符	

3. 零件的模拟加工

零件程序输入和校验完成后，可以利用数控加工仿真软件进行零件的加工仿真，如图3-22所示。

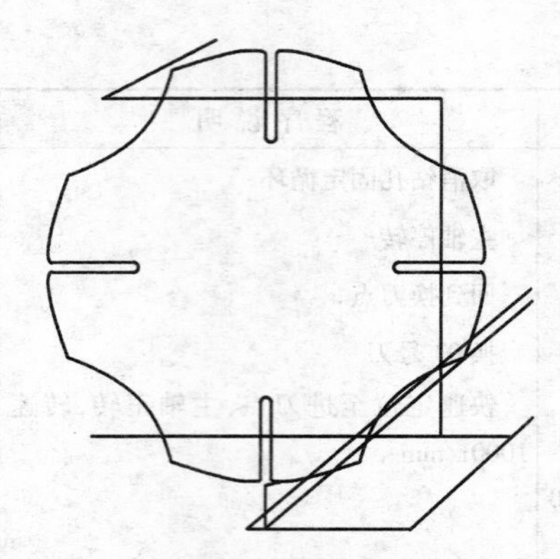

图 3-22 零件加工轨迹图

4. 工件装夹

检查评议

零件完成加工后，测量尺寸后，填写零件质量评分表，见表 3-12。

表 3-12 零件质量评分表

姓名			零件名称	拨盘座	加工时间		总得分	
项目与配分		序号	技术要求	配分	评分标准		检查记录	得分
工件加工评分(55%)	外形轮廓	1	轮廓圆弧 $\phi56$	8	超差 0.01mm 扣 2 分			
		2	轮廓宽度 $12^{+0.03}_{0}$(4 处)	8	超差 0.01mm 扣 2 分			
		3	轮廓圆弧 $R32$(4 处)	6	超差不得分			
		4	轮廓直径 $\phi80^{+0.03}_{0}$	10	超差 0.01mm 扣 2 分			
		5	螺纹 4×M10	10	超差不得分			
		6	轮廓深度 5±0.03	2	超差 0.01mm 扣 2 分			
		7	轮廓深度 18	2	超差不得分			
	表面粗糙度	8	轮廓侧面 $Ra1.6\mu m$	5	超差不得分			
		9	轮廓底面 $Ra3.2\mu m$	4	超差不得分			
程序与工艺(25%)		10	程序正确、完整	6	不正确每处扣 1 分			
		11	程序格式规范	5	不规范每处扣 0.5 分			
		12	加工工艺合理	5	不合理每处扣 1 分			
		13	程序参数选择合理	4	不合理每处扣 0.5 分			
		14	指令选用合理	5	不合理每处扣 1 分			
机床操作(15%)		15	零件装夹合理	2	不合理每次扣 1 分			
		16	刀具选择及安装正确	2	不正确每次扣 1 分			
		17	刀具坐标系设定正确	4	不正确每次扣 1 分			
		18	机床面板操作正确	4	误操作每次扣 1 分			
		19	意外情况处理正确	3	不正确每处扣 1.5 分			
安全文明生产(5%)		20	安全操作	2.5	违反操作规程全扣			
		21	机床整理及保养规范	2.5	不合格全扣			

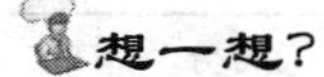

根据加工结果，螺纹加工完之后可能出现拧不进去现象，如何才能使螺纹加工合格？

问题及防治

在加工过程中由于初次接触攻螺纹，经常遇到的问题、产生原因及解决方法见表3-13。

表3-13 轮廓加工问题、产生原因及解决方法

问题现象	产生原因	解决方法
螺纹加工完后数控系统进给速度不正确	系统进给速度转换为mm/r(G95)	将系统进给速度转换为mm/min(G94)
螺纹表面有毛刺	1. 往外退时速度过快或没有及时断屑 2. 润滑不好	1. 往外退时速度慢一点,攻螺纹时及时断屑 2. 提高润滑效果

扩展知识练习

1. 拓展项目任务描述

图3-23为旋转底座零件，毛坯尺寸已加工至尺寸，零件为凸台轮廓，中间为一凹槽，有圆弧形状，生产方式为小批量生产，无热处理工艺要求，试选择合适的夹具，编制加工工艺方案，选择合理的切削用量，编制数控加工程序，并完成该零件的加工和检测。

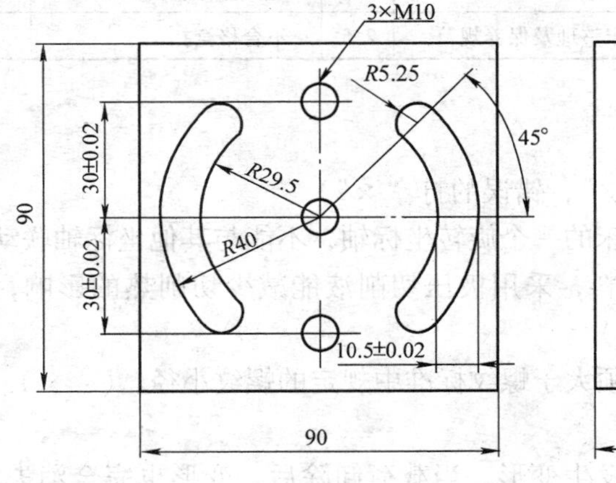

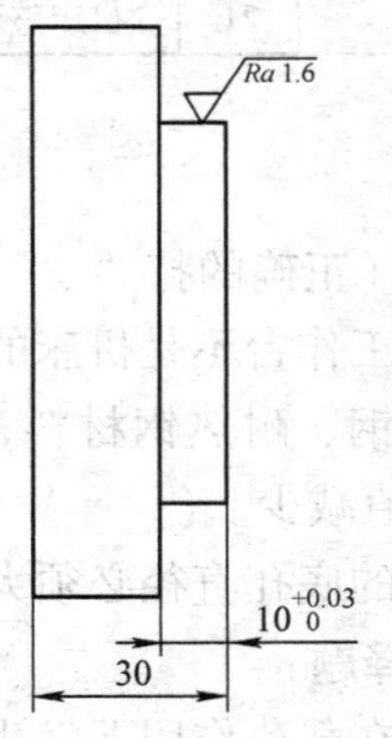

图3-23 旋转底座零件

2. 拓展项目评分标准（见表3-14）

表3-14 拓展项目零件质量评分表

<table>
<tr><td>姓名</td><td colspan="2"></td><td>零件名称</td><td>旋转底座</td><td>加工时间</td><td></td><td>总得分</td><td></td></tr>
<tr><td colspan="2">项目与配分</td><td>序号</td><td>技术要求</td><td>配分</td><td>评分标准</td><td></td><td>检查记录</td><td>得分</td></tr>
<tr><td rowspan="3">工件加工评分(55%)</td><td rowspan="3">外形轮廓</td><td>1</td><td>轮廓圆弧 R5.25(4处)</td><td>8</td><td colspan="2">超差0.01mm扣2分</td><td></td><td></td></tr>
<tr><td>2</td><td>轮廓圆弧 R29.5</td><td>8</td><td colspan="2">超差0.01mm扣2分</td><td></td><td></td></tr>
<tr><td>3</td><td>轮廓尺寸30±0.02</td><td>6</td><td colspan="2">超差0.02mm扣2分</td><td></td><td></td></tr>
</table>

（续）

姓名			零件名称	旋转底座	加工时间		总得分	
项目与配分		序号	技术要求	配分	评分标准		检查记录	得分
工件加工评分(55%)	外形轮廓	4	轮廓尺寸 10.5 ±0.02	10	超差 0.02mm 扣 2 分			
		5	螺纹 3 × M10	9	超差不得分			
		6	轮廓深度 $10^{+0.03}_{0}$	3	超差不得分			
		7	轮廓深度 30	2	超差不得分			
	表面粗糙度	8	轮廓侧面 $Ra1.6\mu m$	5	超差不得分			
		9	轮廓底面 $Ra3.2\mu m$	4	超差不得分			
程序与工艺(25%)		10	程序正确、完整	6	不正确每处扣 1 分			
		11	程序格式规范	5	不规范每处扣 0.5 分			
		12	加工工艺合理	4	不合理每处扣 1 分			
		13	程序参数选择合理	4	不合理每处扣 0.5 分			
		14	指令选用合理	4	不合理每处扣 1 分			
机床操作(15%)		15	零件装夹合理	2	不合理每次扣 1 分			
		16	刀具选择及安装正确	2	不正确每次扣 1 分			
		17	刀具坐标系设定正确	3	不正确每次扣 1 分			
		18	机床面板操作正确	4	误操作每次扣 1 分			
		19	意外情况处理正确	3	不正确每处扣 1.5 分			
安全文明生产(5%)		20	安全操作	2.5	违反操作规程全扣			
		21	机床整理及保养规范	2.5	不合格全扣			

考证要点

一、判断题（正确的打“✓”，错误的打“×”）

1. 数控回转工作台不是机床的一个旋转坐标轴，不能与其他坐标轴联动。（　　）

2. 镗削不锈钢、耐热钢材料，采用极压切削液能减少切削热的影响，提高刀具寿命，使切削表面粗糙值减少。（　　）

3. 铣螺纹前的底孔直径必须大于螺纹标准中规定的螺纹小径。（　　）

二、单项选择题

1. 金属材料在载荷作用下发生变形，当载荷卸除后，变形也完全消失，这种变形称为（　　）变形。

A. 弹性　　B. 塑性　　C. 弹性-塑性　　D. 塑性-弹性

2. 以下四种材料中，塑性最好的是（　　）。

A. 纯铜　　B. 铸铁　　C. 中碳钢　　D. 不锈钢

3. YT5、YT15 等牌号的刀适用加工（　　）。

A. HT150　　B. 45 钢　　C. 黄铜　　D. 铝

三、问答题

在数控加工中，一般固定循环由哪 6 个顺序动作构成？

四、编制出图3-24所示U形座中所有加工部位的程序

1. 计算出图中基点的坐标值。
2. 列出所用刀具和加工顺序。
3. 编制出加工程序。

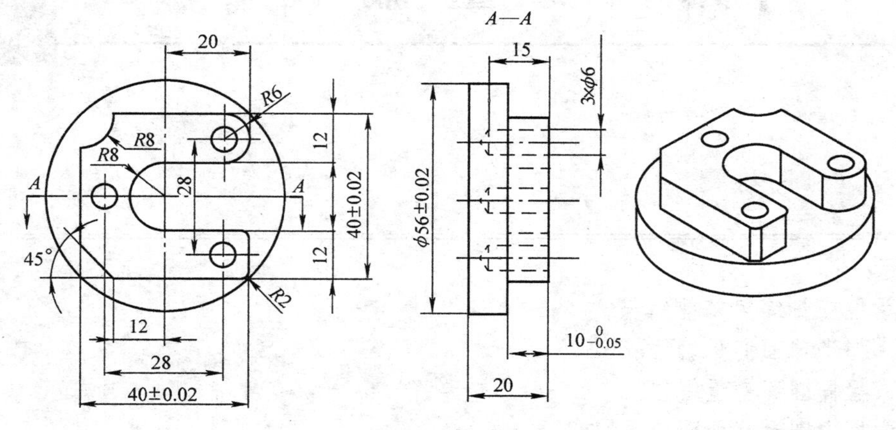

图3-24 试题图

单元4 变 量 编 程

4

知识目标：

1. 掌握变量编程基础知识。
2. 掌握半球面变量编程。
3. 掌握椭圆面变量编程。
4. 掌握方圆过渡曲面变量编程。

技能目标：

1. 了解变量参数的含义，掌握变量的使用方法，能够编写基本的变量程序。
2. 了解球面的加工方法，掌握球面的变量程序编制。
3. 了解椭圆面的加工方法，掌握椭圆面的变量程序编制。
4. 了解方圆过渡面的加工方法，掌握方圆过渡面的变量程序编制。

任务1 变量编程基础知识

 任务描述

在机械零件中，圆周阵列孔是比较常见的一种形式，如图4-1所示。圆周阵列孔规则排列，每行孔的旋转角度一致，每周的孔距相等，本任务将通过变量编程的学习，完成圆周阵列孔的编程与加工。

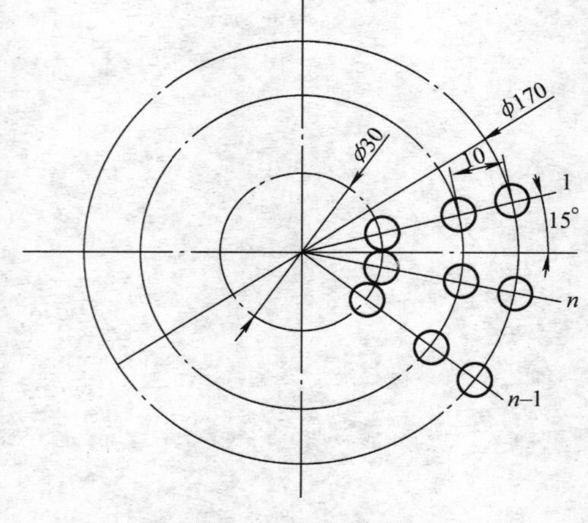

图4-1 圆周阵列孔

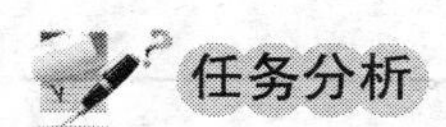

任务分析

在圆周阵列孔的编程与加工中，常采用数学公式建立数学模型，然后用宏程序中的变量赋值、运算、循环及条件语句建立程序运行逻辑关系。在主程序中用 G65 指令调用宏程序及各变量赋值，开始运行孔加工宏程序，进入 WHILE 循环指令，利用数学公式运算出孔位坐标值，然后进入孔加工，最后进行孔数运算，由循环中的条件语句判断是否完成孔加工。

相关知识

1. 编程基本知识

（1）宏程序的简单调用格式　宏程序的简单调用是指在主程序中，宏程序可以被单个程序段多次调用。

调用指令格式：G65　P（宏程序号）L（重复次数）A（变量分配）

G65——宏程序调用指令。

P（宏程序号）——被调用的宏程序代号。

L（重复次数）——宏程序重复运行的次数，重复次数为 1 时，可省略不写。

A（变量分配）——宏程序中使用的变量赋值。

宏程序与子程序相同的一点是，一个宏程序可被另一个宏程序调用，最多可调用 4 重。

宏编程作为程序编制的组成部分，允许使用变量、算术和逻辑运算及条件转移，使得编制同样的程序更简单。例如型腔加工宏程序或用户自己开发的固定循环，可以使用一条简单指令调用用户宏程序：

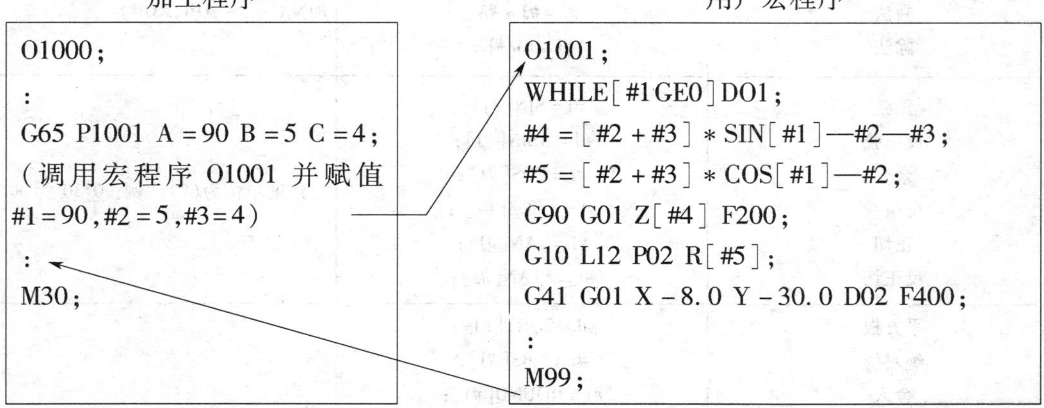

（2）变量　在普通程序中，G 代码和坐标移动直接用数值来指定，例如，G00 和 X10.0。使用用户宏程序时，数值可以采用数值直接表示或用变量指定。变量可以分为四种类型，见表 4-1。

引用变量时直接在地址后指定变量号。当用表达式指定变量时，要把表达式放在括号中。例如：G00 X[#1+#2] F#3；局部变量和公共变量可以为 0 值或下面范围中的值：

-10^{47} 到 -10^{-29}　或　10^{-29} 到 10^{47}

如果计算结果超出该有效范围，则发出 P/S 报警 No. 111。

表 4-1 变量类型

变量号	变量类型	功能
#0	空变量	该变量总是空,没有值能赋值给该变量
#1 ~ #33	局部变量	局部变量只能用在宏程序中存储数据,例如,运算结果。当断电时,局部变量被初始化为空。调用宏程序时,自变量对局部变量赋值
#100 ~ #199 #500 ~ #999	公共变量	公共变量在不同的宏程序中的意义相同。当断电时,变量#100 ~ #199 初始化为空,变量#500 ~ #999 的数据保存,不会丢失
#1000 ~	系统变量	系统变量用于读写 CNC 的各种数据,例如,刀具的当前位置和补偿值

编程中变量的用途有四个：运算；递增量或递减量；与一个表达式比较之后，决定是否实现跳转功能的条件分支；将变量值传送到零件程序中去。

（3）运算符与表达式　表 4-2 中列出的运算可以在变量中执行。运算式的右边可以是常数、变量、函数、式子，式中#J，#K 也可为常量，左边的变量也可以用表达式赋值。

例如：#2 = 175/SQRT[2] * COS[55]

#3 = 124.0;

表 4-2 算术与逻辑运算

功能	格式	备注
定义	#I = #J;	
加法 减法 乘法 除法	#I = #J + #K; #I = #J - #K; #I = #J * #K; #I = #J/#K;	优先级:函数→乘除(* ,/, AND)→加减(+ , - ,OR,XOR)
正弦 反正弦 余弦 反余弦 正切 反正切	#I = SIN[#J]; #I = ASIN[#J]; #I = COS[#J]; #I = ACOS[#J]; #I = TAN[#J]; #I = ATAN[#J];	角度单位为(°)。例:90°30′为 90.5°
平方根 绝对值 舍入 上取整 下取整 自然对数 指数函数	#I = SQRT[#J]; #I = ABS[#J]; #I = ROUND[#J]; #I = FIX[#J]; #I = FUP[#J]; #I = LN[#J]; #I = EXP[#J];	
或 异或 与	#I = #JOR#K; #I = #JXOR#K; #I = #JAND#K;	逻辑运算按二进制执行
从 BCD 转 BIN 从 BIN 转 BCD	#I = BIN[#J]; #I = BCN[#J];	用于与 PMC 的信号交换

（4）转移与循环指令　在程序中，使用 GOTO 语句和 IF 语句可以改变控制的流向，有三种转移和循环操作可供使用：

1）无条件转移（GOTO 语句）。程序执行转移到标有顺序号 n 的程序段，也可以用表达式指定顺序号。

无条件转移（GOTO 语句）格式：GOTO　n；

其中“n”为顺序号（1～99999），例如：GOTO　1；　GOTO　#10；

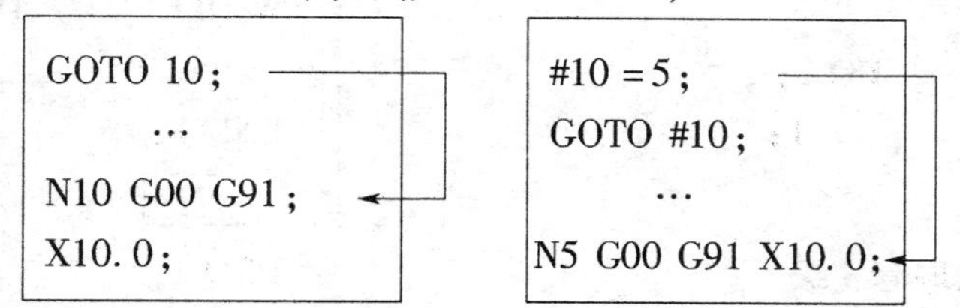

2）条件转移（IF 语句）。条件转移的功能为当指定的条件表达式（见表 4-3）满足时，转移到标有顺序号 n 的程序段；如果指定的条件表达式不满足时，执行下个程序段。

条件转移（IF 语句）格式：IF[<条件表达式>]　GOTO　n；

如果变量#1 的值大于 12 时，转移到标有顺序号 N1 的程序段执行

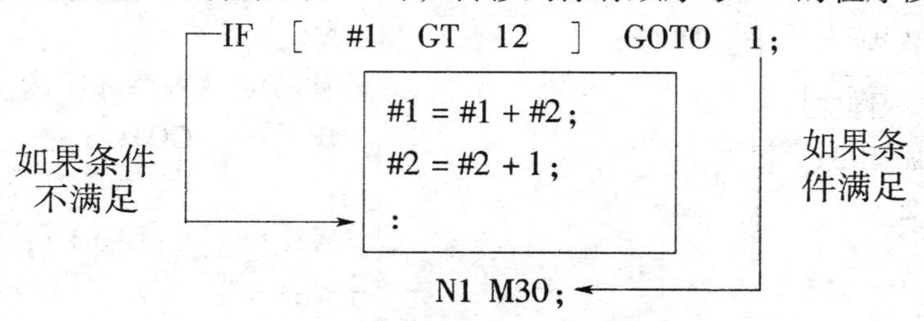

表 4-3　条 件 运 算

运算符	功　能	格　式	运算符	功　能	格　式
EQ	等于	#I EQ #J；	GE	大于且等于	#I GE #J；
NE	不等于	#I NE #J；	LT	小于	#I LT #J；
GT	大于	#I GT #J；	LE	小于且等于	#I LE #J；

3）循环（WHILE 语句）。在 WHILE 后指定一个条件表达式，当指定条件满足时，执行从 DO 到 END 之间的程序，否则转到 END 后的程序段。

循环（WHILE 语句）格式：WHILE[<条件式>]DO m；　（m =1，2，3）

:

ENDm；

如果表达式满足时，执行 WHILE 至 ENDm 之间的程序；如果表达式不满足时，执行 ENDm 后面的程序：

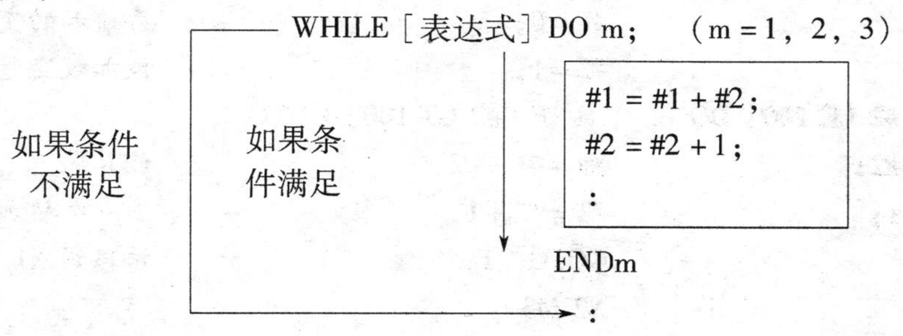

4）嵌套。在 DO—END 循环中的标号（1～3）可根据需要多次使用，但是当程序有交叉重复循环（DO 范围重叠）时，出现 P/S 报警。

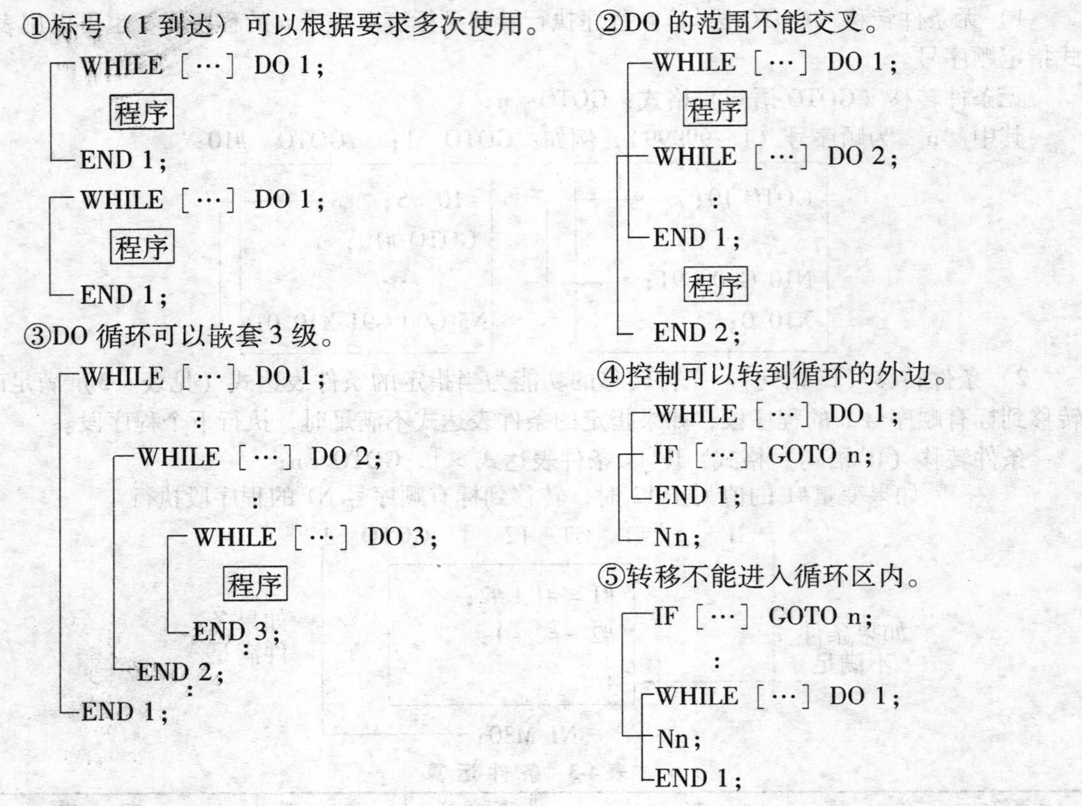

说明：

无限循环：当指定 DO 而没有指定 WHILE 语句时，产生从 DO 到 END 的无限循环。

处理时间：在处理有标号转移的 GOTO 语句时，进行顺序号检索。反向检索的时间要比正向检索长，用 WHILE 语句实现循环可减少处理时间。

未定义的变量：在使用 EQ 或 NE 的条件表达式中，<空>和零有不同的效果，在其他形式的条件表达式中，<空>被当做零。

2. 举例

例 4-1 分别用循环、条件转移语句求 1 到 100 之和。

循环语句	条件转移语句	
O3001；	O3002；	
#1 =0；	#1 =0；	存储和的变量初值
#2 =1；	#2 =1；	被加数变量的初值
WHILE［#2 LE 100］DO 1；	N1 IF［#2 GT 100］GOTO 2；	
#1 =#1 +#2；	#1 =#1 +#2；	计算和
#2 =#2 +1；	#2 =#2 +1；	下一个被加数
END1；	GOTO 1；	转移到 N1
M30；	N2 M30；	

例 4-2 用循环语句完成椭圆变量编程。

椭圆长轴为70mm，短轴为30mm，如图4-2所示。在数控编程加工中，遇到由非圆曲线组成的工件轮廓或三维曲面轮廓时，可以用宏程序或使用参数编程的方法来完成。

当工件的切削轮廓是非圆曲线时，就不能直接用圆弧插补指令来编程。这时可以设想将这一非圆弧曲线轮廓分成若干微小的线段，在每一段微小的线段上做直线插补或圆弧插补来近似表示这一非圆弧曲线。如果分成的线段足够小，则这个近似的曲线就完全能够满足该曲线轮廓的精度要求。

在铣削完整椭圆时，一般使用椭圆的参数方程。如图4-3，以原点为圆心，分别以 a、b（$a>b>0$）为半径作两个圆，点 B 是大圆半径 OA 与小圆半径的交点，过点 A 作 $AN\perp Ox$，垂足为 N，过点 B 作 $BM\perp AN$，垂足为 M，当半径 OA 绕点 O 旋转时，点 M 的轨迹就为刀具路径。

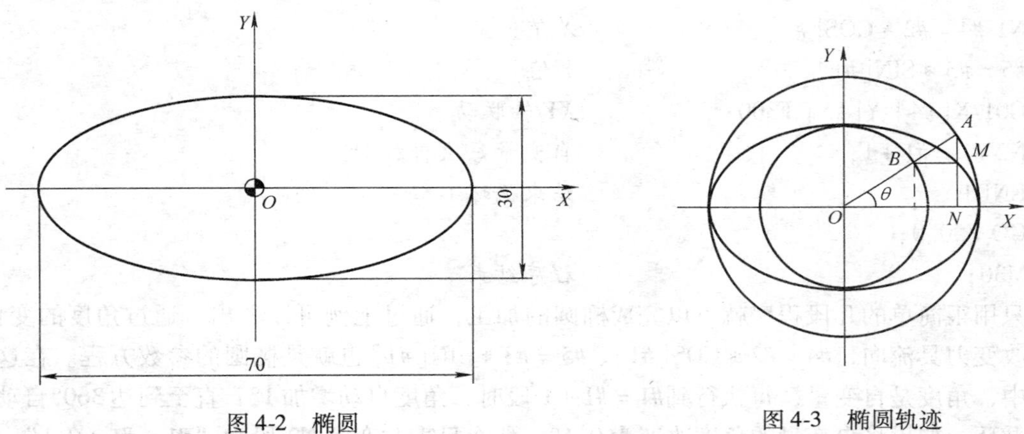

图4-2 椭圆　　　　图4-3 椭圆轨迹

分析：动点 A、B 是如何动的？M 点与 A、B 有什么联系？如何选取参数较恰当？

解：设 M 点坐标为（x，y），$\angle AOx=\theta$，以 θ 为参数，则

$$x=ON=|OA|\cos\theta=a\cos\theta$$

$$y=NM=|OB|\sin\theta=b\sin\theta，即\begin{cases}x=a\cos\theta\\ y=b\sin\theta\end{cases} \quad ①$$

即为点 M 的参数方程，消去①中的 θ 可得 $\dfrac{x^2}{a^2}+\dfrac{y^2}{b^2}=1$

为椭圆的标准方程。由此可知，点 M 的轨迹是椭圆，方程①是椭圆的参数方程。在椭圆的参数方程中，常数 a、b 分别是椭圆的长半轴长和短半轴长，θ 为离心角。

加工路线为起点→90°→180°→270°→0°，以椭圆的参数方程编程，假如现在要加工内形，它的刀具路径如图4-4所示。

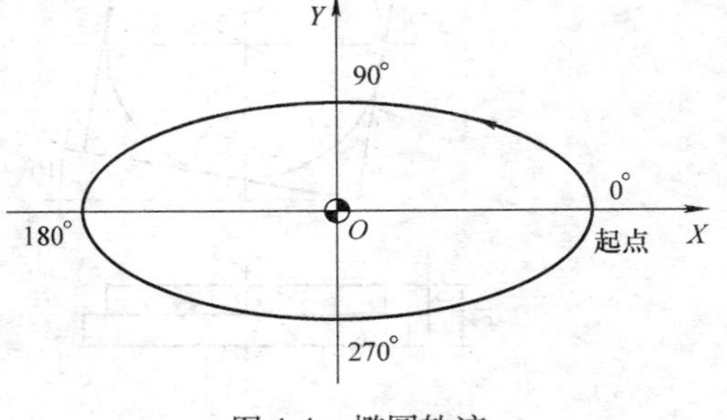

图4-4 椭圆轨迹

用普通算点的方法来加工这个椭圆显然是不科学的，如果采用编程软件（如MasterCAM）来生成这个程序的话（设使用 ϕ10mm 的铣刀，步距取1mm），那么程序长度将在400段左右，对于程序本身的阅读和修改都不是很

方便 ，而且也会过多地占用计算机的内存。使用宏程序的话，那么就可以很容易地解决这个问题，程序如下：

```
O3003;
G54 G00 X40.0 Y-20.0;
G43 Z10.0 H1 S1200 M03;            长度补偿
G01 Z-2.0 F100;
G42 G01 X35.0 Y0 D01;              半径补偿
#1=0;                              将角度设为自变量,赋初值为0
#2=35;                             椭圆长半轴
#3=15;                             椭圆短半轴
WHILE[#1 LE 360 ] DO 1;            循环判断语句
N1 #4=#2*COS[#1];                  X值
#5=#3*SIN[#1];                     Y值
G01 X[#4] Y[#5] F300;              XY轴联动
N2 #1=#1+1;                        自变量每次自加1°
END1                               结束循环1
GO Z50.0;
M30;                               程序结束
```

只用很简单的几段程序就可以完成椭圆的加工，通过上例可以看出，通过角度的变化，可以改变刀具流向，#4=#2*COS[#1]、#5=#3*SIN[#1]也就是椭圆的参数方程。在这个程序中，角度是自变量，每执行到#1=#1+1段时，角度自动增加1°，直至到达360°自动跳转出循环。如果将自变量的角度改变为0.1°，那么只需改变第N2段为“#1=#1+0.1”，椭圆的精度就提高了很多，步距减小了很多，但它的程序长度并没有因此而改变。如果要多次加工此椭圆轮廓，也只需加两条循环语句而已。

上面的程序是依照椭圆的标准参数方程得到的，如果依照标准参数方程编写宏程序，只用短短的几段程序就可以加工出另外的一些曲线，如：圆、渐开线、摆线等。

例4-3 加工圆台与斜方台，各自加工3个循环，要求倾斜10°的斜方台与圆台相切，圆台在方台之上，如图4-5、图4-6所示。

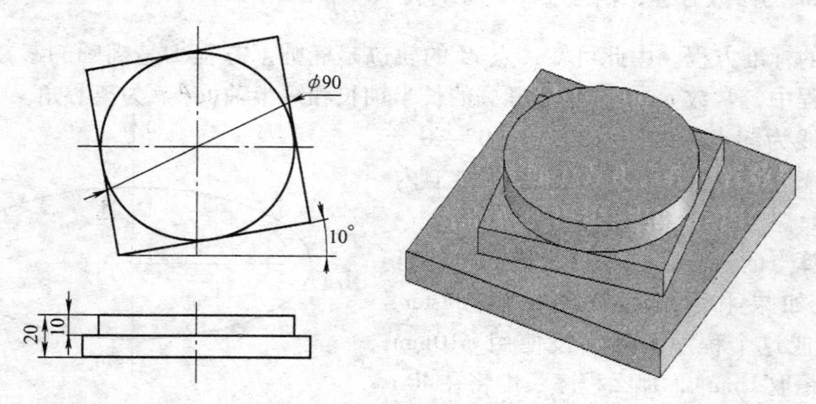

图4-5 圆台与斜方台图

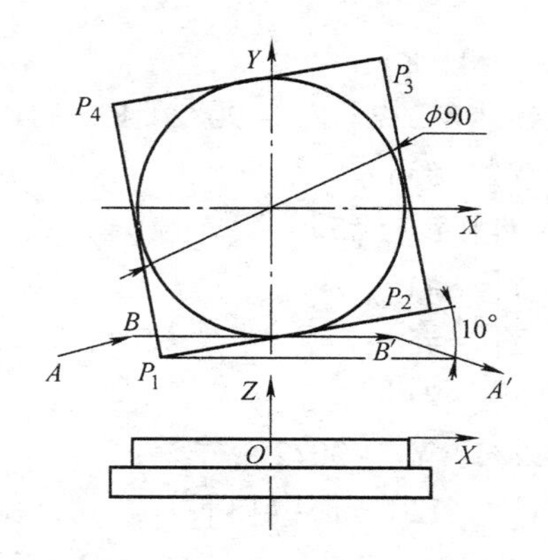

图 4-6 宏程序编制图

参考程序：

```
O8002;
#10 =10.0;                                        圆台阶高度
#11 =10.0;                                        方台阶高度
#12 =124.0;                                       圆外定点的 X 坐标值
#13 =124.0;                                       圆外定点的 Y 坐标值
#101 =8.0;                                        刀具半径偏置(粗加工)
#102 =6.5;                                        刀具半径偏置(半精加工)
#103 =6.0;                                        刀具半径偏置(精加工)
N01 G92 X0 Y0 Z10.0;
#0 =0;
N06 G00 X[ -#12] Y[ -#13];                        →A
N07 G01 Z[ -#10] M03 S600 F200;                   Z 轴进刀,准备加工圆台
WHILE [#0 LT 3 ] DO [08 +#0 * 6];                 加工圆台
N[08 +#0 * 6] G01 G42 X[ -#12/2]                  →B
    Y[ -90/2] F280 D[#0 +101];
N[09 +#0 * 6] X[0] Y[ -90/2];                     →C
N[10 +#0 * 6] G03 J[90/2];                        整圆加工
N[11 +#0 * 6] G01 X[#12/2] Y[ -90/2];             →B′
N[12 +#0 * 6] G40 X[#12] Y[ -#13];                →A′
N[13 +#0 * 6] G00 X[ -#12] Y[ -#13];              →A
#0 =#0 +1;                                        #0 中数值加 1
END [08 +#0 * 6];
N100 Z[ -#10 -#11];                               Z 轴进刀,准备加工斜方台
#2 =90/SQRT[2] * COS[55];                         P1 点坐标(X = -#12,Y = -#13)
#3 =90/SQRT[2] * SIN[55];
#4 =90 * COS[10];                                 P1、P2 间 X 增量为#4, Y 增量为#5
#5 =90 * SIN[10];
#0 =0;
```

```
WHILE [#0 LT 3] DO[101 + #0 * 8];                                    加工斜方台
N[101 + #0 * 8]G01 G42 X[ - #12/2] Y[ - 90/2] F280 D[#0 + 101];      →B
N[102 + #0 * 8] X[ - #2] Y[ - #3];                                   →P1
N[103 + #0 * 8] G91 X[ + #4] Y[ + #5];                               →P2
N[104 + #0 * 8] X[ - #5] Y[ + #4];                                   →P3
N[105 + #0 * 8] X[ - #4] Y[ - #5];                                   →P4
N[106 + #0 * 8] X[ + #5] Y[ - #4];                                   →P1
N[107 + #0 * 8] G90 X[#12/2] Y[ - 90/2];                             →B'
N[108 + #0 * 8]G00 G40 X[ - #12] Y[ - #13];                          →A
#0 = #0 + 1;
END[101 + #0 * 8];
G00 X0 Y0 M05 M30;
```

例 4-4 轮廓分层铣削加工。

当使用刀具半径补偿来完成环切时，不管我们采用何种方式修改刀具半径补偿值，由于受到刀具补偿建立、撤销的限制，它们都存在刀具路径不够简洁，空刀距离较长的问题。

如图 4-7 所示，用#1、#2 表示轮廓左、右和上边界尺寸，编程原点在 *R*30 圆心处，加工起始点放在轮廓右上角（可消除接刀痕）。

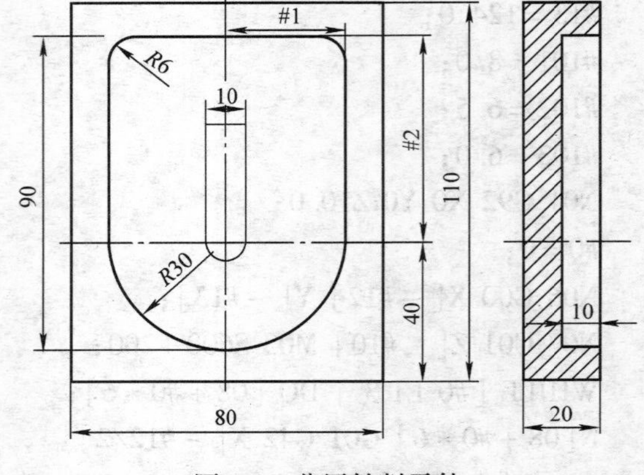

图 4-7 分层铣削零件

对于封闭轮廓的刀具补偿加工程序来说，一般选择轮廓上凸出的角作为切削起点，对内轮廓，如没有这样的点，也可以选取圆弧与直线的相切点，以避免在轮廓上留下接刀痕。在确定切削起点后，再在该点附近确定一个合适的点，来完成刀具补偿的建立与撤销，这个专用于刀具补偿建立与撤销的点就是刀具补偿程序的工步起点，一般情况下也是刀具补偿程序的进刀点。

一般而言，当选择轮廓上凸出的角作为切削起点时，刀具补偿程序的进刀点应在该角的角平分线上（45°方向），当选取圆弧与直线的相切点或某水平/垂直直线上的点作为切削起点时，刀具补偿程序的进刀点与切削起点的连线应与直线部分垂直。在一般的刀具补偿程序中，为缩短空刀距离，进刀点与切削起点的距离比刀具半径略大一点，进刀时刀具与工件不发生干涉即可。但在环切刀具补偿程序中，进刀点与切削起点的距离应大于在上一步骤中确定的最大刀具半径补偿值，以避免产生刀具干涉报警。如图 4-7 所示零件，取 *R*30 圆弧圆心为编程原点，取 *R*30 圆弧右侧端点作为切削起点，如刀具补偿程序仅用于精加工，进刀点取在（22，0）即可，该点至切削起点距离为 8mm。但在环切时，由于前两刀的刀具半径补偿值大于 8mm，建立刀具补偿时，刀具实际运动方向是向左，而程序中指定的运动方向是向右，撤销刀具补偿时与此类似，此时数控系统就会产生刀具干涉报警。因此合理的进刀点应在编程原点（0，0），具体程序如下：

```
%1000;
G54 G90 G00 G17 G40;
Z50.0 M03 S1000;
#4 =30;                          左右边界
#5 =60;                          上边界
#10 =25;                         粗加工刀具中心相对轮廓偏移量(相当于刀
                                 补程序中的刀补值)
#11 =9.25;                       步距
#12 =6;                          精加工刀具中心相对轮廓偏移量(刀具真实
                                 半径)
G00 X[#4 -#10 -2] Y[#5 -#10 -2];
  Z5.0;
G01 Z-10.0   F60;
  G3 X[#1 -2] Y[#2 -2] R2
#20 =2;
WHILE[#20 GE2]DO1;
  WHILE[#10 GE #12]DO2;
    #1 =#4 -#10;                 左右实际边界
    #2 =#5 -#10;                 上边实际边界
    G01 X[#1 -2] Y[#2 -2] F200;
    G03 X#1 Y#2 R2;              圆弧切入到切削起点
    G01 X[ -#1];
        Y0;
    G03 X#1 R#1;
    G01 Y#2;
    #10 =#10 -#11;
    END2;
#10 =#12;
#20 =#20 -1;
END1;
G00 Z50.0;
M30;
```

例 4-5 平面铣削宏程序。

一般来说，行切主要用于粗加工，在手工编程时多用于规则矩形平面、台阶面和矩形下凹加工，对非矩形区域的行切一般用自动编程实现。

如图 4-8 所示，矩形平面一般采用图中所示路径加工，在主切削方向，刀具中心需切削至零件轮廓边；在进给方向上，在起始和终止位置，刀具边沿需伸出工件一定距离，以避免欠切。

假定工件尺寸如图 4-9 所示，采用 ϕ60mm 面铣刀加工，步距 50mm，上、下边界刀具各伸出 10mm。则行切区域尺寸为 800mm×560mm（600mm+10mm×2−60mm）。

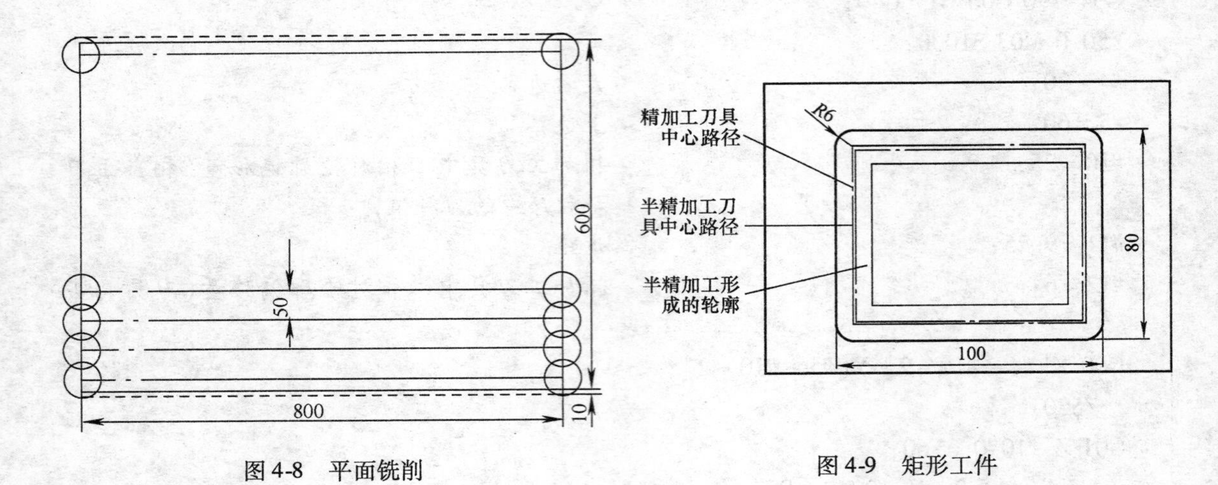

图 4-8　平面铣削

图 4-9　矩形工件

对矩形下凹而言，由于行切只用于去除中间部分余量，下凹的轮廓是采用环切获得的，因此其行切区域为半精加工形成的矩形区域，计算方法与矩形平面类似。

假定下凹尺寸 100mm×80mm，加工圆角 $R6$ 选 ϕ12mm 铣刀，精加工余量 0.5mm，步距 10mm，则半精加工形成的矩形为（100−12×2−0.5×2）mm×（80−12×2−0.5×2）mm =75mm×55mm。如行切上、下边界刀具各伸出 1mm，则实际切削区域尺寸为 75mm×（55+2−12）mm =75mm×45mm。

对于行切刀具路径而言，每来回切削一次，其切削动作形成一种重复，如果将来回切削一次做成增量子程序，则利用子程序的重复可完成行切加工。

（1）切削次数与子程序重复次数计算

1）进给次数 n = 总进给距离/步距 =47/10 =4.5，实际需切削 6 次，进给 5 次。

2）子程序重复次数 $m=n/2=5/2=2$，剩余一次进行补刀。

3）步距的调整：步距 = 总进给距离/切削次数。

（2）说明

1）当实际切削次数约为偶数时，应对步距进行调整，以方便程序编写。

2）当实际切削次数约为奇数时，可加 1 成偶数，再对步距进行调整，或直接将剩下的一次放在行切后的补刀中，此时不需调整步距。

3）由于行切最后一次总是进给动作，故行切后一般需补刀。

如图 4-8 所示零件，坐标原点设在工件中央，进刀点选在左下角点，加工宏程序如下：

●主程序

```
%1000;
G54 G90 G00 G17 G40;
Z50.0 M03 S800;
G65 P9010 A100 B80 C0 D6 Q0.5 K10 X0 Y0 Z-10.0 F150;
G00 Z50.0;
M30;
```

宏程序调用参数说明：

A(#1)B(#2)——矩形下凹的长与宽。

C(#3)——粗精加工标志，C=0，完成粗精加工，C=1，只完成精加工。

D(#7)——刀具半径。

Q(#17)——精加工余量。

K(#6)——步距。

X(#24)Y(#25)——下凹中心坐标。

Z(#26)——下凹深度。

F(#9)——进给速度。

- 宏程序

```
%9010
#4 = #1/2 - #7;                         精加工矩形半长
#5 = #2/2 - #7;                         精加工矩形半宽
#8 = 1;                                 环切次数
IF [#3 EQ 1] GOTO 100;
#4 = #4 - #17;                          半精加工矩形半长
#5 = #5 - #17;                          半精加工矩形半宽
#8 = 2;
N100 G90 G00 X[#24 - #4] Y[#25 - #5];
Z5.0;
G01 Z#26 F#9;
WHILE [#8 GE 1] DO1;
G01 X[#24 - #4] Y[#25 - #5];
  X[#24 + #4];
  Y[#25 + #5];
  X[#24 - #4];
  Y[#25 - #5];
#4 = #4 + #17;
#5 = #5 + #17;
#8 = #8 - 1;
END1;
IF [#3 EQ 1] GOTO 200;                  只进行精加工,程序结束
#4 = #1/2 - 2 * [#7 + #17];             行切左右极限 X 坐标值
#5 = #/2 - 3 * #7 - 2 * #17 + 4;        行切上下极限 Y 坐标值
#8 = - #5;                              进刀起始位置
G01 X[#24 - #4] Y[#25 + #8];
WHILE [#8 LT #5 DO1];                   准备进刀的位置不到上极限时加工
G01 Y[#25 + #8];                        进刀
    X[#24 + #4];                        切削
```

```
#8 = #8 + #6;              准备下一次进刀位置
#4 = - #4;                 准备下一刀终点 X 坐标值
END1;
G01 Y[#25 + #5];           进刀至上极限,准备补刀
    X[#24 + #4];           补刀
G00 Z5.0;
N200 M99;
```

任务准备

1. 毛坯:尺寸为 ϕ200mm × 10mm,45 钢。

2. 工艺方案及加工路线:

1)以底面为主要定位基准,采用压板压紧,固定于工作台上。

2)加工路线:圆周同一角度方向逐一钻孔,变化角度后,再沿同一角度方向逐一钻孔,依次完成。

3)选择机床设备:

根据零件图样加工精度要求,可选用具有两轴半联动的数控铣床或加工中心,如 FANUC0i 系统加工中心。

4)选择刀具:A3 中心钻、钻头等。

任务实施

1. 确定工件坐标系和对刀点

在 *XOY* 平面内确定以工件为中心,*Z* 方向以工件表面为工件原点建立工件坐标系。

2. 参考程序

编制图 4-1 所示圆周阵列孔的程序应分为两步,先把宏程序的基准点设在圆环的中心,角度为 15°直线上的孔为第一步编制的循环钻孔对象(孔深为 10mm),见表 4-4。

表 4-4 第一步加工程序

加工程序	加工程序
O4001;	
G68 X0 Y0 R15.0;	初始排孔旋转角度
G90 G00 X0 Y0 Z5.0;	钻孔初始点
#3 = 1;	记数初始值
#7 = [170 - 30] \2\10;	孔数
WHILE[#3 LE #7] DO1;	循环判断
N1 G91 G81 X10 Y0 Z - 15.0 R5.0 F60;	执行孔加工
#3 = #3 + 1;	记数
END1;	循环结束
M99;	

第二步把圆周方向孔的角度增量变化用宏程序编制,每次角度变化(360*n*)°,变化次数为 *n* 次,程序如下:

加工程序

```
O4002;
G54 G90 G43 G00 Z10
H1;
M03 S800;
G90 G00 X0 Y0 Z5.0;
G65 P4003 A=1 B=n C=1
D=[170-30]\2\10;
(调用宏程序 O1001 并赋值#1=1,#2
=n,#3=1,#7=7)
```

用户宏程序

```
O4003;
WHILE[#1 LE #2] DO 1;
N1 G68 X0 Y0
R[#1*360\#2];
WHILE[#3 LE #7] DO 2;
N2 G91 G81 X10 Y0 Z-15.0 R5
F60;
#3=#3+1;
END2;
#1=#1+1;
G69;
G90 G00 X0 Y0 Z5.0;
```

教你一招：

在孔加工循环中，可以充分利用指令本身的优势，如 G81 X_ Y_ Z_ R_ F_ K_中的循环次数 K_，以上 O4003 程序可以简化为：

```
O4003;
WHILE [#1 LE #2] DO1;
N1 G68 X0 Y0 R [#1*360\ #2];
G91 G81 X10 Y0 Z-15.0 R5 F60 K#7;
#1=#1+1;
G90 G00 X0 Y0 Z5.0;
G69;
END1;
M99;
```

检查评议

零件完成加工后，测量尺寸后，填写零件质量评分表，见表4-5。

表4-5 零件质量评分表

姓名		零件名称	圆周阵列孔	加工时间		总得分	
项目与配分		序号	技术要求	配分	评分标准	检查记录	得分
工件加工评分(55%)	外形轮廓	1	角度15°	9	超差0.01mm扣2分		
		2	孔距10	9	超差0.01mm扣2分		
		3	ϕ30	9	超差0.01mm扣2分		
		4	ϕ170	9	超差0.01mm扣2分		

（续）

姓名		零件名称	圆周阵列孔	加工时间		总得分	
项目与配分		序号	技术要求	配分	评分标准	检查记录	得分
工件加工评分（55%）	外形轮廓	5	深度 10	9	超差 0.01mm 扣 2 分		
	表面粗糙度	6	轮廓侧面 *Ra*1.6μm	5	超差不得分		
		7	轮廓底面 *Ra*3.2μm	5	超差不得分		
程序与工艺（25%）		8	程序正确、完整	6	不正确每处扣 1 分		
		9	程序格式规范	5	不规范每处扣 0.5 分		
		10	加工工艺合理	5	不合理每处扣 1 分		
		11	程序参数选择合理	4	不合理每处扣 0.5 分		
		12	指令选用合理	5	不合理每处扣 1 分		
机床操作（15%）		13	零件装夹合理	2	不合理每次扣 1 分		
		14	刀具选择及安装正确	2	不正确每次扣 1 分		
		15	刀具坐标系设定正确	4	不正确每次扣 1 分		
		16	机床面板操作正确	4	误操作每次扣 1 分		
		17	意外情况处理正确	3	不正确每处扣 1.5 分		
安全文明生产（5%）		18	安全操作	2.5	违反操作规程全扣		
		19	机床整理及保养规范	2.5	不合格全扣		

问题及防治

在宏程序变量赋值中，赋值号两边内容不能随意互换，左边只能是变量，右边只能是表达式。一个赋值语句只能给一个变量赋值，可以多次向同一个变量赋值，新变量值取代原变量值。角度的单位要用浮点表示法，如：30°30′用 30.5°来表示。不能用变量代表的地址符有："O""N"":""/"。其次，辅助功能的变量有最大值限制，比如将 M30 赋值 =300 显然是不合理的。

扩展知识

1. 自变量指定

可用两种形式的自变量指定。自变量指定Ⅰ（表 4-4）使用除了 G、L、O、N 和 P 以外的字母，每个字母指定一次。自变量指定Ⅱ使用 A、B、C 和 Ii、Ji 和 Ki（i 为 1 ~ 10）。根据使用的字母，自动决定自变量指定的类型（见表 4-6）。

表 4-6　自变量指定Ⅰ

地址	变量号	地址	变量号	地址	变量号
A	#1	I	#4	T	#20
B	#2	J	#5	U	#21
C	#3	K	#6	V	#22
D	#7	M	#13	W	#23
E	#8	Q	#17	X	#24
F	#9	R	#18	Y	#25
H	#11	S	#19	Z	#26

①地址 G、L、O、N 和 P 不能在自变量中使用。

②不需要指定的地址可以省略，对应于省略地址的局部变量为空。

③地址不需要按字母顺序指定，但应符合字地址的格式。I、J 和 K 需要按字母顺序指定。

2. 铣削曲面加工路线的分析

铣削曲面时，常用球头立铣刀采用“行切法”进行加工。所谓行切法是指刀具与零件轮廓的切点轨迹是一行一行的，而行间的距离按零件加工精度的要求确定。对于边界敞开的曲面加工，可采用两种加工路线，如图 4-10 所示。对于发动机大叶片，当采用图 4-10a 的加工方案时，每次沿直线加工，刀位点计算简单，程序少，加工过程符合直纹面的形成，可以准确保证母线的直线度。当采用图 4-10b 的加工方案时，符合这类零件数据给出的情况，便于加工后检验，叶形的准确度高，但程序较多。由于曲面零件的边界是敞开的，没有其他表面限制，所以曲面边界可以延伸，球头刀应由边界外开始加工。

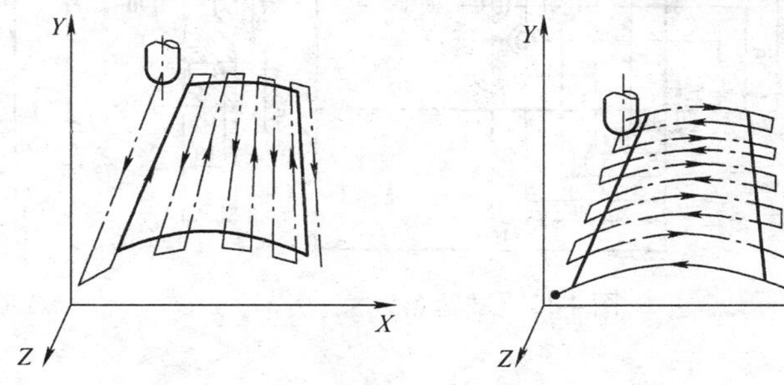

图 4-10 曲面加工的加工路线

考证要点

一、单项选择题

1. 在加工界面内计算刀具中心路径时，若球头立铣刀半径为 R，则球头立铣刀球心距加工表面距离应为________。

A. $R\cos\phi$　　B. $R4\sin\phi$　　C. $R\tan\phi$　　D. $4R2\cos\phi$

2. 非模态调用宏程序的指令是________。

A. G65　　B. G66　　C. G67　　D. G68

3. 用户宏程序功能是数控系统具有各种________功能的基础。

A. 自动编程　　B. 循环编程

C. 人机对话编程　　D. 几何图形坐标变换

4. 用户宏程序最大的特点是（　　）。

A. 完成某一功能　　B. 嵌套　　C. 使用变量　　D. 自动编程

5. 在变量赋值方法 I 中，引数（自变量）B 对应的变量是（　　）。

A. #22　　B. #2　　C. #110　　D. #79

6. 在逻辑运算式中，逻辑运算功能指令 GT 所表示的是（　　）。

A. ≤　　B. <　　C. ≥　　D. >

7. 下面运算指令中不属于逻辑运算的是（　　）。

A. #I = #JOK#K　　　　B. #I = #JXOK#K

C. #I = BIN［#j］　　　　D. #I = JAND#K

二、编程题

1. 根据图 4-11 所示图形，编制加工程序。

2. 根据图 4-12 所示图形，编制加工程序。

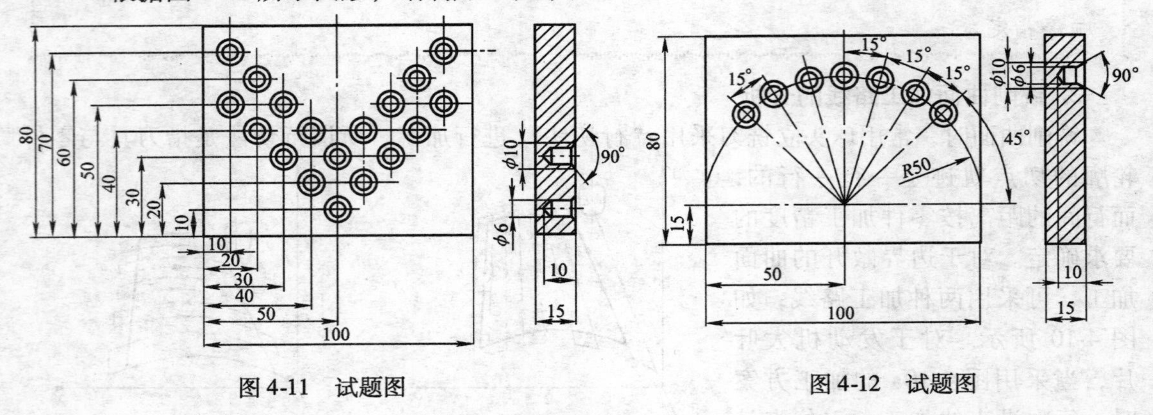

图 4-11　试题图　　　　图 4-12　试题图

任务 2　凸半球面的加工

任务描述

加工如图 4-13 所示的零件，编制相应的加工程序。

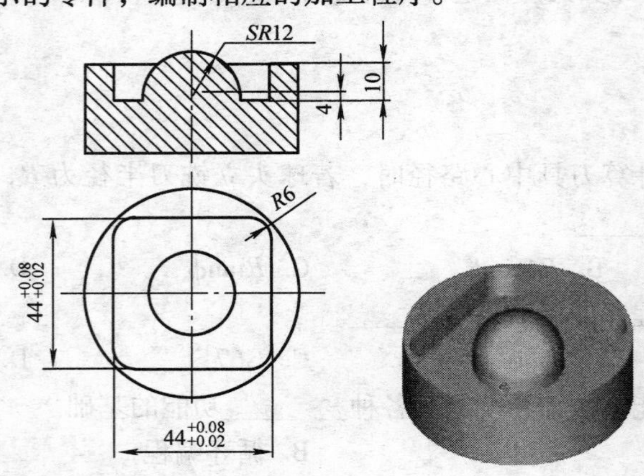

图 4-13　凸半球面零件图和模型

任务分析

根据图样（图 4-13）需加工 $SR12$ 凸半球面，中间挖槽 44mm × 44mm 正方体，四周倒 $R6$ 圆角，公差为 0.06mm，上极限偏差为 + 0.08mm，下极限偏差为 + 0.02mm，深度为 10mm。$SR12$ 半球面下还有 4mm 长的短 $\phi12$mm 圆柱。

相关知识

1. 球面加工使用的刀具

1）粗加工可以使用键槽铣刀或立铣刀，也可以使用球头立铣刀，如图4-14所示。

2）精加工应使用球头立铣刀。

2. 球面加工的刀具路径

1）一般使用一系列水平面截圆球所形成的同心圆来完成进给。

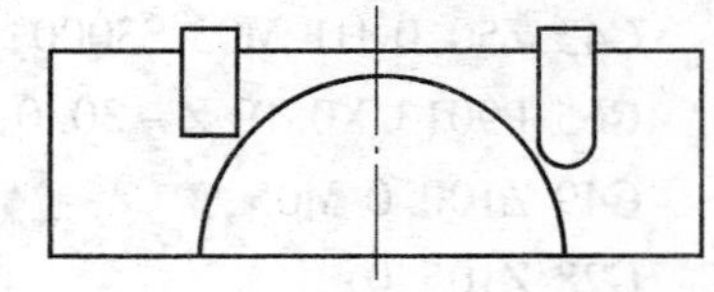

图4-14 球面加工刀具

2）在进给控制上有从上向下进给和从下向上进给两种，一般应使用从下向上进给来完成加工，此时主要利用铣刀侧刃切削，表面质量较好，端刃磨损较小，同时切削力将刀具向欠切方向推，有利于控制加工尺寸。

3. 进刀控制算法

进刀控制算法如图4-15所示。

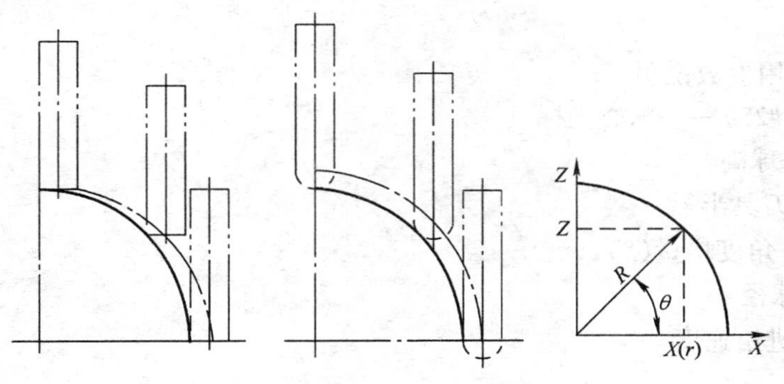

图4-15 进刀控制算法

4. 进刀点的计算

1）先根据允许的加工误差和表面粗糙度，确定合理的Z向进给量，再根据给定加工深度Z，计算加工圆的半径，即：$r=\mathrm{sqrt}\ [R^2-Z^2]$。此算法进给次数较多。

2）先根据允许的加工误差和表面粗糙度，确定两相邻进刀点相对球心的角度增量，再根据角度计算进刀点的r和Z值，即$Z=R\sin\theta$，$r=R\cos\theta$。

5. 刀具路径处理

1）对于立铣刀加工，曲面加工是由刀尖完成的，当刀尖沿圆弧运动时，其刀具中心运动轨迹是一同心的圆弧，只是位置相差一个刀具半径。

2）对于球头立铣刀加工，曲面加工是由球刃完成的，其刀具中心是球面的同心球面，半径相差一个刀具半径。

6. 外球面加工

加工图4-16所示外球面。为对刀方便，宏程序编程原点在球面最高点处，采用从下向上进给方式。立铣刀加工宏程序号为%9013，球头立铣刀加工宏程序号为%9014。具体程序如下：

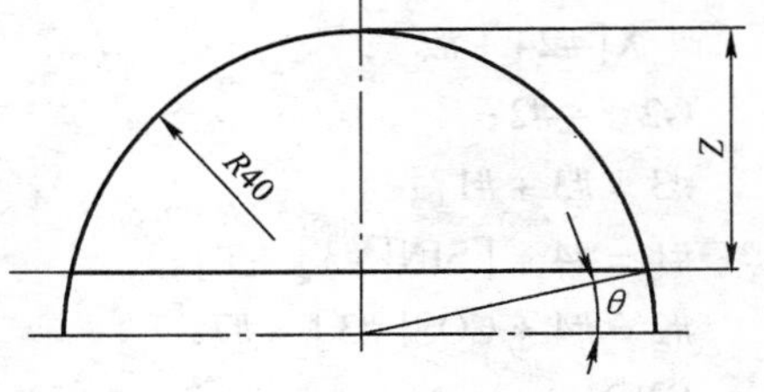

图4-16 外球面

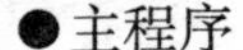主程序

```
%1000;
G91 G28 Z0;
M06 T01;
G54 G90 G0 G17 G40;
G43 Z50.0 H1 M03 S3000;
G65 P9013 X0 T9 Z-30.0 D6 140.5 Q3 F800;
G49 Z100.0 M05;
G28 Z105.0;
M06 T02;
G43 Z50.0 H2 M03 S4000;
G65 P9014 X0 Y0 Z-30.0 D6 I40 Q0.5 F1000;
G49 Z100.0 M05;
G28 Z105.0;
M30;
```

●宏程序调用参数说明

X(#24)/Y(#25)——球心坐标

Z(#26)——球高

D(#7)——刀具半径

Q(#17)——角度增量(°)。

I(#4)——球径

F(#9)——进给速度

●宏程序

```
%9013;
#1=#4+#26;                          进刀点相对球心 Z 坐标
#2=SQRT[#4*#4-#1*#1];               切削圆半径
#3=ATAN#1/#2;                       角度初值
#2=#2+#7;
G90 G0 X[#24+#2+#7+2] Y#25;
    Z5.0;
G1 Z#26 F300;
WHILE [#3 LT 90]DO1;                当进刀点相对水平方向夹角小于90°时加工
G1 Z#1 F#9;
  X[#24+#2];
G2 I-#2;
#3=#3+#17;
#1=#4*[SIN[#3]-1];                  Z=-(R-Rsinθ)
#2=#4*COS[#3]+#7;                   r=Rcosθ+r刀
END1;
G0 Z5.0;
```

```
M99;
%9014;
#1 = #4 + #26;                     中间变量
#2 = SQRT[#4 * #4 - #1 * #1];      中间变量
#3 = ATAN#1/#2;                    角度初值
#4 = #4 + #7;                      处理球径
#1 = #4 * [SIN[#3] - 1];           Z = -(R - Rsinθ)
#2 = #4 * COS[#3];                 r = Rcosθ
G90 G0 X[#24 + #2 + 2] Y[#25];
    Z5;
G1 Z#26 F300;
WHILE [#3 LT 90] DO1;              当角小于90°时加工
G1 Z#1 F#9;
  X[#24 + #2];
G2 I - #2;
#3 = #3 + #17;
#1 = #4 * [SIN[#3] - 1];           Z = -(R - Rsinθ)
#2 = #4 * COS[#3];                 r = Rcosθ
END1;
G0 Z5.0;
M99;
```

任务准备

根据图样的表述，工件材料选用为圆棒料铝合金，外圆已精车且两端面经过精磨，因此，采用等高块、机用虎钳及V形块定位、装夹工件，用光电式寻边器或机械式寻边器确定工件零件的中心点为工件坐标原点（即G54原点）；刀具可选用ϕ8mm的球头立铣刀加工凸半圆面，角度增量选用2°；量具选用：0～150mm游标卡尺分度值为0.02mm、内径千分尺、深度千分尺。

加工工艺步骤（刀具清单见表4-7）：

1）采用ϕ20mm立铣刀铣削ϕ12mm圆柱外形，并且把平面铣削好。

2）采用ϕ8mm键槽铣刀切槽加工。

3）采用ϕ8mm球头立铣刀铣削SR12半球面。

表4-7 刀具清单

工序步骤	刀具号	刀具名称	加工内容	加工深度/mm	参考程序
1	01	ϕ20mm立铣刀	铣ϕ12mm圆柱	6	O1001
2	02	ϕ8mm键槽铣刀	挖槽44mm×44mm四周倒R6圆角的正方体	10	本处省略
		ϕ8mm键槽铣刀	铣ϕ12mm圆柱	4	本处省略
3	03	ϕ8球头立铣刀	铣SR12半球面	12	O1001

任务实施

（1）加工工件操作步骤　工件的装夹→原点参数输入→装夹刀具及刀具长度补偿设置→输入程序→程序模拟→程序试运行→加工工件→尺寸检验→交工件及清扫机床。

（2）铣 ϕ12mm 圆柱加工程序（见表 4-8）

表 4-8　ϕ12mm 圆柱加工程序

加工程序	加工说明
O1001；	铣 ϕ12mm 圆柱
G80 G17 G21；	取消指令
G91 G30 Z0；	返回第二参考点
T01；	寻找 01 号刀具
M06；	换 01 号刀具
G00 G90 G54 X50.0 Y15.0；	刀具定位到原点
G43 H3 Z5.0 M3 S3000；	刀具长度补偿，主轴正转
G01 Z-6.0 F200；	工件的铣削深度
G01 G41 X37.0 Y15.0 D1；	刀具半径左补偿
G03 X12.0 Y0 R15.0；	圆弧切入
G02 I-12.0；	整圆铣削
G03 X37.0 Y-15.0 R15.0；	圆弧切出
G00 Z50.0；	Z 轴定位
G00 G40 X50.0 Y0；	取消刀具半径补偿
G91 G30 Z0 M05；	返回第二参考点
M30；	程序结束

（3）在凸半球面上某点球头立铣刀刀位加工的示意图（图 4-17）

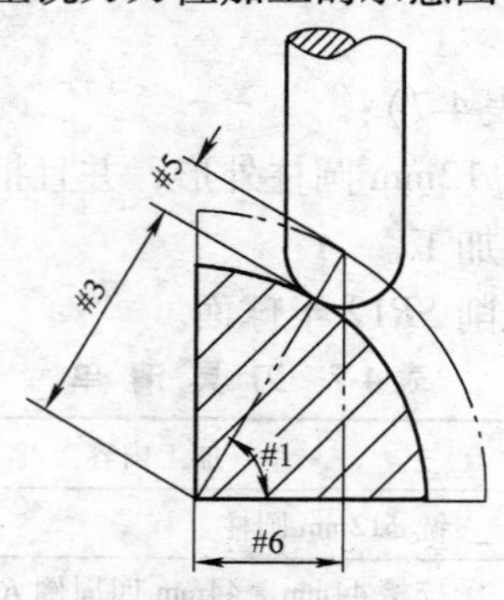

图 4-17　刀位示意图

（4）凸半球面加工程序（见表 4-9，球头立铣刀加工法）

表4-9　凸半球面加工程序

加工程序	加工说明
O1003;	铣 SR12mm 凸半球面
G80 G17 G21;	取消指令
G91 G30 Z0;	返回第二参考点
T03;	寻找03号刀具
M06;	换03号刀具
G00 G90 G54 X0 Y0;	刀具定位到原点
G43 H3 Z5.0 M03 S3000;	刀具长度补偿，主轴正转
#1 =90;	起始角度
#2 =0;	终止角度
#3 =12;	半圆球半径
#4 =2;	角度增量
#5 =4;	球头立铣刀半径
WHILE[#1 GE #2] D01;	当#1≥0执行循环1
#6 =[#3 +#5] * COS[#1];	X的坐标值
#7 =[#3 +#5] * SIN[#1] -#3 -#5;	Z坐标值
G01 X#6 F600;	刀具X轴切削
G01 Z#7;	刀具Z轴切削
G02 I -#6;	刀具圆周切削
#1 =#1 -#4;	角度递减
END1;	循环结束
G00 Z50.0;	刀具Z轴定位
G91 G30 Z0 M05;	返回第二参考点
M30;	程序结束

检查评议

零件完成加工后，测量尺寸后，填写零件质量评分表，见表4-10。

表4-10　零件质量评分表

姓名		零件名称	凸半球面		加工时间		总得分
项目与配分		序号	技术要求	配分	评分标准	检查记录	得分
工件加工评分（55%）	外形轮廓	1	轮廓长度 $44^{+0.08}_{+0.02}$（4处）	12	超差0.01mm扣2分		
		2	深度10	9	超差0.01mm扣2分		
		3	深度4	9	超差0.01mm扣2分		
		4	SR12凸圆弧	9	半径样板检查不合格扣6分		
		5	圆角R6	6	超差不得分		
	表面粗糙度	6	轮廓侧面 Ra1.6μm	5	超差不得分		
		7	轮廓底面 Ra3.2μm	5	超差不得分		

（续）

姓名		零件名称	凸半球面		加工时间		总得分	
项目与配分	序号	技术要求		配分	评分标准		检查记录	得分
程序与工艺（25%）	8	程序正确、完整		6	不正确每处扣1分			
	9	程序格式规范		5	不规范每处扣0.5分			
	10	加工工艺合理		5	不合理每处扣1分			
	11	程序参数选择合理		4	不合理每处扣0.5分			
	12	指令选用合理		5	不合理每处扣1分			
机床操作（15%）	13	零件装夹合理		2	不合理每次扣1分			
	14	刀具选择及安装正确		2	不正确每次扣1分			
	15	刀具坐标系设定正确		4	不正确每次扣1分			
	16	机床面板操作正确		4	误操作每次扣1分			
	17	意外情况处理正确		3	不正确每处扣1.5分			
安全文明生产(5%)	18	安全操作		2.5	违反操作规程全扣			
	19	机床整理及保养规范		2.5	不合格全扣			

问题及防治

1. 对刀的问题

当用球头立铣刀铣削凸半球面时，对刀要非常精确，不然在凸半球面上会留下一小段圆平面，或是过多地切除了工件的余量。

2. 增量角度的问题

递减角度越小时，加工出来的表面粗糙度值越小，工件形状精度越高，但加工时间也越长。

扩展知识

根据以上例题，当采用立铣刀编程时，编程加入半径补偿（G41/G42）有利于简化编程内容，同时修改半径补偿值可以较方便地保证工件的工件形状精度；缺点是角度增量不能增加太大，加工时间长，得到的工件表面粗糙度值较高。在圆球面上用立铣刀加工示意图如图4-18所示。

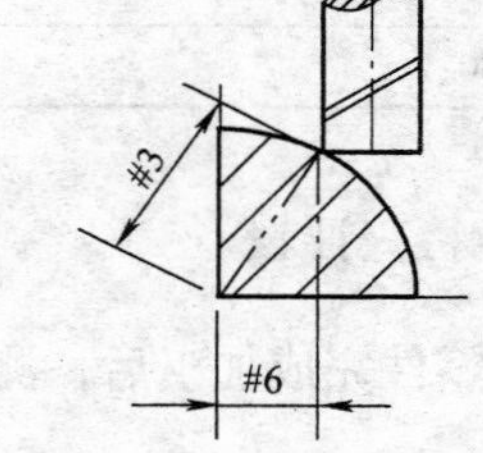

图4-18　在圆球面上立铣刀位加工示意图

加工参考程序（见表4-11，立铣刀加工法）

表4-11　加工参考程序

加工程序	加工说明
O1004；	铣 *SR*12mm 凸半球面
G80 G17 G21；	取消指令
G91 G30 Z0 ；	返回第二参考点
T04；	寻找04号刀具

（续）

加工程序	加工说明
M06;	换04号刀具
G00 G90 G54 X20.0 Y0;	刀具定位到原点
G43 H3 Z5.0 M03 S3000;	刀具长度补偿，主轴正转
#1 =90;	起始角度
#2 =0;	终止角度
#3 =12;	半圆球半径
#4 =2;	角度增量
WHILE[#1 GE #2] DO1;	当#1≥0执行循环1
#6 =#3 * COS[#1];	*X*的坐标值
#7 =#3 * SIN[#1] -#3;	*Z*坐标值
G01 G41 X#6 F600 D1;	刀具半径左补偿，刀具*X*轴切削
G01 Z#7;	刀具*Z*轴切削
G02 I-#6 F1200;	刀具圆周切削
G01 G40 X30.0 F2000;	取消刀具半径补偿
#1 =#1 -#4;	角度递减
END1;	循环结束
G00 Z50.0;	刀具*Z*轴定位
G91 G30 Z0 M05;	返回第二参考点
M30;	程序结束

任务3 凹半球面的加工

任务描述

根据上一个凸半球面的任务，铣削与图4-13相配合的凹半球面（图4-19），编制相应的加工程序。

任务分析

根据图样（图4-19）需加工*SR*12mm凹半球面，外形尺寸为44mm×44mm正方体，四周倒*R*6mm圆角，公差为0.05mm，上极限偏差为-0.03mm，下极限偏差为-0.08mm，铣削层深度为10mm，还有*SR*12mm内凹半球面。

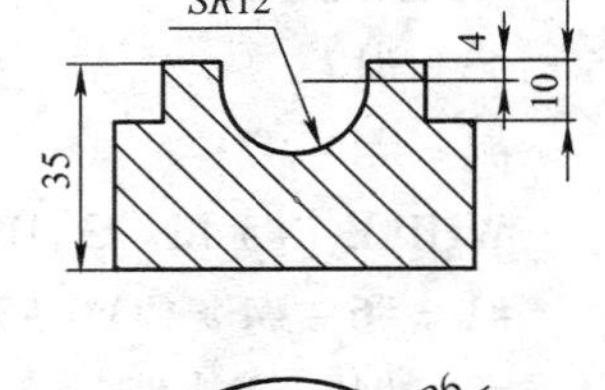

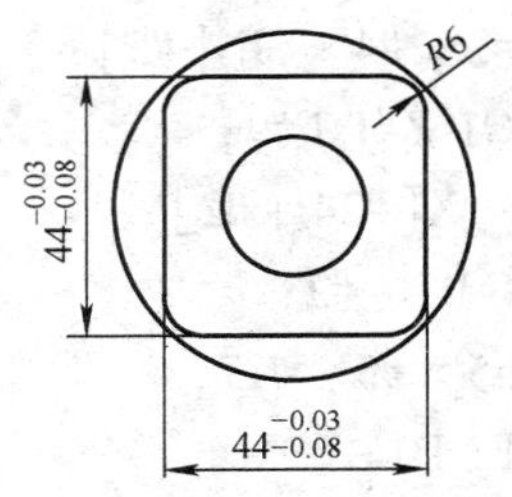

图4-19 凹半球面零件

相关知识

加工图4-20所示内球面。为对刀方便，宏程序编程原点在球面最高处中心，采用从下向上进刀方式。其主程序和宏程序调用参数与图4-13中示例相同，本例不再给出。立铣刀加工宏程序号为%9015，球头立铣刀加工宏程序号为%9016，具体程序如下：

```
%9015;
#6 = #4 + #26;                     球心在原点之上的高度
#8 = SQRT[#4 * #4 - #6 * #6];      中间变量
#3 = 90 - ATAN[#6]/[#8];           加工终止角
#8 = SQRT[#4 * #4 - #7 * #7];
#5 = ATAN[#7]/[#8];                加工起始角
G90 G0 X#24 Y#25;                  加工起点
    Z5.0;
G1 Z[#6 - #8]F50;
#5 = #5 + #17;
WHILE [#5 LE #3]DO1;               角度小于等于终止角时加工
#1 = #6 - #4 * COS[#5];            Z
#2 = #4 * SIN[#5] - #7;            X
G1 Z#1 F#9;
  X[#24 + #2];
G3 I - #2;
#5 = #5 + #17;
END1;
G0 Z5.0;
M99;
%9016;
#6 = #4 + #26;                     球心在原点之上的高度
#8 = SQRT[#4 * #4 - #6 * #6];      中间变量
#3 = 90 - ATAN[#6]/[#8];           加工终止角
G90 G0 X#24 Y#25;                  加工起点
    Z5.0;
G1 Z#26 F50;
#5 = #17;
#4 = #4 - #7;
WHILE [#5 LE #3]DO1;               角度小于等于终止角时加工
#1 = #6 - #4 * COS[#5];            Z
#2 = #4 * SIN[#5];                 X
G1 Z#1 F#9;
  X[#24 + #2];
G3 I - #2;
#5 = #5 + #17;
END1;
G0 Z5.0;
```


图 4-20　内球面

M99;

任务准备

1. 基础知识

根据图样的表述，工件材料选用铝合金圆棒料，外圆已精车且两端面经过精磨，因此，采用等高块、机用虎钳及V形块定位、装夹工件，用光电式寻边器或机械式寻边器确定工件零件的中心点为工件坐标原点（即G54原点）；刀具可选用ϕ8mm的球头立铣刀加工凹半圆面，角度增量选用2°；量具选用：0~150mm游标卡尺（分度值为0.02mm）、内径千分尺、深度千分尺。

2. 加工工艺步骤（刀具清单见表4-12）

表4-12 刀具清单

工序步骤	刀具号	刀具名称	加工内容	加工深度/mm	参考程序
1	T01	ϕ20mm立铣刀	铣外形44mm×44mm、四周倒*R*6圆角的正方体	10	本处省略
2	T02	ϕ8mm球头立铣刀	铣*SR*12mm半球面	12	O1001

任务实施

（1）加工工件操作步骤　工件的装夹→原点参数输入→装夹刀具及刀具长度补偿设置→输入程序→程序模拟→程序试运行→加工工件→尺寸检验→交工件及清扫机床，如图4-21所示。

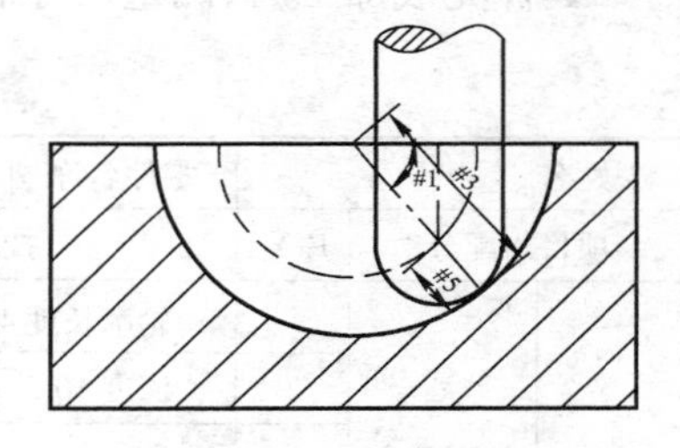

图4-21　加工工件操作步骤

（2）凹半球面加工程序（见表4-13球头立铣刀加工法）

表4-13 凹半球面加工程序

加工程序	加工说明
O1001;	球头立铣刀*SR*12mm凹半球面
G80 G17 G21;	取消指令
G91 G30 Z0;	返回换刀点
T02;	寻找02号刀具
M06;	换02号刀具
G00 G90 G54 X0 Y0;	刀具定位到原点
G43 H2 Z5.0 M03 S3000;	刀具长度补偿,主轴正转
#1 =8;	起始角度
#2 = -90;	终止角度
#3 =12;	半圆球半径
#4 =2;	角度增量
#5 =4;	球头立铣刀半径
WHILE[#1 GE #2] DO1;	当#1≥0执行循环1

（续）

加工程序	加工说明
#6 = [#3 - #5] * COS[#1];	*X* 的坐标值
#7 = [#3 - #5] * SIN[#1] - #5 ;	*Z* 坐标值
G01 X#6 F600;	刀具 *X* 轴切削
G01 Z#7 ;	刀具 *Z* 轴切削
G02 I - #6;	刀具圆周切削
#1 = #1 - #4;	角度递减
END1;	循环结束
G00 Z50. 0;	刀具 *Z* 轴定位
G91 G30 Z0 M05;	返回换刀点
M30;	程序结束

检查评议

零件完成加工后，测量尺寸后，填写零件质量评分表，见表 4-14。

表 4-14　零件质量评分表

姓名			零件名称	凹半球面		加工时间		总得分	
项目与配分		序号	技术要求		配分	评分标准		检查记录	得分
工件加工评分（55%）	外形轮廓	1	轮廓长度 $44^{+0.03}_{+0.08}$		12	超差 0.01mm 扣 2 分			
		2	深度 10		9	超差 0.01mm 扣 2 分			
		3	深度 4		9	超差 0.01mm 扣 2 分			
		4	*SR*12 凸圆弧		9	半径样板检查不合格扣 6 分			
		5	圆角 *R*6		6	超差不得分			
	表面粗糙度	6	轮廓侧面 *Ra*1. 6μm		5	超差不得分			
		7	轮廓底面 *Ra*3. 2μm		5	超差不得分			
程序与工艺（25%）		8	程序正确、完整		6	不正确每处扣 1 分			
		9	程序格式规范		5	不规范每处扣 0.5 分			
		10	加工工艺合理		5	不合理每处扣 1 分			
		11	程序参数选择合理		4	不合理每处扣 0.5 分			
		12	指令选用合理		5	不合理每处扣 1 分			
机床操作（15%）		13	零件装夹合理		2	不合理每次扣 1 分			
		14	刀具选择及安装正确		2	不正确每次扣 1 分			
		15	刀具坐标系设定正确		4	不正确每次扣 1 分			
		16	机床面板操作正确		4	误操作每次扣 1 分			
		17	意外情况处理正确		3	不正确每处扣 1.5 分			
安全文明生产（5%）		18	安全操作		2. 5	违反操作规程全扣			
		19	机床整理及保养规范		2. 5	不合格全扣			

问题及防治

根据上题例子可以看出，采用的加工方法相当于自动编程里轮廓铣精加工命令，等高轮廓铣主要用于大弧度曲面的精加工，对于凹半球面来说就是大弧度曲面，由于本例未给出表面粗糙度值，加工余量并不大，所以本程序就使用等高轮廓铣，一次完成凹半球面加工，如果加工精度要求高时，或是加工余量较大时，工艺安排时可采用一次粗加工后再精加工轮廓，这样有利于提高工件的形状精度。

任务4 凸、凹球面配合件的加工

任务描述

加工图4-22所示零件，编制相应的加工程序。

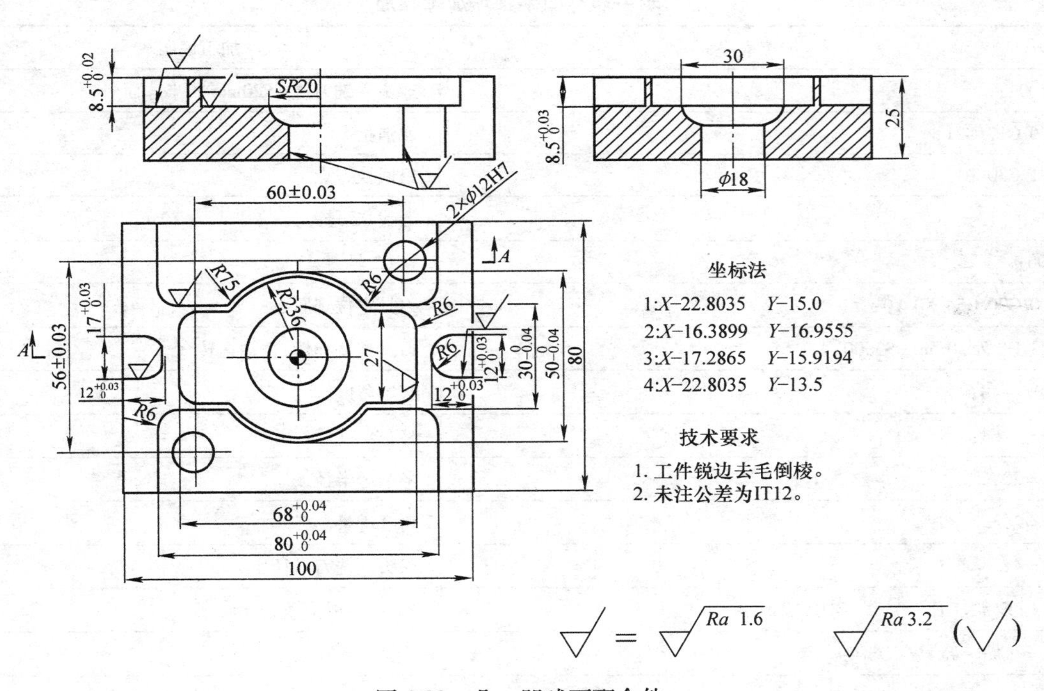

图4-22 凸、凹球面配合件

任务分析

图4-22中对配合件的位置精度、形状精度、表面粗糙度都有严格的要求。本图形精度要求主要有如下尺寸：$68^{+0.04}_{0}$、$80^{+0.04}_{0}$、$30^{0}_{-0.04}$、$50^{0}_{-0.04}$、*SR*20、$17^{+0.03}_{0}$、$12^{+0.03}_{0}$、$8.5^{+0.03}_{0}$、60±0.03、56±0.03这些尺寸直接影响工件的配合精度，在操作时特别注意控制以上尺寸。表面粗糙度要求较高的为*Ra*1.6μm，其余表面粗糙度控制在*Ra*3.2μm。

任务准备

根据图样的表述，工件材料选用100mm×80mm×50mm铝合金，且六面经过精磨，因此，采用等高块及精密机用平口钳装夹工件，用光电式寻边器或机械式寻边器确定工件零件的中心点为工件坐标原点（即G54原点）；刀具可选用ϕ8mm的球头立铣刀加工凸椭圆面，角度增量选用2°；量具选用：0～150mm游标卡尺（分度值为0.02mm）、内径指示表、内径千分尺、外径千分尺、深度千分尺。

任务实施

（1）加工工件操作步骤　工件的装夹→原点参数输入→装夹刀具及刀具长度补偿设置→输入程序→程序模拟→程序试运行→加工工件→尺寸检验→交工件及清扫机床。

（2）凹半圆球加工程序（见表4-15）

表4-15　凹半圆球加工程序

加工程序	加工说明
O1001；	球头立铣刀铣SR20mm凹半球面
G80 G17 G21；	取消指令
G91 G30 Z0；	返回换刀点
T02；	寻找02号刀具
M06；	换02号刀具
G00 G90 G54 X0 Y0；	刀具定位到原点
G43 H2 Z5.0 M03 S3000；	刀具长度补偿，主轴正转
#1 = -48；	起始角度
#2 = -64；	终止角度
#3 =20；	半圆球半径
#4 =2；	角度增量
#5 =4；	球头立铣刀半径
WHILE[#1 GE #2] DO1；	当#1≥0执行循环1
#6 = [#3 - #5] * COS[#1]；	X的坐标值
#7 = [#3 - #5] * SIN[#1] - #5；	Z坐标值
G01 X#6 F600；	刀具X轴切削
G01 Z#7；	刀具Z轴切削
G02 I - #6；	刀具圆周切削
#1 = #1 - #4；	角度递减
END1；	循环结束
G00 Z50.0 ；	刀具Z轴定位
G91 G30 Z0 M05；	返回换刀点
M30；	程序结束

零件完成加工后，测量尺寸后，填写零件质量评分表，见表4-16。

表4-16 零件质量评分表

姓名		零件名称	凸、凹球面配合件	加工时间		总得分	
项目与配分		序号	技术要求	配分	评分标准	检查记录	得分
工件加工评分（55%）	外形轮廓	1	轮廓长度$68^{+0.04}_{0}$	5	超差0.01mm扣2分		
		2	轮廓长度$80^{+0.04}_{0}$	5	超差0.01mm扣2分		
		3	轮廓宽度$30^{0}_{-0.04}$	5	超差0.01mm扣2分		
		4	*SR*20	5	超差0.01mm扣2分		
		5	轮廓宽度$50^{0}_{-0.04}$	5	超差0.01mm扣2分		
		6	$17^{+0.03}_{0}$	5	超差不得分		
		7	$12^{+0.03}_{0}$	5	超差不得分		
		8	$8.5^{+0.03}_{0}$	5	超差不得分		
		9	60±0.03	5	超差不得分		
		10	56±0.03	5	超差不得分		
	表面粗糙度	11	*Ra*1.6μm	3	超差不得分		
		12	*Ra*3.2μm	2	超差不得分		
程序与工艺（25%）		13	程序正确、完整	6	不正确每处扣1分		
		14	程序格式规范	5	不规范每处扣0.5分		
		15	加工工艺合理	5	不合理每处扣1分		
		16	程序参数选择合理	4	不合理每处扣0.5分		
		17	指令选用合理	5	不合理每处扣1分		
机床操作（15%）		18	零件装夹合理	2	不合理每次扣1分		
		19	刀具选择及安装正确	2	不正确每次扣1分		
		20	刀具坐标系设定正确	4	不正确每次扣1分		
		21	机床面板操作正确	4	误操作每次扣1分		
		22	意外情况处理正确	3	不正确每处扣1.5分		
安全文明生产（5%）		23	安全操作	2.5	违反操作规程全扣		
		24	机床整理及保养规范	2.5	不合格全扣		

1. G10指令的使用

宏程序指令适合抛物线、椭圆、双曲线等没有插补指令的曲线编程；适合图形一样，只是尺寸不同的系列零件的编程；适合工艺路径一样，只是位置参数不同的系列零件的编程。较大地简化编程；扩展应用范围。

对于形状规则、简单、节点较少的零件，采用手工编程可以很方便地解决。比如圆台和圆周等分、矩阵等分的孔的加工，可以采用系统提供的相关指令和固定循环程序来解决，对于一些较复杂的零件，也可以通过如旋转、镜像、缩放等简化编程或通过子程序来编写加工程序，以此来达到简化程序的目的。但对于很多形状相同而尺寸不同的零件，含有非圆曲线、三维轮廓圆角、倒角及曲面的零件，采用一般的编程方法就有一定的难度，宏程序可以很好地解决这些问题，并能减少编程时间，降低或消除编程错误，提高编程效率和产品质量。

以圆台轮廓倒圆角为例，如图4-23所示，圆台圆角在 *XY* 平面上的投影均为形状相同尺寸不同的圆，在 *XZ* 平面投影为 *R*5mm 的四分之一圆弧，通过分析可以确定刀具路径，在 *XY* 平面工艺路径为圆弧曲线（图4-23a），在 *XZ* 平面工艺路径为 *R*5 的四分之一圆弧（图4-23b），*XY* 平面编程指令可以用：

G02 X25.0 Y0 I-25.0 J0;

指令来完成刀具路径，在 *XZ* 平面可以改变刀具中心线到加工侧轮廓的法向距离的方式，配合 *Z* 值变化，完成圆台轮廓圆角。

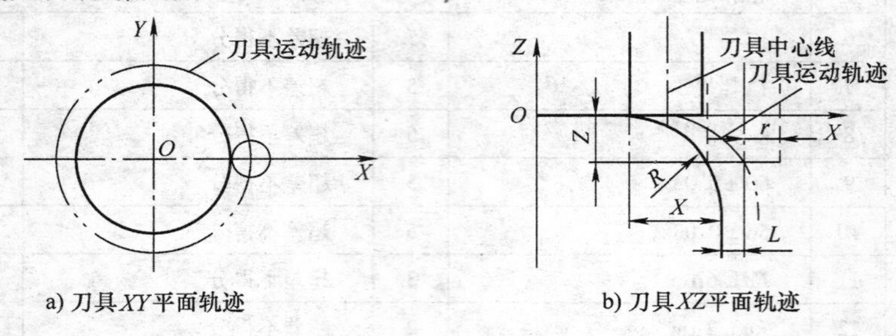

a) 刀具 *XY* 平面轨迹　　b) 刀具 *XZ* 平面轨迹

图4-23　刀具路径

在 *XZ* 平面中对于圆弧 *R*，可设 *X* 为函数，半径为 *R*（图4-23b），列方程式

$$X=\sqrt{R^2-Z^2} \tag{1}$$

同时，刀具中心线到加工侧轮廓的法向距离 *L* 满足下列方程

$$L=r-X\text{（当刀具半径趋近于零时，}L\text{ 即为圆弧 }R\text{ 的 }X\text{ 值）} \tag{2}$$

把式(1)代入式(2)，刀具中心线到加工侧轮廓的法向距离 *L* 可以用数学方程式(3)来表达

$$L=r-\sqrt{R^2-Z^2} \tag{3}$$

式中　*r* 为刀具半径，*R* 为圆角的半径，*Z* 为 *Z* 方向变化量。下面以数控变量来表达(3)式

#4 = #3 - SQRT[#2 * #2 - #1 * #1]　　(4)

式中，#1——*Z* 值变化量；#2——圆角半径 *R*；#3——刀具半径 *r*；#4——刀具中心线到加工侧轮廓的法向距离 *L*；SQRT——开方。

现在大部分数控系统都有可编程参数输入功能，如 FANUC 数控系统 G10 指令，该指令可以用程序对工件坐标、刀具长度和刀具半径偏置，通过 G10 指令，可以很方便地把刀具半径补偿的变化一次次地输入到刀偏表中。

G10 指令的编程格式如下：G10 L__ P__ R__;

其中，L——补偿方式；10~13——分别对应刀具长度的几何补偿、刀具长度的磨损补偿、刀具半径的几何补偿和刀具半径的磨损补偿；P——刀具补偿号；R——刀具补偿量。

在 G90 有效时，R 后的数值直接输入到相应的位置，G91 有效时，R 后的数值与对应补偿号里的数据叠加并替换原来的数据，通过 G10 L12 P01 R#4。指令就可以把刀具半径变化量（即刀具中心线到加工侧轮廓的法向距离变化）输入到刀具半径的几何补偿表中 01 号刀具补偿里。

同理，用立铣刀倒轮廓直角和球头立铣刀倒轮廓圆直角的变量和计算方法见表 4-17：

表 4-17　三维倒角变量赋值和计算

图　例	变量赋值和计算分析
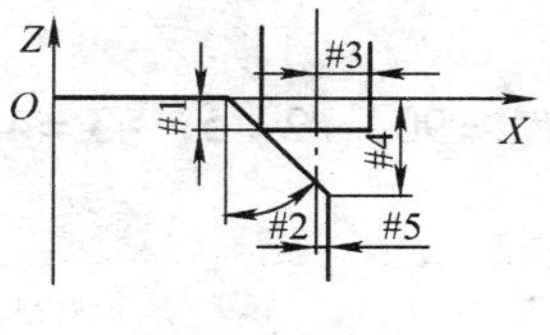	#1：深度变量；#2：倒角角度；#3：铣刀半径；#4：倒角深度；#5：刀具中心线到已加工侧轮廓的法向距离，#5 = #3 + #1 * TAN［#2］ − #4 * TAN［#2］
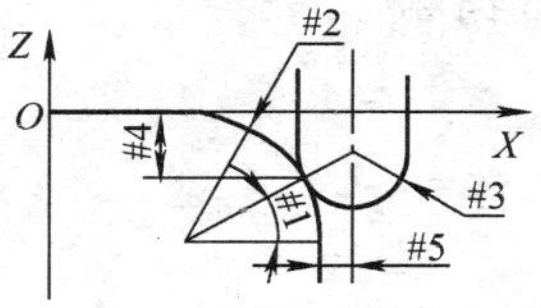	#1：角度变量；#2：圆角半径；#3：球头立铣刀半径；#4：Z 值变化量，#4 =［#2 + #3］ * SIN［#1］ − #2 − #3；#5：刀具中心线到已加工侧轮廓的法向距离，#5 =［#2 + #3］ * COS［#1］ − #2
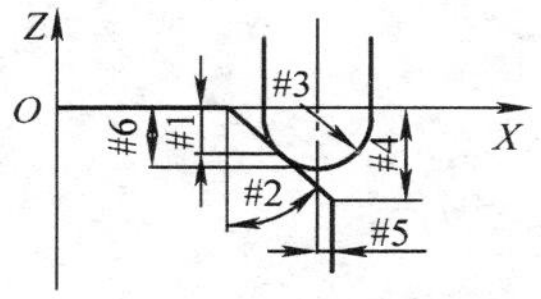	#1：深度变量；#2：倒角角度；#3：球头立铣刀半径；#4：倒角深度；#5：刀具中心线到已加工侧轮廓的法向距离，#5 = #3 * COS［#2］ + #1 * TAN［#2］ − #4 * TAN［#2］；#6：球头立铣刀刀位点到上表面的距离，#6 = #1 + #3 * ［1 − SIN［#2］］

2. G10 应用举例

（1）工艺分析　以图 4-24 推板为例，加工内腔圆角。选用 ϕ8mm 球头立铣刀，在 *XZ* 平面圆角角度变量#1 为主变量，变化范围从 90°～0°，每次减少 5°，圆角半径#2 = 5，球头立铣刀半径#3 = 4，*Z* 值变化量#4 为从变量，#4 =［#2 + #3］* SIN［#1］− #2 − #3，刀具半径补偿变化量#5 =［#2 + #3］* COS［#1］− #2。编制二维内腔轮廓加工程序，完成一次加工后，通过 G10 指令改变刀具补偿量，配合 *Z* 方向进刀，实现内腔圆角功能。

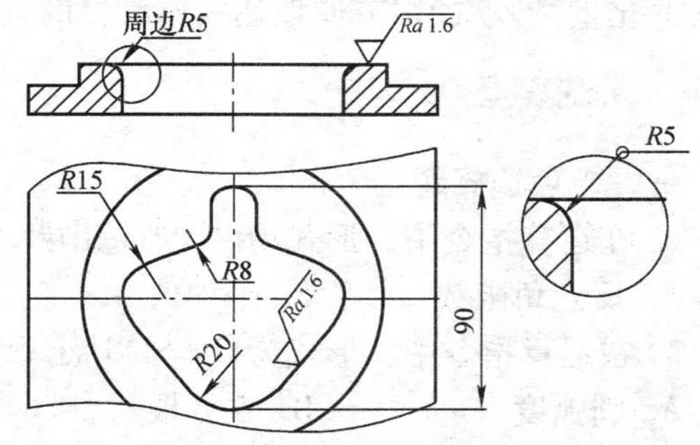

图 4-24　推板

（2）程序处理　以零件上表面中心为 G54 坐标原点，编写内腔加工子程序 O1002。在零件的加工过程中，由主程序 O1000 调用 O1001 宏程序。宏程序 O1001 每次调用完内腔加工子程序 O1002 后，利用可编程参数设定指令 G10 改变刀具补偿量，使轮廓尺寸往里缩小，变更 *Z* 值，再次调用内腔加工子程序 O1002，直到#1 从 90°变化到 0°为止。

参考程序如下：

```
O1000;
G40 G90 G80 G49 G21;
G91 G30 Z0;                      返回换刀点
N10 T02;                         T02 为 φ8mm 球头立铣刀
M06;
G00 G90 G54 X0 Y0 S1200 M03;
G43 Z20.0 H02;                   建立刀具长度补偿
G65 P1001 A=90 B=5 C=4;          调用宏程序 O1001 并赋值#1=90，#2=5，#3=4
G91 G30 Z0 M05;
M30;
O1001 ;
WHILE[#1GE0] DO1;                当角度变量大于 0 时，执行循环
N1  #4=[#2+#3]*SIN[#1]-#2-#3 ;    Z 值每次变化量
#5=[#2+#3]*COS[#1]-#2;           刀具半径每次变化量
G90 G01 Z[#4] F200;
G10 L12 P02 R[#5];               把刀具半径的每次变化量输入 02 号刀补
G41 G01 X-8.0 Y34.4674 D02 F800;
M98 P1002;                       调用内腔加工子程序
G40 G00 X0 Y0;
#1=#1-5;                         角度每次减少 5°
END1;
M99;
```

O1002 为内腔加工子程序，程序略。

通过该程序可以很好地控制尺寸精度，如尺寸不在公差范围内，只需改变#5（刀具半径每次变化量），就能很方便地达到修改目的，保证尺寸要求。

考证要点

一、单项选择题

1. 在运算指令中，形式为#I=#JMOD#K 代表的意义是（　　）。

A. 反三角函数　　B. 平均值　　C. 空　　D. 取余

2. 在运算指令中，形式为#I=SIN[#J]代表的意义是（　　）。

A. 圆弧度　　B. 立方根　　C. 合并　　D. 正弦（度）

3. 在运算指令中，形式为#I=COS[#J]代表的意义是（　　）。

A. 积分　　B. 余弦（度）　　C. 正数　　D. 反余弦（度）

4. 在运算指令中，形式为#I=TAN[#J]代表的意义是（　　）。

A. 误差　　B. 对数　　C. 正切　　D. 余切

5. 在运算指令中，形式为#I=ATAN[#J]代表的意义是（　　）。

A. 余切　　B. 反正切　　C. 切线　　D. 反余切

6. 在运算指令中，形式为#I=SQRT[#J]代表的意义是（　　）。

A. 矩阵　　B. 数列　　C. 平方根　　D. 条件求和

7. 在运算指令中，形式为#I = ABS[#J]代表的意义是(　　)。

A. 离散　　B. 非负　　C. 绝对值　　D. 位移

8. 在运算指令中，形式为#I = ROUND[#J]代表的意义是(　　)。

A. 圆周率　　B. 四舍五入整数化　　C. 求数学期望值　　D. 弧度

9. 在运算指令中，形式为#I = FIX[#J]代表的意义是(　　)。

A. 对数　　B. 舍去小数点　　C. 小数点以下舍去　　D. 非负数

10. 在运算指令中，形式为#I = FUP[#J]代表的意义是(　　)。

A. 求概率　　B. 密度

C. 小数点以下进位　　D. 概率平均值

11. 在运算指令中，形式为#I = ACOS[#J]代表的意义是(　　)。

A. 只取零　　B. 位移误差　　C. 反余弦(度)　　D. 余切

12. 在运算指令中，形式为#I = LN[#J]代表的意义是(　　)。

A. 离心率　　B. 自然对数　　C. 轴距　　D. 螺旋轴弯曲度

13. 在运算指令中，形式为#I = EXP[#J]代表的意义是(　　)。

A. $4X + X4$　　B. eX　　C. $X + Y$　　D. $\sin A - \cos B$

二、编程题

1. 根据图4-25所示图形，编制加工程序。

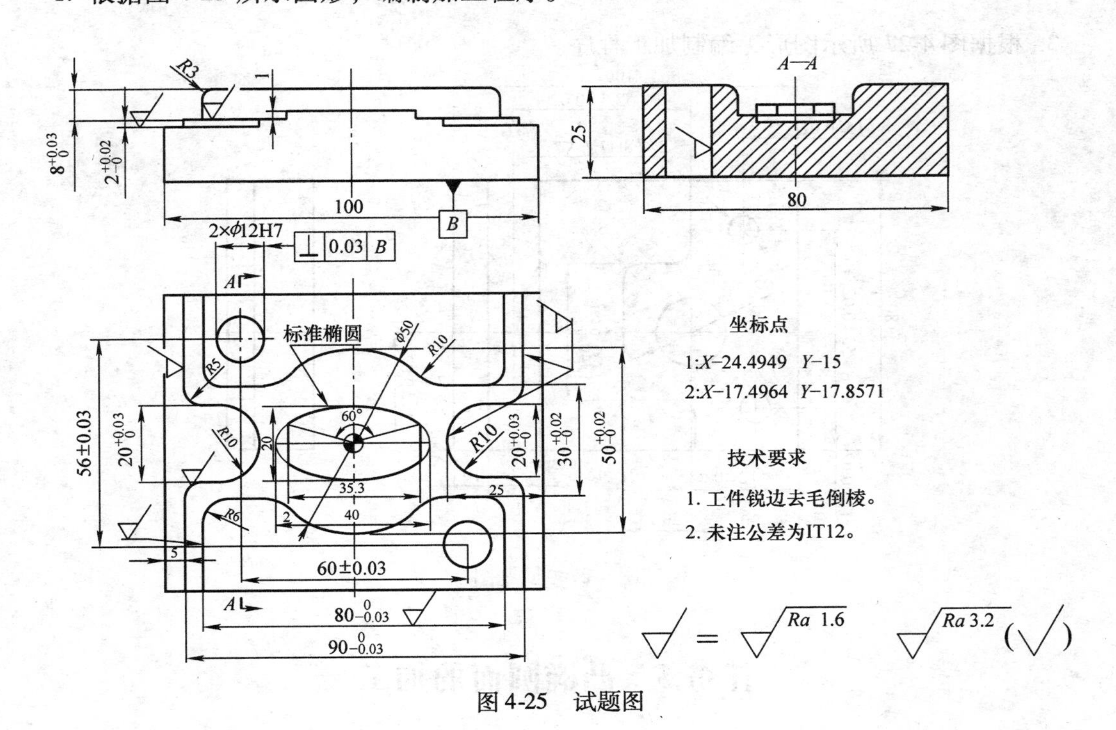

图4-25　试题图

2. 根据图4-26所示图形，编制加工程序。

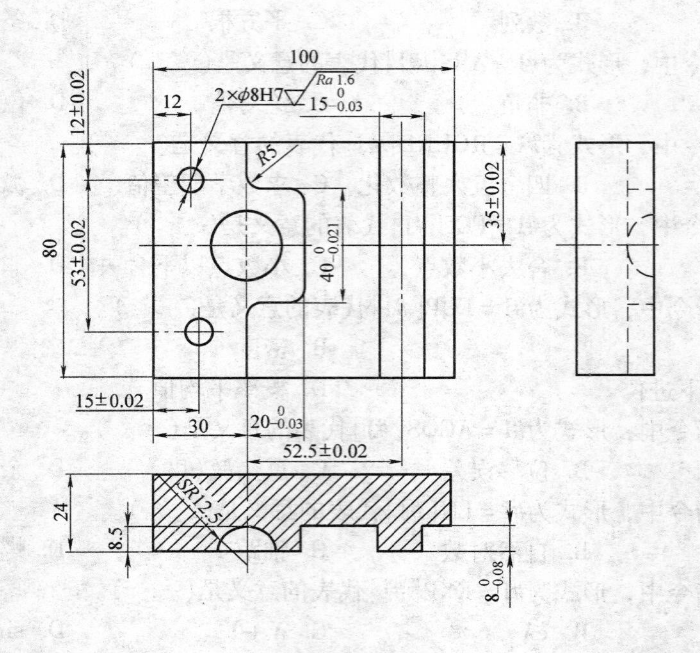

图 4-26 试题图

3. 根据图 4-27 所示图形，编制加工程序。

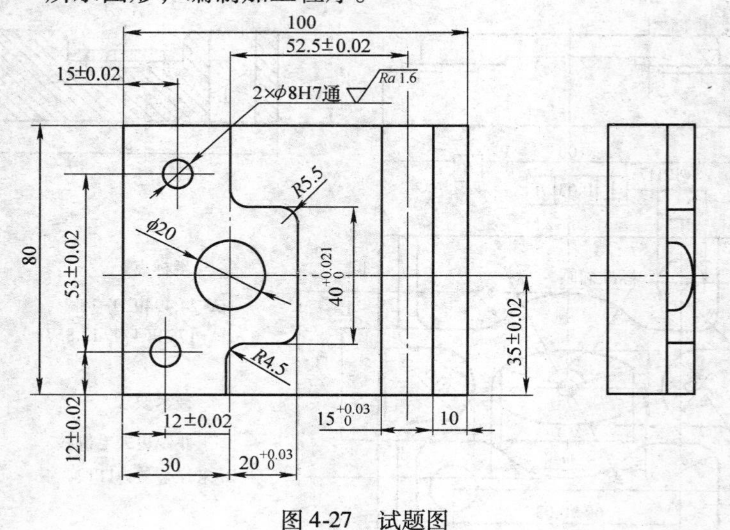

图 4-27 试题图

任务 5 凸椭圆面的加工

任务描述

加工图 4-28 所示凸椭圆面零件，编制相应加工程序。

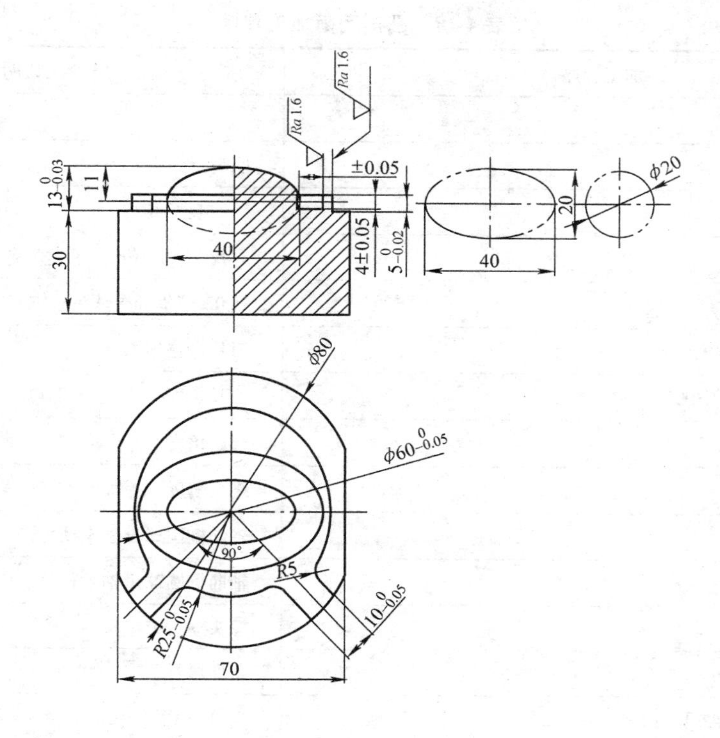

图 4-28 凸椭圆面零件

任务分析

图 4-28 中，对零件的尺寸精度、表面粗糙度都有严格的要求。尺寸公差要求主要有：$10_{-0.05}^{\ 0}$、$\phi60_{-0.05}^{\ 0}$、$R25_{-0.05}^{\ 0}$、$5_{-0.02}^{\ 0}$、$13_{-0.03}^{\ 0}$、8 ±0. 05、4 ±0. 05。这些尺寸直接影响工件的配合精度，在操作时需特别注意。表面粗糙度值要求较高的为 *Ra*1. 6μm，其余表面粗糙度值控制在 *Ra*3. 2μm。

任务准备

根据图 4-28，工件材料选用铝合金圆棒料，且两端面经过精磨，因此，采用等高块、机用虎钳及 V 形块定位、装夹工件，用光电式寻边器或机械式寻边器确定工件零件的中心点为工件坐标原点（即 G54 原点）；刀具可选用 φ6mm 的球头立铣刀加工凸椭圆球面，角度增量选用 1°；量具选用：0 ~ 150mm 游标卡尺（分度值为 0. 02mm）、内径指示表、深度千分尺、外径千分尺。

任务实施

（1）加工工件操作步骤　工件的装夹→原点参数输入→装夹刀具及刀具长度补偿设置→输入程序→程序模拟→程序试运行→加工工件→尺寸检验→交工件及清扫机床。

在本任务中主要进行凸椭圆面的加工，其他部分的加工可参照之前内容自行编写程序。

（2）凸椭圆面加工程序（见表 4-18）

表 4-18 凸椭圆面加工程序

加工程序	加工说明
O2001;	
G80 G17 G21;	取消指令
G91 G30 Z0;	返回换刀点
T02;	寻找 02 号 ϕ6mm 球头立铣刀
M06;	换 02 号 ϕ6mm 球头立铣刀
G00 G90 G54 X0 Y0;	刀具定位到原点
G43 H5 Z5.0 M03 S3000;	刀具长度补偿，主轴正转
#1 =90;	起始角度
#2 =0;	终止角度
#3 =20;	轴向椭圆球长轴半径
#4 =10;	轴向椭圆球短轴半径
#5 =3;	球头立铣刀半径
#6 =2;	角度增量
WHILE[#1 GE #2] DO 1;	当#1≥0 执行循环 1
#11 =[#3 +#5] * COS[#1];	X 坐标值
#12 =[#4 +#5] * COS [#1];	Z 坐标值
#13 =#12 -#3 -#5;	
G01 X#11 F600;	刀具 X 轴切削
G01 Z#13 F400;	刀具 Z 轴切削
#8 =0;	
WHILE[#8 LE 360] DO 2;	
#21 =[#11 +#5] * COS[#8];	
#22 =[#12 +#5] * SIN[#8] -#3 -#5;	
G01 X#21 Y#22 F600;	刀具椭圆球切削
#8 =#8 +1;	
END2;	
#1 =#1 -#6;	角度递减
END1;	循环结束
G00 Z50.0;	刀具 Z 轴定位
G91 G30 Z0 M05;	返回换刀点
M30;	程序结束

检查评议

零件完成加工后，测量尺寸后，填写零件质量评分表，见表4-19。

表4-19 零件质量评分表

姓名			零件名称	凸椭圆面	加工时间		总得分	
项目与配分		序号	技术要求	配分	评分标准		检查记录	得分
工件加工评分（55%）	轮廓尺寸	1	椭圆凸曲面 $13_{-0.03}^{0}$	5	超差0.01mm扣2分			
		2	椭圆凹槽宽度8±0.05	5	超差0.01mm扣2分			
		3	椭圆凹槽深度4±0.05	5	超差0.01mm扣1分			
		4	环形凸台圆弧 $R25_{-0.05}^{0}$	5	超差0.01mm扣1分			
		5	环形凸台宽度 $10_{-0.05}^{0}$	5	超差0.01mm扣1分			
		6	环形凸台高度 $5_{-0.02}^{0}$	5	超差0.01mm扣1分			
		7	环形凸台直径 $\phi60_{-0.05}^{0}$	5	超差0.01mm扣1分			
		8	角度90°	5	超差不得分			
		9	*R*5（4处）	5	超差不得分			
	表面粗糙度	10	轮廓侧面 *Ra*1.6μm	5	超差不得分			
		11	轮廓底面 *Ra*3.2μm	5	超差不得分			
程序与工艺（25%）		12	程序正确、完整	6	不正确每处扣1分			
		13	程序格式规范	5	不规范每处扣0.5分			
		14	加工工艺合理	5	不合理每处扣1分			
		15	程序参数选择合理	4	不合理每处扣0.5分			
		16	指令选用合理	5	不合理每处扣1分			
机床操作（15%）		17	零件装夹合理	2	不合理每次扣1分			
		18	刀具选择及安装正确	2	不正确每次扣1分			
		19	刀具坐标系设定正确	4	不正确每次扣1分			
		20	机床面板操作正确	4	误操作每次扣1分			
		21	意外情况处理正确	3	不正确每处扣1.5分			
安全文明生产（5%）		22	安全操作	2.5	违反操作规程全扣			
		23	机床整理及保养规范	2.5	不合格全扣			

任务6 凹椭圆面的加工

任务描述

加工图4-29所示凹椭圆面零件，编制相应加工程序。

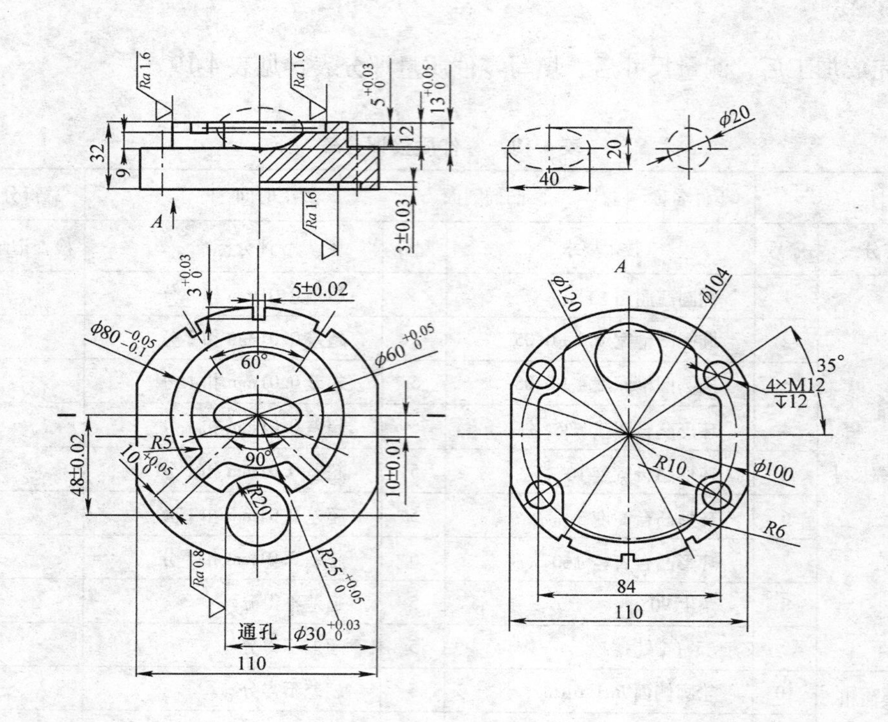

图 4-29　凹椭圆面零件

任务分析

图 4-29 中对零件的尺寸精度、表面粗糙度都有严格的要求。尺寸公差要求主要有：$10^{+0.05}_{0}$、$\phi60^{+0.05}_{0}$、$R25^{+0.05}_{0}$、$5^{+0.03}_{0}$、$13^{+0.05}_{0}$、10 ± 0.01、5 ± 0.03、$10^{+0.05}_{0}$、$\phi80^{-0.05}_{-0.1}$、48 ± 0.02、$\phi30^{+0.03}_{0}$。这些尺寸直接影响工件的配合精度，在操作时需注意控制。表面粗糙度值要求较高的为 *Ra*0.8μm 和 *Ra*1.6μm，其余表面粗糙度值控制在 *Ra*3.2μm。

任务准备

根据图 4-29，工件材料选用铝合金圆棒料，且两端面经过精磨。因此，采用等高块、机用虎钳及 V 形块定位、装夹工件，用光电式寻边器或机械式寻边器确定工件零件的中心点为工件坐标原点（即 G54 原点）；刀具可选用 φ6mm 的球头立铣刀加工凹椭圆球面，角度增量选用 1°；量具选用：0～150mm 游标卡尺（分度值为 0.02mm）、内径指示表、深度千分尺、外径千分尺。

任务实施

（1）加工工件操作步骤　工件的装夹→原点参数输入→装夹刀具及刀具长度补偿设置→输入程序→程序模拟→程序试运行→加工工件→尺寸检验→交工件及清扫机床。

（2）凹椭圆面加工程序（见表 4-20）

表 4-20 凹椭圆面加工程序

加工程序	加工说明
O2001；	
G80 G17 G21；	取消指令
G91 G30 Z0；	返回换刀点
T02；	准备2号 ϕ6mm 球头立铣刀
M06；	换2号 ϕ6mm 球头立铣刀
G00 G90 G54 X0 Y0；	刀具定位到原点
G43 H5 Z5.0 M3 S3000；	刀具长度补偿，主轴正转
#1 =0；	起始角度
#2 = -90；	终止角度
#3 =20；	轴向椭圆球长轴半径
#4 =10；	轴向椭圆球短轴半径
#5 =3；	球头立铣刀半径
#6 =2；	
WHILE[#1 GE #2] DO 1；	当#1≥0 执行循环 1
#11 =[#3 -#5] * COS[#1]；	*X* 坐标值
#12 =[#4 -#5] * COS [#1]；	*Z* 坐标值
G01 X#11 F600；	刀具 *X* 轴切削
G01 Z#12；	刀具 *Z* 轴切削
#8 =0；	
WHILE[#8 LE 360] DO 2；	
#21 =[#11 -#5] * COS[#8]；	
#22 =[#12 -#5] * SIN[#8]；	
G01 X#21 Y#22 F600；	刀具椭圆球面切削
#8 =#8 +1；	
END2；	
#1 =#1 -#6；	角度递减
END1；	循环结束
G00 Z50.0；	刀具 *Z* 轴定位
G91 G30 Z0 M05；	返回换刀点
M30；	程序结束

检查评议

零件完成加工后，测量尺寸后，填写零件质量评分表，见表 4-21。

表 4-21　零件质量评分表

姓名		零件名称	凹椭圆面	加工时间		总得分	
项目与配分		序号	技术要求	配分	评分标准	检查记录	得分
工件加工评分（55%）	轮廓尺寸	1	椭圆凹曲面 $13^{+0.05}_{0}$	4	超差 0.01mm 扣 2 分		
		2	环形凹槽深度 $5^{+0.03}_{0}$	4	超差 0.01mm 扣 2 分		
		3	环形凹槽半径 $\phi60^{+0.05}_{0}$	4	超差 0.01mm 扣 1 分		
		4	圆弧 $R25^{+0.05}_{0}$	4	超差 0.01mm 扣 1 分		
		5	凹槽宽度 5 ± 0.03（3 处）	4	超差 0.01mm 扣 1 分		
		6	凹槽深度 $5^{+0.03}_{0}$　（3 处）	4	超差 0.01mm 扣 1 分		
		7	角度 60°	4	超差不得分		
		8	$\phi30^{+0.03}_{0}$	4	超差不得分		
		7	轮廓深度 $10^{0}_{-0.02}$	4	超差不得分		
		8	4 × M12	4	超差不得分		
		9	底部凹槽深度 3 ± 0.03	4	超差不得分		
		10	偏心凸台高度 12	4	超差不得分		
		11	配合 $\phi80^{-0.05}_{-0.1}$	5	超差 0.01mm 扣 2 分		
		12	凸槽 $10^{0}_{-0.05}$ mm 和凹槽 $10^{+0.05}_{0}$ 配合	5	超差 0.01mm 扣 2 分 配合间隙 <0.1mm		
	表面粗糙度	13	轮廓侧面 $Ra0.8\mu m$	1	超差不得分		
		14	轮廓侧面 $Ra1.6\mu m$	2	超差不得分		
		15	轮廓底面 $Ra3.2\mu m$	2	超差不得分		
程序与工艺（25%）		16	程序正确、完整	6	不正确每处扣 1 分		
		17	程序格式规范	5	不规范每处扣 0.5 分		
		18	加工工艺合理	5	不合理每处扣 1 分		
		19	程序参数选择合理	4	不合理每处扣 0.5 分		
		20	指令选用合理	5	不合理每处扣 1 分		
机床操作（15%）		21	零件装夹合理	2	不合理每次扣 1 分		
		22	刀具选择及安装正确	2	不正确每次扣 1 分		
		23	刀具坐标系设定正确	4	不正确每次扣 1 分		
		24	机床面板操作正确	4	误操作每次扣 1 分		
		25	意外情况处理正确	3	不正确每处扣 1.5 分		
安全文明生产（5%）		26	安全操作	2.5	违反操作规程全扣		
		27	机床整理及保养规范	2.5	不合格全扣		

问题及防治

加工配合件时，试件一般有配合精度要求，选择配合试件加工顺序的做法是：加工量少、测量方便。当试件有销孔和腔槽结构时，一般先进行销孔预加工，然后进行腔槽粗、精加工，最后进行销孔精加工。一般粗加工切削参数选得较高，加工过程中试件可能有微量位移。为了避免在加工中有孔和腔槽出现位置误差，应采用上述加工顺序。配合尺寸确定的原则是：配合面外形尽量靠下极限偏差，配合面内腔应尽可能靠上极限偏差，以保证配合精度和配合试件尺寸精度。在加工此配合件时，应该对该零件进行图形分析与结构工艺性分析，以保证配合件精度。

扩展知识

超高速加工与超精密加工技术

1. 技术概述

超高速加工技术是指采用超硬材料的刃具，通过极大地提高切削速度和进给速度来提高材料切除率、加工精度和加工质量的现代加工技术。

超高速加工的切削速度范围因工件材料、切削方式不同而异。目前，超高速切削各种材料的切削速度范围：铝合金为1600m/min，铸铁为1500m/min，超耐热镍合金为300m/min，钛合金为150~1000m/min，纤维增强塑料为2000~9000m/min。各种切削工艺的切削速度范围：车削为700~7000m/min（铝合金），铣削为300~6000m/min（铜合金），钻削为200~1100m/min（钢），磨削为250m/s以上等。

超高速加工技术主要包括：超高速切削与磨削机理研究，超高速主轴单元制造技术，超高速进给单元制造技术，超高速加工用刀具与磨具制造技术，超高速加工在线自动检测与控制技术等。

超精密加工是指被加工零件的尺寸误差低于0.1μm，表面粗糙度值小于*Ra*0.025μm，以及所用机床定位精度的分辨力和重复性高于0.01μm的加工技术，也称为亚微米级加工技术，且正在向纳米级加工技术发展。

超精密加工技术主要包括：超精密加工的机理研究，超精密加工的设备制造技术研究，超精密加工工具及刃磨技术研究，超精密测量技术和误差补偿技术研究，超精密加工工作环境条件研究。

2. 现状及国内外发展趋势

（1）超高速加工　工业发达国家对超高速加工的研究起步早，水平高。在此项技术中，处于领先地位的国家主要有德国、日本、美国、意大利等。

在超高速加工技术中，超硬材料工具是实现超高速加工的前提和先决条件，超高速切削磨削技术是现代超高速加工的工艺方法，而高速数控机床和加工中心则是实现超高速加工的关键设备。目前，刀具材料已从碳素钢和合金工具钢，经高速钢、硬质合金钢、陶瓷材料，发展到人造金刚石、聚晶金刚石（PCD）、立方氮化硼（CBN）及聚晶立方氮化硼（PCBN）。随着刀具材料创新，切削速度从以前的12m/min提高到1200m/min以上。砂轮材料过去主要是采用刚玉系、碳化硅系等，20世纪50年代美国GE公司首先在金刚石人工合成方面取得成功，20世纪60年代又首先研制成功CBN。20世纪90年代陶瓷或树脂结合剂CBN砂轮、金刚石砂轮线速度可达125m/s，有的可达150m/s，而单层电镀CBN砂轮可达250m/s。因此有人认为，随着新刀具（磨具）材料的不断发展，每隔十年切削速度要提高一倍，亚声速乃至超声速加工的出现不会太遥远了。

在超高速切削技术方面，1976年美国的Vought公司研制了一台超高速铣床，最高转速达到了20000r/min。特别引人注目的是，联邦德国Darmstadt工业大学生产工程与机床研究所（PTW）从1978年开始系统地进行超高速切削机理研究，对各种金属和非金属材料进行高速切削试验，当时联邦德国组织了几十家企业并提供了2000多万马克支持该项研究工作，自20世纪80年代中后期以来，商品化的超高速切削机床不断出现，超高速机床从单一的超高速铣床发展成为超高速车铣床、钻铣床乃至各种高速加工中心等。瑞士、英国、日本也相继推出自己的超高速机床。日本日立精机的 HG400 Ⅲ型加工中心主轴最高转速达 36000 ~ 40000r/min，工作台快速移动速度为 36 ~ 40m/min。采用直线电机的美国 Ingersoll 公司的 HVM800 型高速加工中心进给移动速度为 60m/min。

在高速和超高速磨削技术方面，人们开发了高速和超高速磨削、深切缓进给磨削、深切快进给磨削（HEDG）、多片砂轮和多砂轮架磨削等许多高速、高效率磨削技术，这些高速、高效率磨削技术在近 20 年来得到长足的发展及应用。1983 年德国 Guehring Automation 公司制造出了当时世界第一台最具威力的 60kW 强力 CBN 砂轮磨床，磨削速度达到 140 ~ 160m/s。德国阿亨工业大学、Bremen 大学在高效深磨的研究方面取得了世界公认的高水平成果，并积极在铝合金、钛合金、因康镍合金等难加工材料方面进行高效深磨的研究。德国 Bosch 公司应用 CBN 砂轮高速磨削加工齿轮，采用电镀 CBN 砂轮超高速磨削代替原须经滚齿及剃齿加工的工艺，加工 16MnCr5 材料的齿轮，磨削速度为 155m/s，材料磨除率达到 $811mm^3$/（mm · s），德国 Kapp 公司应用高速深磨加工泵类零件深槽，工件材料为 10GCr6 轴承钢，采用电镀 CBN 砂轮，磨削速度达到 300m/s，材料磨除率为 $140mm^3$/（mm · s），磨削加工中，可一次装夹 10 个淬火后的叶片泵转子，一次磨出转子槽，磨削时工件进给速度为 1. 2m/min，平均每个转子加工工时只需 10s，槽宽精度可保证在 2μm，一个砂轮可加工 1300 个工件。目前日本工业实用磨削速度已达 200m/s；1996 年美国 Connecticut 大学磨削研究中心，其无心外圆高速磨床的最高砂轮磨削速度达 250m/s。

近年来，我国在高速超高速加工的各关键领域，如大功率高速主轴单元、高加减速直线进给电机、陶瓷滚动轴承等方面也进行了较多的研究，但总体水平同国外尚有较大差距，必须急起直追。

（2）超精密加工　超精密加工技术在国际上处于领先地位的国家有美国、英国和日本，这些国家的超精密加工技术不仅总体成套水平高，而且商品化程度也非常高。

美国是最早开展超精密加工技术研究的国家，也是迄今处于世界领先地位的国家。早在 20 世纪 50 年代末，由于航天等尖端技术发展的需要，美国首先发展了金刚石刀具的超精密切削技术，称为“SPDT 技术”（Single Point Diamond Turning）或“微英寸技术”（1 微英寸 = 0. 025μm），并发展了相应的空气轴承主轴的超精密机床。用于加工激光核聚变反射镜、战术导弹及载人飞船用球面、非球面大型零件等。如美国 LLL 实验室和 Y-12 工厂在美国能源部的支持下，于 1983 年 7 月研制成功大型超精密金刚石车床 DTM-3 型，该机床可加工最大直径为 ϕ2100mm、重量为 4500kg 的激光核聚变用的各种金属反射镜、红外装置用零件、大型天体望远镜（包括 X 光天体望远镜）等。该机床的加工精度可达到形状误差为 28nm（半径），圆度和平面度为 12. 5nm，加工表面粗糙度值为 *Ra*4. 2nm。该机床与该实验室 1984 年研制的 LODTM 大型超精密车床仍是现在世界上公认的技术水平最高、精度最高的大型金刚石超精密车床。

在超精密加工技术领域，英国克兰菲尔德技术学院所属的克兰菲尔德精密工程研究所（简称 CUPE）享有较高声誉，它是当今世界上精密工程研究中心之一，是英国超精密加工技术水平的代表。如 CUPE 生产的纳米加工中心（Nanocentre）既可进行超精密车削，又带有磨头，可进行超精密磨削，加工工件的形状精度可达 0. 1μm，表面粗糙度值为 *Ra*0. 1μm。

相对于美、英来说日本对超精密加工技术的研究起步较晚,但已成为当今世界上超精密加工技术发展最快的国家。日本的研究重点不同于美国,前者是以民品应用为主要对象,后者则是以发展国防尖端技术为主要目标。所以日本在用于声、光、图像、办公设备中的小型、超小型电子和光学零件的超精密加工技术方面,是更加先进和具有优势的,甚至超过了美国。

我国的超精密加工技术在20世纪70年代末期有了长足进步,20世纪80年代中期出现了具有世界水平的超精密机床和部件。北京机床研究所是国内进行超精密加工技术研究的主要单位之一,研制出了多种不同类型的超精密机床、部件和相关的高精度测试仪器等,如精度达0.025μm的精密轴承、JCS-027超精密车床、JCS-031超精密铣床、JCS-035超精密车床、超精密车床数控系统、复印机感光鼓加工机床、红外大功率激光反射镜、超精密振动-位移测微仪等,达到了国内领先、国际先进水平。哈尔滨工业大学在金刚石超精密切削、金刚石刀具晶体定向和刃磨、金刚石微粉砂轮电解在线修整技术等方面进行了卓有成效的研究。清华大学在集成电路超精密加工设备、磁盘加工及检测设备、微位移工作台、超精密砂带磨削和研抛、金刚石微粉砂轮超精密磨削、非圆截面超精密切削等方面进行了深入研究,并有相应产品问世。此外中科院长春光学精密机械研究所、华中理工大学、沈阳第一机床厂、成都工具研究所、国防科技大学等都进行了这一领域的研究,成绩显著。但总的来说,我国在超精密加工的效率、精度、可靠性,特别是规格(大尺寸)和技术配套性方面,与国外比、与生产实际要求比,还有相当大的差距。

超精密加工技术发展趋势是:向更高精度、更高效率方向发展;向大型化、微型化方向发展;向加工检测一体化方向发展;机床向多功能模块化方向发展;不断探讨适合于超精密加工的新原理、新方法、新材料。

一、单项选择题

1. 宏程序( )。

A. 计算错误率高　　B. 计算功能差,不可用于复杂零件

C. 可用于加工不规则形状零件　　D. 无逻辑功能

2. #jGT#k 表示( )。

A. 与　　B. 非　　C. 大于　　D. 加

3. 在加工界面内计算刀具中心轨迹时,若球头立铣刀半径为 R,则球头立铣刀球心距加工表面距离应为( )。

A. $R\cos\phi$　　B. $R4\sin\phi$　　C. $R\tan\phi$　　D. $4R2\cos\phi$

4. 在运算指令中,形式为#i=#j+#k代表的意义是( )。

A. 立方根　　B. 求极限　　C. 正切　　D. 和

5. 在运算指令中,形式为#i=#j-#k代表的意义是( )。

A. 坐标值　　B. 极限　　C. 差　　D. 反正弦

6. 在运算指令中,形式为#i=#jOR#k代表的意义是( )。

A. 平均误差　　B. 逻辑或　　C. 极限值　　D. 立方根

7. 在运算指令中,形式为#i=#jXOR#k代表的意义是( )。

A. 负数　　B. 异或　　C. 正数　　D. 回归值

8. 在运算指令中，形式为#i = #j * #k 代表的意义是（　　）。

A. 相切　　B. 积　　C. 合并　　D. 垂直

9. 在运算指令中，形式为#i = #j/#k 代表的意义是（　　）。

A. 极限　　B. 空　　C. 商　　D. 反余切

10. 在运算指令中，形式为#i = #jAND#k 代表的意义是（　　）。

A. 逻辑与　　B. 小数　　C. 倒数和余数　　D. 负数和正数

11. 在变量赋值方法Ⅰ中，引数（自变量）A 对应的变量是（　　）。

A. #101　　B. #31　　C. #21　　D. #1

12. 在变量赋值方法Ⅰ中，引数（自变量）C 对应的变量是（　　）。

A. #43　　B. #31　　C. #3　　D. #39

13. 在变量赋值方法Ⅰ中，引数（自变量）E 对应的变量是（　　）。

A. #8　　B. #24　　C. #27　　D. #108

14. 在变量赋值方法Ⅰ中，引数（自变量）H 对应的变量是（　　）。

A. #10　　B. #11　　C. #41　　D. #51

15. 在变量赋值方法Ⅱ中，自变量地址 K1 对应的变量是（　　）。

A. #2　　B. #3　　C. #6　　D. #26

二、编程题

根据图 4-30 所示图形，编制加工程序。

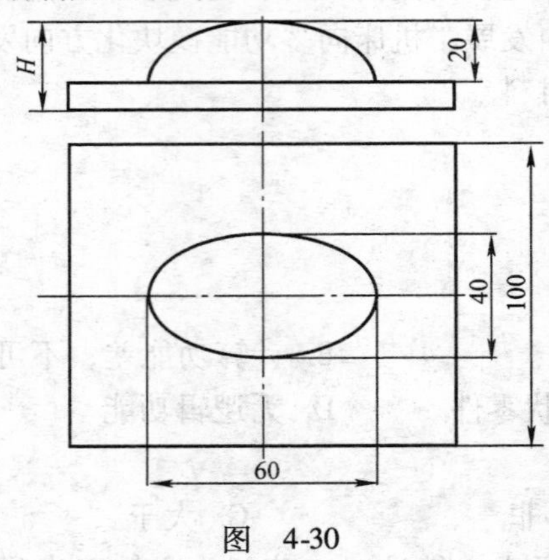

图　4-30

任务 7　方圆过渡曲面的加工

在一般的程序编制中程序字为常量，一个程序只能描述一个几何形状，当工件形状没有发生改变但是尺寸发生改变时，只能重新进行编程，缺乏灵活性和适用性。当所要加工的零件形状没有发生变化只是尺寸发生了一定变化的情况时，只需要在程序中给要发生变化的尺寸加上几个变量再加上必要的计算公式就可以了，当尺寸发生变化时只要改变这几个变量的赋值参数就可以了。

所谓方圆过渡曲面，就是零件一端为圆形，另一端为 n 边形及其他形状的曲面，这类零件在钢铁工业中应用较多。如图 4-31 即为方圆过渡曲面的应用。

a)方圆过渡曲面

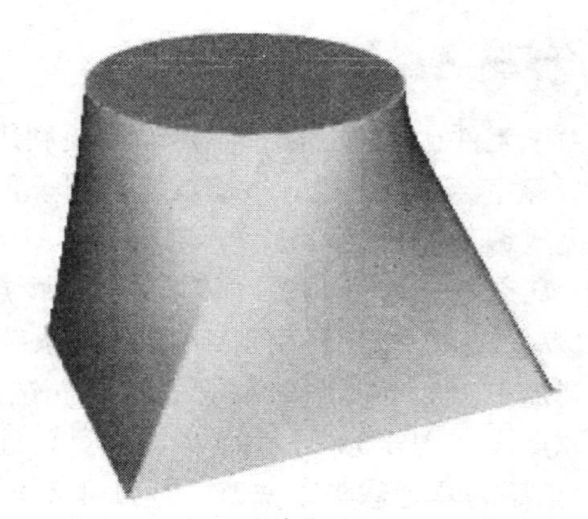

b)直纹曲面

图4-31 方圆过渡曲面

本任务主要讨论方圆过渡曲面的数控宏程序加工。

任务描述

如图4-32所示为一个板状零件的示意图及其轴测图。要求加工工件的内凸圆柱面及相连的倒圆角面（精加工）。本次任务要求利用宏程变变量编程来完成工件的加工，同时与传统的子程序编程加工进行对比，初步掌握变量编程方法。

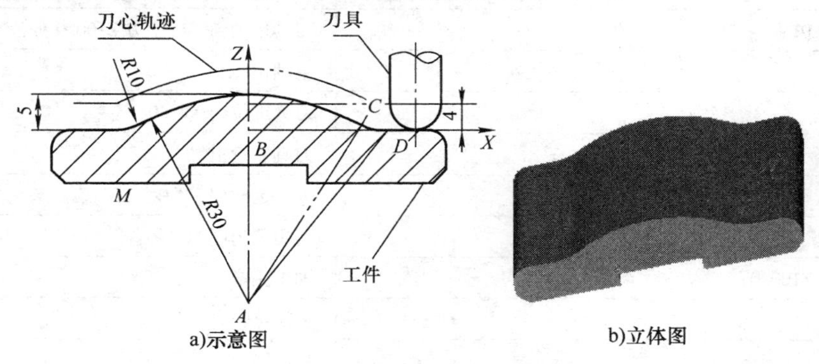

a)示意图 b)立体图

图4-32 板状零件

任务分析

本任务主要涉及的知识点有：子程序调用，G18指令编程及宏程序变量编程，并比较二者编程的差异。由于子程序编程存在诸多限制及不便，因此，通过本例要转变观念，学会利用变量编程来完成工件的加工。

特别提示：

程序指令应大写，键入的程序内容应准确无误，也可在计算机上把握序写好，再传入机床。

任务实施

由于工件比较薄且刚性不足，需要利用底面 M 面进行定位装夹加工，在进行端面铣削时编写程序会有点困难。下面首先利用子程序和 G18 指令来完成编程。如图 4-33 所示，利用 CAD/CAM 软件分析知，D 点坐标为 $X=19.3649$，$Y=0$；C 点坐标为 $X=14.5237$，$Y=1.25$。利用 FANUC 0i 系统加工中心进行装夹加工。加工使用 ϕ8mm 的球头立铣刀进行加工，编程原点设在图 4-32 所示的 B 点（B 点处于前端面位置），由于刀具为球头立铣刀，对刀时 Z 方向对刀数值需要向上抬高一个刀具半径 4mm。工件 Y 方向需要加工距离为 45mm。主程序见表 4-22。

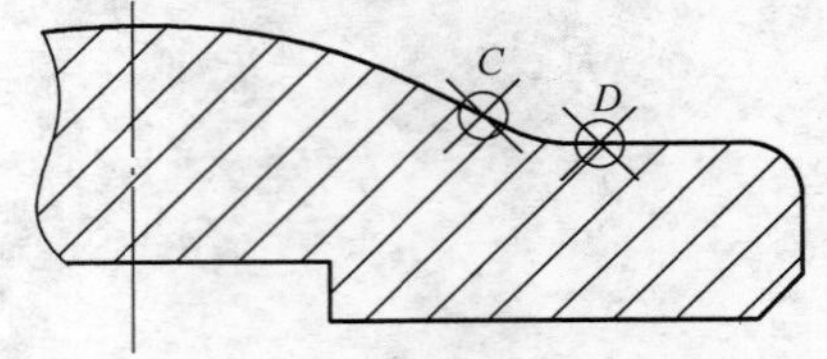

图 4-33 点坐标示意图

表 4-22 主 程 序

加工程序	加工说明
O1;	
G91 G30 Z0;	回到换刀点
T01;	寻找 01 号刀
M06;	刀具交换
G90 G80 G40 G21 G17;	取消指令
G54 G00 X0 Y0;	刀具运动到原点
G43 Z100.0 H01;	刀具运动到工件上方 Z100.0 处
S1000 M03;	主轴正转
X25.0;	刀具定位到 X25.0
Z25.0;	刀具靠近工件
G01 Z0 F100;	刀具运动到 Z 向对刀平面
M98 P230002;	调用子程序加工零件
G90 G17 G00 Z100.0;	加工完毕,抬刀
M05;	主轴停转
M30;	程序结束
子程序	
O0002;	
G18;	指定 ZX(G18)平面
G90 G01 X19.3649;	刀具运动到 D 点
G02 X14.5237 Z1.25 R6.0;	加工 R6mm 圆弧
G03 X-14.5237 R40.0;	加工 R40mm 圆弧
G02 X-19.3649 Z0 R6.0;	加工 R6mm 圆弧
G01 X-25.0;	刀具退出
G91 Y1.0;	Y 方向进一个步距
G90 G01 X-19.3649 Z0;	运动到起点位置

（续）

加工程序	加工说明
G03 X-14.5237 Z1.25 R6.0；	加工 *R*6mm 圆弧
G02 X14.5237 Z1.25 R40.0；	加工 *R*40mm 圆弧
G03 X19.3649 Z0 R6.0；	加工 *R*6mm 圆弧
G01 X25.0；	刀具退出
G91 Y1.0；	*Y* 方向进一个步距
M99；	子程序结束

上面利用了子程序和 G18 指令联合完成工件的加工。下面用宏程序来完成零件的加工，并以此来说明子程序和宏程序可以互相补充进行编程。从下个零件的编程中会发现，子程序编程已经不能满足生产的需要了，宏程序因程序的灵活性而得以广泛使用。

下面利用宏程序来加工工件的内凸圆柱面及相连的倒圆角面（图 4-32）。同前所述，利用 FANUC 0i 系统加工中心进行装夹加工。加工时用半径为 4mm 的球头立铣刀进行加工，编程原点设在图 4-32 所示的 *B* 点（*B* 点处于前端面位置），由于刀具为球头立铣刀，对刀时 *Z* 方向对刀数值需要向上抬高一个刀具半径 4mm。工件 *Y* 方向需要加工距离为 45mm。

宏程序见表 4-23。

表 4-23 宏 程 序

加工程序	加工说明
O1200；	
#1=30；	圆柱面半径 *R*
#2=5；	圆柱面最高处高出 *ZO* 平面的距离
#3=10；	圆柱面两边与 *ZO* 平面过渡圆角半径
#4=4；	（球头立铣刀）刀具半径 *r*
#5=0；	*Y* 坐标调为自变量，赋初始值为 0
#15=45；	*Y* 方向移动长度
#6=#1-#2+#4；	图 4-32 中 *AC* 的长度
#7=#1+#4；	图 4-32 中 *AE* 的长度
#8=SQRT[#7*#7-#6*#6]；	图 4-32 中 *CE* 的长度（即 *E* 点 *X* 坐标值的绝对值）
#9=#3-#4；	图 4-32 中刀心轨迹在 *E* 点处的过渡圆角半径
S1000 M03；	
G54 G90 G17 G00 X0 Y0 Z[#2+30]；	程序开始，定位于 G54 原点上方安全高度
WHILE[#5LE#15]DO 1；	如果#5<=#15，循环 1 继续
X[-#8-5]；	快速移动至左侧的“*B* 点”以外 5mm 处
G01 Z#4 F300；	刀心以 G01 降至 Z#4 面（即刀尖在平面上）
G18；	指定 *ZX*（G18）平面
X-#8，R#9 F600；	刀心以 G01 移动至左侧的“*E* 点”
G03 X#8 Z#4 R#7 R#9；	在 *ZX* 平面内以 G03 沿圆柱面进给至右侧

（续）

加工程序	加工说明
G01 X[#8 +5];	刀心以 G01 移到右侧的“*E* 点”以外 5mm 处
#5 = #5 +1;	*Y* 坐标递增 1
Y#5;	*Y* 方向朝正向移动 1
X#8,R#9;	以 G01 移动至右侧的“*E* 点”
G02 X - #8 Z#4 R#7,R#9;	在 *ZX* 平面内以 G02 沿圆柱面进给至左侧
G01 X[- #8 - 5];	以 G01 移动至左侧的“E 点”以外 5mm 处
#5 = #5 +1;	*Y* 坐标递增 1
Y#5;	*Y* 方向朝正向移动 1
END 1;	循环 1 结束(此时#5 > #15)
G00 Z[#2 +30];	刀具提至安全高度
G17 X0 Y0;	恢复 *XY* 平面并回到原点
M30;	程序结束

检查评议

零件完成加工后，测量尺寸后，填写零件质量评分表，见表 4-24。

表 4-24　零件质量评分表

姓名			零件名称	板状零件		加工时间		总得分	
项目与配分		序号	技术要求		配分	评分标准		检查记录	得分
工件加工评分（55%）	外形轮廓	1	轮廓深度 5		15	超差 0.01mm 扣 2 分			
		2	*R*30 凸圆弧		15	半径样板检查不合格扣 6 分			
		3	*R*10 凹圆弧		15	超差不得分			
	表面粗糙度	4	轮廓侧面 *Ra*1.6μm		5	超差不得分			
		5	轮廓底面 *Ra*3.2μm		5	超差不得分			
程序与工艺（25%）		6	程序正确、完整		6	不正确每处扣 1 分			
		7	程序格式规范		5	不规范每处扣 0.5 分			
		8	加工工艺合理		5	不合理每处扣 1 分			
		9	程序参数选择合理		4	不合理每处扣 0.5 分			
		10	指令选用合理		5	不合理每处扣 1 分			
机床操作（15%）		11	零件装夹合理		2	不合理每次扣 1 分			
		12	刀具选择及安装正确		2	不正确每次扣 1 分			
		13	刀具坐标系设定正确		4	不正确每次扣 1 分			
		14	机床面板操作正确		4	误操作每次扣 1 分			
		15	意外情况处理正确		3	不正确每处扣 1.5 分			
安全文明生产(5%)		16	安全操作		2.5	违反操作规程全扣			
		17	机床整理及保养规范		2.5	不合格全扣			

问题及防治

1）注意变换主、子程序之间的模态代码，如M代码和F代码。从主程序调用子程序及子程序返回主程序的时候，属于同一组别的模态G代码的变化与主、子程序无关，如图4-34所示。

在子程序中常使用G91模式，因为使用G90模式将会使刀具在同一位置加工，要想在不同的位置加工相同形状，只能一次次改变工作坐标系再调用子程序，这样程序编制就复杂了。

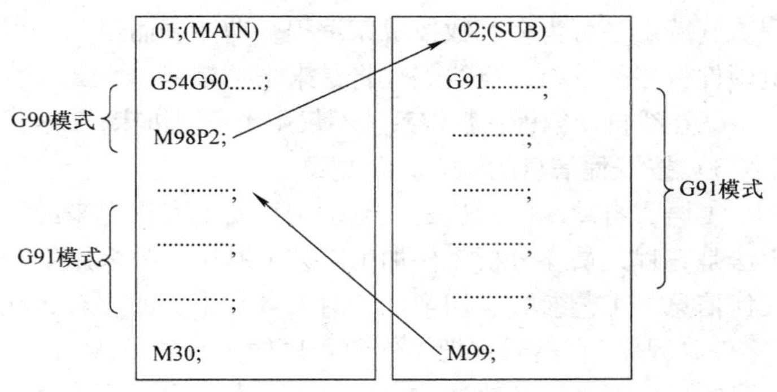

图4-34 主、子程序之间的模态代码

2）在编写程序的过程中，要充分利用加工平面切换指令G17、G18、G19，但加工结束后应该及时恢复默认的G17指令，便于下次编程加工。

3）宏程序编程由于避免了使用刀具半径补偿G41/G42，而使程序具有高度的可靠性，并且这种基于纯数学的处理，使之具备了更强的在不同数控系统之间的可移植性，同时为了使数学表达更加便捷、简明，这里采用球头立铣刀刀心编程，因此Z方向按照常规完成对刀后，在运行程序前一定要向上偏移一个刀具半径。

想一想：

子程序编程与宏程序编程有什么本质的区别？有哪些共同点？如果工件的轴线与Y轴不平行，还能用子程序来加工吗？为什么？

扩展知识

自动编程知识

（1）自动编程的概念　前面介绍了数控编程中的手工编程，当零件形状比较简单时，可以采用这种方法进行加工程序的编制。但是，随着零件复杂程度的增加，数学计算量、程序段数目也将大大增加，这时如果单纯依靠手工编程将极其困难，甚至是不可能完成的。于是人们发明了一种软件系统，它可以代替人来完成数控加工程序的编制，这就是自动编程。

自动编程的特点是编程工作主要由计算机完成。在自动编程方式下，编程人员只需采用某种方式输入工件的几何信息以及工艺信息，计算机就可以自动完成数据处理、编写零件加工程序、制作程序信息载体以及程序检验的工作而无须人的参与。在目前的技术水平下，分析零件图样以及工艺处理仍然需要人工来完成，但随着技术的进步，将来的数控自动编程系统将从只能处理几何参数发展到能够处理工艺参数。即按加工的材料、零件几何尺寸、公差等原始条件，自动选择刀具、决定工序和切削用量等数控加工中的全部信息。

（2）自动编程的分类　自动编程技术发展迅速，种类繁多，这里仅介绍三种常见的分类方法。

1）按使用的计算机硬件种类划分，可分为：微机自动编程，小型计算机自动编程，大型计算机自动编程，工作站自动编程，依靠机床本身的数控系统进行自动编程。

2）按程序编制系统（编程机）与数控系统紧密程度划分。

①离线自动编程：与数控系统相脱离，采用独立机器进行程序编制工作称为离线自动编程。其特点是可为多台数控机床编程，功能多而强，编程时不占用机床工作时间。随着计算机硬件价格的下降，离线编程将是未来的趋势。

②在线自动编程：数控系统不仅用于控制机床，而且用于自动编程，称为在线自动编程。

3）按编程信息的输入方式划分。

①语言自动编程：这是在自动编程初期发展起来的一种编程技术。语言自动编程的基本方法是编程人员在分析零件加工工艺的基础上，采用编程系统所规定的数控语言，对零件的几何信息、工艺参数、切削加工时刀具和工件的相对运动轨迹和加工过程进行描述形成所谓“零件源程序”。然后，把零件源程序输入计算机，由存于计算机内的数控编程系统软件自动完成机床刀具运动轨迹数据的计算，加工程序的编制和控制介质的制备（或加工程序的输入）、所编程序的检查等工作。

②图形自动编程：这是一种先进的自动编程技术，目前很多CAD/CAM系统都采用这种方法。在这种方法中，编程人员直接输入各种图形要素，从而在计算机内部建立起加工对象的几何模型，然后编程人员在该模型上进行工艺规划、选择刀具、确定切削用量以及进给方式，之后由计算机自动完成机床刀具路径数据的计算，加工程序的编制和控制介质的制备（或加工程序的输入）等工作。此外，计算机系统还能够对所生成的程序进行检查与模拟仿真，以消除错误，减少试切。

③其他输入方式的自动编程：除了前面两种主要的输入方式外，还有语音自动编程和数字化技术自动编程两种方式。语音自动编程是指采用语音识别技术，直接采用音频数据作为自动编程的输入。使用语音编程系统时，操作人员使用记录在计算机内部的词汇，通过话筒将所要进行的操作讲给编程系统，编程系统自会产生加工所需的程序。数字化自动编程是指通过三坐标测量机，对已有零件或实物模型进行测量，然后将测得的数据直接送往数控编程系统，将其处理成数控加工指令，形成加工程序。

（3）自动编程的发展　数控加工机床与编程技术两者的发展是紧密相关的。数控加工机床的性能提升推动了编程技术的发展，而编程手段的提高也促进了数控加工机床的发展，两者相互依赖。现代数控技术在向高精度、高效率、高柔性和智能化方向发展，而编程方式也越来越丰富。

数控编程可分为机内编程和机外编程。机内编程指利用数控机床本身提供的交互功能进行编程，机外编程则是脱离数控机床本身在其他设备上进行编程。机内编程的方式随机床的不同而异，可以“手工”方式逐行输入控制代码（手工编程）、交互方式输入控制代码（会话编程）、图形方式输入控制代码（图形编程），甚至可以语音方式输入控制代码（语音编程）或通过高级语言方式输入控制代码（高级语言编程）。一般来说机内编程只适用于简单形体，而且效率较低。机外编程也可以分成手工编程、计算机辅助APT编程和CAD/CAM编程等方式。机外编程由于其可以脱离数控机床进行编程，相对机内编程来说效率较高，是普遍采用的方式。随着编程技术的发展，机外编程处理能力不断加强，已可以进行十分复杂形体的加工编程。

在20世纪50年代中期，MIT伺服机构实验室实现了自动编程，并公布了其研究成果，即APT系统。20世纪60年代初，APT系统得到发展，可以解决三维物体的连续加工编程，以后经过不断地发展，具有了雕塑曲面的编程功能。APT系统所用的基本概念和基本思想，对于自动编程技术的发展具有深远的意义，直到现在，大多数自动编程系统也在沿用其中的一些模式。如编程中的三个控制面：零件面（PS）、导动面（DS）、检查面（CS）的概念；刀具与检查面的ON、TO、PAST关系等。

随着微电子技术和CAD技术的发展，自动编程系统也逐渐过渡到以图形交互为基础的与CAD集成的CAD/CAM系统为主的编程方法。与以前的语言型自动编程系统相比，CAD/CAM集成系统可以提供单一准确的产品几何模型，几何模型的产生和处理手段灵活、多样、方便，可以实现设计、制造一体化。

虽然数控编程的方式多种多样，毋庸置疑，目前占主导地位的是采用CAD/CAM数控编程系统进行编程。

（4）CAD/CAM系统简介　目前，基于CAD/CAM的数控自动编程的基本步骤如图4-35所示。

1）加工零件及其工艺分析。加工零件及其工艺分析是数控编程的基础，所以，和手工编程、APT语言编程一样，基于CAD/CAM的数控编程也首先要进行这项工作。在计算机辅助工艺过程设计（CAPP）技术尚不完善的情况下，该项工作还需人工完成。随着CAPP技术及机械制造集成技术（CIMS）的发展与完善，这项工作必然为计算机所代替。加工零件及其工艺分析的主要任务有：①零件几何尺寸、公差及精度要求的核准；②确定加工方法、工夹量具及刀具；③确定编程原点及编程坐标系；④确定刀具路径及工艺参数。

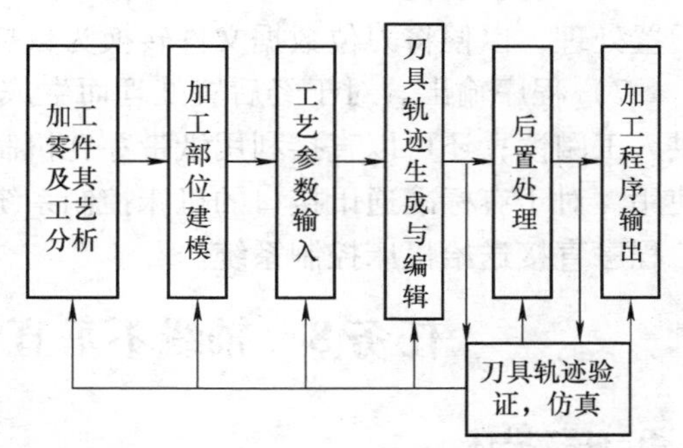

图4-35　基于CAD/CAM数控编程的基本步骤

2）加工部位建模。加工部位建模是利用CAD/CAM集成数控编程软件的图形绘制、编辑修改、曲线曲面及实体造型等功能将零件被加工部位的几何形状准确绘制在计算机屏幕上，同时在计算机内部以一定的数据结构对该图形进行记录。加工部位建模实质上是人将零件加工部位的相关信息提供给计算机的一种手段，它是自动编程系统进行自动编程的依据和基础。随着建模技术及机械集成技术的发展，将来的数控编程软件将可以直接从CAD模块获得相关信息，而无须对加工部位再进行建模。

3）工艺参数的输入。在本步骤中，将利用编程系统的相关菜单与对话框等，将第一步分析的一些与工艺有关的参数输入到系统中。所需输入的工艺参数有：刀具类型、尺寸与材料；切削用量（主轴转速、进给速度、背吃刀量及加工余量）；毛坯信息（尺寸、材料等）；其他信息（安全平面、线性逼近误差、刀具加工痕迹间的残留高度、进退刀方式、进给方式、冷却方式等）。当然，对于某一加工方式而言，可能只要求其中的部分工艺参数。随着CAPP技术的发展，这些工艺参数可以直接由CAPP系统给出，这时输入工艺参数这一步就可以省掉了。

4）刀具路径的生成及编辑。完成上述操作后，编程系统将根据这些参数进行分析判断，自动完成有关基点、节点的计算，并对这些数据进行编排形成刀位数据，存入指定的刀位文件中。刀具路径生成后，对于具备刀具路径显示及交互编辑功能的系统，还可以将刀具路径显示出来，如果有不太合适的地方，可以在人工交互方式下对刀具路径进行适当的编辑与修改。

5）刀具路径的验证与仿真。对于生成的刀具路径数据，还可以利用系统的验证与仿真模块检查其正确性与合理性。所谓刀具路径验证（Cldata Check 或 NC Verification）是指应用计算机图形显示器把加工过程中的零件模型、刀具路径、刀具外形一起显示出来，以模拟零件的加工过程，检查刀具路径是否正确、加工过程是否发生过切，所选择的刀具、刀具路径、进退刀方式是否合理、刀具与约束面是否发生干涉与碰撞。而仿真是指在计算机屏幕上，采用真实感图形显示技术，把加工过程中的零件模型、机床模型、夹具模型及刀具模型动态地显示出来，模拟零件的实际加工过程。仿真过程的真实感较强，基本上具有试切加工的验证效果（但是由于存在刀具受力变形、刀具强度及韧性不够等问题，仍然无法完全达到试切验证的目标）。

6）后置处理。与 APT 语言自动编程一样，基于 CAD/CAM 的数控自动编程也需要进行后置处理，以便将刀位数据文件转换为数控系统所能接受的数控加工程序。

7）程序输出。对于经后置处理而生成的数控加工程序，可以利用打印机打印出清单，供人工阅读；还可以直接利用纸带穿孔机制作穿孔纸带，提供给有读带装置的机床控制系统使用。对于有标准通讯接口的机床控制系统，还可以与编程计算机直接联机，由计算机将加工程序直接送给机床控制系统。

任务 8　轴线不垂直于坐标平面的圆柱面加工

任务描述

如图 4-36 为板状零件图。零件基本信息同任务 7 相似，不同的是，工件的轴线不垂直坐标平面。这里所说的轴线不垂直于坐标平面（实际上特指 *ZX*、*YZ* 平面），是指该圆柱面的轴线平行与 *XY* 平面，且轴线与 *X* 或 *Y* 坐标轴并不是正交关系（这里假设与 *X* 坐标轴正方向的夹角为 θ，θ 为 0°～180°），要求加工工件的凸圆柱面及相连的倒圆角面（精加工）。

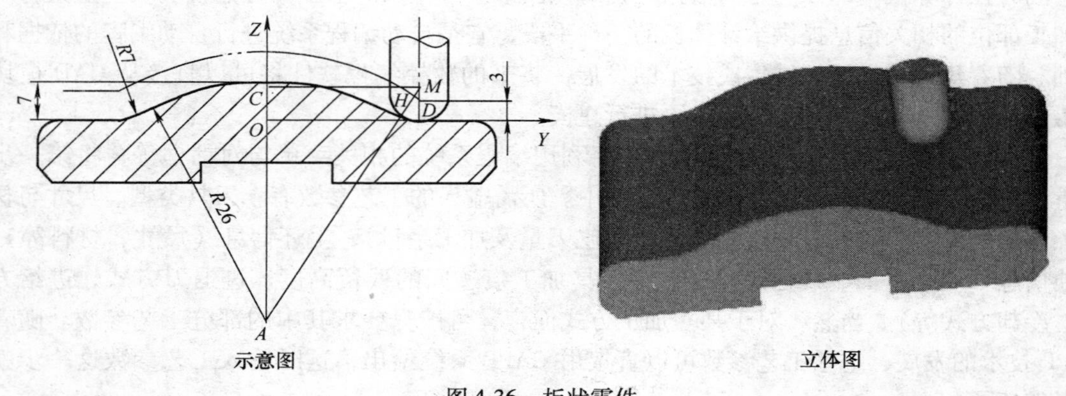

图 4-36　板状零件

任务实施

利用 FANUC 0i 系统加工中心进行装夹加工。加工时用 ϕ8mm 的球头立铣刀进行加工，编程原点设在图 4-36 所示的 *O* 点（*O* 点处于 *X* 方向中间位置），由于刀具为球头立铣刀，对刀时 *Z* 方向对刀数值需要向上抬高一个刀具半径 4mm。工件 *X* 方向需要加工距离为 40mm。

具体的加工策略是：*X* 方向双向往复进给，通过调整加工参数来适应粗、精加工的不同要求。本例所述轮廓虽然是在 *YZ* 平面内，但是通过使用坐标系旋转指令 G68，完全可以适用于其他情况。

零件加工程序见表 4-25。

表 4-25 零件加工程序

加工程序	加工说明
O1300;	
#1 = 25;	圆柱面半径 *R*
#2 = 8;	圆柱面最高处调出 *ZO* 平面的距离
#3 = 7;	圆柱面两侧与 *ZO* 平面过渡圆角半径
#4 = 4;	(球头立铣刀)刀具半径 *r*
#5 = 20;	*X* 坐标设为自变量，赋初始值为 *X* 方向长度的 1/2
#6 = #1 + #3;	图 4-36 中 *AM* 长度
#7 = #1 - #2 + #3;	图 4-36 中 *AC* 长度
#8 = SQRT[#6 * #6 - #7 * #7];	图 4-36 中 *MC* 长度(即 *D/M* 点到原点的距离)
#9 = ACOS[#7/#6];	图 4-36 中 *MAC* = *AMD*，为角度#10 终止值
#10 = 0;	球头立铣刀在圆弧面上的角度设为自变量，赋初始值为 0
#20 = 1;	球头立铣刀在 R#3 圆弧面角度递增量(1 为经验值)
S1150 M03;	
G4 G90 G00 Y0 X0 Z[#2 + 30];	程序开始，定位于 G54 原点上方安全高度
X - #5 Y - #8;	G00 移动到起始点上方(左下角)
G01 Z0 F300;	以 G01 下降至 *ZO* 面(即底平面)
WHILE[#10LE#9] DO 1;	如果角度#10 < #9，循环 1 继续
#11 = - #8 + [#3 - #4] * SIN[#10];	球头立铣刀在 *Y* - 一侧 R#3 圆弧上当前位置的刀心 *Y* 坐标值
#12 = [#3 - #4] * [1 - COS[#10]];	球头立铣刀在 *Y* - 一侧 R#3 圆弧上当前位置的刀心 *Z* 坐标值
Y#11 Z#12 F1000;	球头立铣刀在 *Y* - 一侧 R#3 圆弧上移到当前位置
X#5;	朝 *X* + 方向走到右侧
#5 = - #5;	令 *X* + 方向换向
#10 = #10 + #20;	角度#10 递增#20
END1;	
#10 = #9;	令角度#10 = #9，即图中角度 *AMC*
#20 = #20/[#1/#3];	确定球头立铣刀在 R#1 圆弧面的角度递增量
WHILE[#10GE[- #9]] DO 2;	如果角度#10 > #9，循环 2 继续

（续）

加工程序	加工说明
#13 = -[#1 + #4] * SIN[#10];	球头立铣刀在 R#1 圆弧上当前位置的刀心 Y 坐标值
#14 = [#1 + #4] * COS[#10] - [#1 - #2] - #4;	球头立铣刀在 R#1 圆弧上当前位置的刀尖 Z 坐标值
Y#13 Z#14 F1000;	球头立铣刀在 R#1 侧 R#3 圆弧上移到当前位置
X#5;	朝 X + 方向走到右侧
#5 = -#5;	令 X 方向换向
#10 = #10 - #20;	角度#10 递减#20
END 2;	
#10 = #9;	重置角度#10 = #9，即图中角度 CAE
#20 = 1;	恢复球头立铣刀在 R#3 圆弧面的角度递增量
WHILE [#10GE0] DO 3;	如果角度#10 > 0，循环 3 继续
#11 = #8 - [#3 - #4] * SIN[#10];	球头立铣刀在 Y + 一侧 R#3 圆弧上当前位置的刀心 Y 坐标值
#12 = [#3 - #4] * [1 - COS[#10]];	球头立铣刀在 Y + 一侧 R#3 圆弧上当前位置的刀心 Z 坐标值
Y#11 Z#12 F1000;	球头立铣刀在 Y + 一侧 R#3 圆弧上移动到当前位置
X#5;	朝 X + 方向走到右侧
#5 = -#5;	令 X 方向换向
#10 = #10 - #20;	角度#10 递减#20
END 3;	
G00Z[#1 + 30];	刀具提至安全高度
M30;	程序结束

检查评议

零件完成加工后，测量尺寸后，填写零件质量评分表，见表 4-26。

表 4-26　零件质量评分表

姓名			零件名称	板状零件	加工时间		总得分	
项目与配分		序号	技术要求	配分	评分标准		检查记录	得分
工件加工评分（55%）	外形轮廓	1	轮廓深度 7	15	超差 0.01mm 扣 2 分			
		2	*R*26 凸圆弧	15	半径样板检查不合格扣 6 分			
		3	*R*7 凹圆弧	15	超差不得分			
	表面粗糙度	4	轮廓侧面 *Ra*1.6μm	5	表面粗糙度值增大 1 级扣 2.5 分			
		5	轮廓底面 *Ra*3.2μm	5	表面粗糙度值增大 1 级扣 1 分			
程序与工艺（25%）		6	程序正确、完整	6	不正确每处扣 1 分			
		7	程序格式规范	5	不规范每处扣 0.5 分			
		8	加工工艺合理	5	不合理每处扣 1 分			
		9	程序参数选择合理	4	不合理每处扣 0.5 分			
		10	指令选用合理	5	不合理每处扣 1 分			

（续）

姓名		零件名称	板状零件		加工时间		总得分	
项目与配分	序号	技术要求		配分	评分标准		检查记录	得分
机床操作（15%）	11	零件装夹合理		2	不合理每次扣1分			
	12	刀具选择及安装正确		2	不正确每次扣1分			
	13	刀具坐标系设定正确		4	不正确每次扣1分			
	14	机床面板操作正确		4	误操作每次扣1分			
	15	意外情况处理正确		3	不正确每处扣1.5分			
安全文明生产(5%)	16	安全操作		2.5	违反操作规程全扣			
	17	机床整理及保养规范		2.5	不合格全扣			

问题及防治

1）由 FANUC 系统的相关规定可知，G02/G03 圆弧插补、圆角过渡简化编程以及 G41 或 G42 刀具半径补偿这些功能都有指定坐标平面的限制，因此在这种情况下只能采用沿圆柱面的轴线方向往复进给。

2）为便于数学表达，这里将 X 方向的原点设置在圆柱面长度方向的中间位置，ZO 面的位置如图 4-36 所示。

任务9 凸椭圆柱面的加工

任务描述

如图 4-37 所示为凸椭圆柱面零件的加工示意图和立体图，要求加工工件的凸椭圆柱面（精加工）。

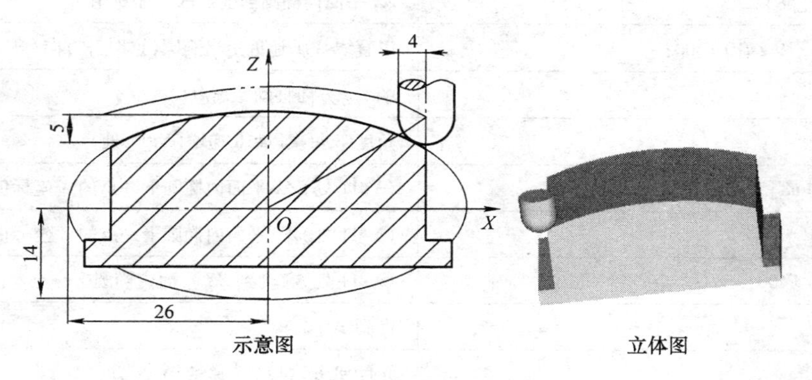

图 4-37 凸椭圆柱面零件

任务实施

同前所述，利用 FANUC 0i 系统加工中心进行装夹加工。加工时用 ϕ8mm 的球头立铣刀进行加工，坐标原点设在图 4-44 所示椭圆中心，由于刀具为球头立铣刀，对刀时 Z 方向对刀数值需要向上抬高一个刀具半径4mm。工件 Y 方向需要加工距离为35mm。

具体的加工策略是：在 ZX 平面内应用G02/G03圆弧插补，Y 方向上双向往复进给。

凸椭圆柱面加工程序见表4-27。

表4-27　凸椭圆柱面加工程序

加工程序	加工说明
#1 =25；	ZX 平面内椭圆长半轴长(对应 X 轴)
#2 =15；	ZX 平面内椭圆短半轴长(对应 Z 轴)
#3 =5；	椭圆面高度 H(绝对值)
#4 =4；	(球头立铣刀)刀具半径 r
#11 =35；	Y 方向进给需移动的总距离
#5 = #2 - #3；	初始点对应的 Z 坐标值(绝对值)
#6 = ASIN[#5/#2]；	依椭圆参数方程算出初始点对应的角度
#7 = #1 * COS[#6]；	算出初始点对应的 X 坐标值
#18 =1；	椭圆角度每次递增量
S1000 M03；	
G54 G90 G00 G17 G40 X0 Y0 Z[#2 +40]；	程序开始,定位于 G54 原点上方安全高度
G18；	指定 ZX(G18)平面
X#7 Z[#2 +#4 +1]；	快速移动至进刀点(Z 向与初始点距离 >刀具半径)
#8 =#6；	(椭圆)角度设为自变量,赋初始值#6
WHILE [#8LE[180 - #6]] DO 1；	如果角度#8 小于等于(180 - #6),循环 1 继续
#9 = #1 * COS[#8]；	ZX 平面内椭圆当前点的 X 坐标值
#10 = #2 * SIN[#8]；	ZX 平面内椭圆当前点的 Z 坐标值
G41 D01 G01 X#9 Z#10 F400；	以直线 G01 逼近走出椭圆(逆时针方向)
Y#11 F1000；	朝 Y+方向移动距离#11
#8 = #8 + #18；	角度#8 每次以#18 递增(Y#11 处)
#9 = #1 * COS[#8]；	(Y#11 处)ZX 平面内椭圆下一点的 X 坐标值
#10 = #2 * SIN[#8]；	(Y#11 处)ZX 平面内椭圆下一点的 Z 坐标值
Y - #9 Z - #10 F400；	(Y#11 处)移动到 ZX 平面内椭圆下一点
Y0 F1000；	回到 Y0
#8 = #8 + #18；	角度#8 每次以#18 递增(Y0 处)
END 1；	
G01 G40 X - #7 Z[#2 + #4 +1]；	在后侧取消刀具补偿,并确保刀具运动至退刀点
G17 G00 Z[#2 +40]；	恢复 XY 平面并快速提刀至安全高度
M30；	程序结束

问题及防治

为便于计算和编程，本例中以椭圆中心为坐标原点。这里采用球头立铣刀刀心编程，Z方向的对刀则比较麻烦：凸椭圆柱面的最高处为Z#2面，按此对好刀后，一定还要向上偏移一个刀具半径。

扩展知识

测量中宏程序的使用

在CNC技术中，许多加工特征已经由零件程序或专门的宏程序来控制。在典型的CNC编程中除了自动生成刀具路径外，还使用自动换刀装置，自动托盘交换装置，冷却功能，主轴转速功能等，这些是十分常见的。利用宏程序，机床和相应的控制特征就有可能前进一大步并且实现整个制造过程的自动化，特别是对于不同的尺寸测量。在这样的制造过程中，重要工件特征的公差是十分重要的。各种深度，宽度，厚度，距离和其他各种各样的工程要求肯定是越简单、越精确越好。利用宏程序，这些过程能够自动实现并可以得到高质量的加工结果，而在零件生产过程中却很少需要或不需要人的参与。

这个方法最重要的一点就是直接在CNC机床上进行多种测量与检测。利用所谓的“检测”装置在加工前，加工过程中，加工后的操作才有可能进行，这种检测装置（通常是）由球形的精确测量仪组成，与控制系统电气相连并受宏程序控制。检测需要很扎实的检测技术背景知识，检测技术不是编程过程中的内容，而是作为它的基础。在介绍检测宏程序之前，理解什么是检测技术十分重要，并且要熟悉基本概念。在实际编写和检测宏程序时，这些基本概念会使它变得容易些。

检测最重要的部分是宏程序与检测装置之间的相互作用，CNC系统利用用户定制的评测程序，可以完全支持程序进程与加工过程之间的数据读写。外部CMM机床与这个主题联系很少。

在机床车间环境中，在测量三维物体（要加工的零件）的某种特征时，与同一对象相关的有两个重要的词，这两个词分别是检测与测量，这两个词经常互换使用，而且都用于相似的加工活动。具体地说，检测这个词用来描述带球形探头的测量装置在程序的控制下从物体的一端移动到另一端；另外一个词测量用来描述所有其他类型的测量。这一章的重点就集中在检测领域。

加工车间的许多操作员对检测的概念比较熟悉，它是在加工过程之前或之后的一个组成部分，这种类型的检测常称为坐标测量，用来执行这个过程而专门设计的精确仪器称为坐标测量仪，也称为CMM。CMM方法仅测量存在的尺寸，并能记录和存储测量值，但却不能改变测量尺度，这类方法常常称为前处理或后处理方法。在CNC加工过程中应用检测方法有许多优点。在这个方法中，测量装置以刀具的形式安装在机床刀库中，占用一个特殊的刀具号，实际的测量过程由专门编写的宏程序来控制。这种方法的好处是当测量完成后，宏程序会对测量结果进行评估，当工件还在机床的加工范围之内就可以做出相应的改变。由于这种检测方法是在CNC机床加工过程中进行的，所以也称为“在线方法”或“在线测量”。不管使用哪一种叫法，这种测量方法是基于接触测量仪的应用，称为接触测量。

1. 接触测量

1973 年前后，研制出了第一个现代的测量仪，称为运动接触测量仪，这种测量仪是根据多向开关的原理设计的。测量仪的主要测量部分称为探头，这是一个精密的球形末端，经过修正并定位在臂的顶端。这种设计（连同其他的测量仪设计）的主要组件是弹簧式旋转探头，当它接触到测量点时产生偏转，偏转后返回到原来的起始位置。弹簧式旋转探头分别固定在三个支撑点上，这三个支撑点也是电子接触点。在与被测量物体表面（或特征表面）接触的过程中，探头的中心偏离一个或两个支撑点，于是就建立电气连接，结果是触发信号被测量系统计录下来。

2. 当今测量技术

运动接触测量原理至今仍在使用，最初的技术是基于在支撑点上的压力产生的触发效果。这种方法尽管十分精确，但是也有缺点，最大的缺点就是测量仪长度必须很短，因此很难测量到被测工件中难以接触的和比较深的区域。新的技术称为活性硅变形测量技术，它不是在压力下产生触发效应，而是通过检测在高敏感探头与测量点之间的接触压力。因为用这种方法可以检测到很小的压力，所以在测量较长工件的时候也可以保证其精确度。此外对测量仪的改进包括测量较为复杂的三维表面时的高精度，较高的可重复性以及延长测量仪的使用寿命。

3. 测量仪的校准

为了从测量仪上得到高精度的读数，测量装置必须进行校准。当测量仪到被测表面的接触点时，就会产生一定的压力，引起弯曲变形，常常是很小的变形，这点轻微的移动是由弯曲（或探头变形）引起的，称为前向移动。对测量装置进行校准并对带有前向移动的最终测量计数进行补偿。在某些方面，这个现象与 CNC 机床的反冲十分相似。这里有许多方法可以校准测量装置，最常见的一种是接触位于 CNC 机床上的特殊的精确标尺（有时称为人工尺）。在校准时，探头的有效尺寸就会确定下来（与它的实际大小相比较），在所有的要测量的方向上进行探头的校准也是十分重要的。注意前身移动的方向对最终 5 个测量结果的精度是至关重要的。

需要对探头进行校准的情况包括：当安装新的探头或测量仪时；使用探头开始新的加工任务时；当探头或测量仪被替换或维修后时；当环境温度剧烈改变时；当测量进给速度改变时；当测量值偏离期望值产生重复偏差时。

4. 进给速度

测量应该在所有的方向上以相同的进给速度完成。有些编程员在宏程序中更喜欢使用“硬命令”来控制进给速度，有些编程员则使用变量来达到相同的目的。不管使用哪一种方法，如果进给速度改变了，校准过程就要重新进行一次。

在 CNC 控制面板上有一个十分常用的方法可使得进给速度倍率失效，这样就会保证进给速度为程序的给定值。为使进给速度倍率在宏程序中失效，可使用系统变量#3004 = 2 或 #3004 = 3，其他的变量也可以实现。确保在宏程序末尾加上语句#3004 = 0，其作用是在不需要的时候取消限制。

检查评议

零件完成加工后，测量尺寸后，填写零件质量评分表，见表 4-28。

表4-28 零件质量评分表

姓名			零件名称	凸台轮廓		加工时间		总得分	
项目与配分		序号	技术要求		配分	评分标准		检查记录	得分
工件加工评分（55%）	外形轮廓	1	轮廓长度 26		15	超差 0.01mm 扣 2 分			
		2	轮廓高度 14		15	超差 0.01mm 扣 2 分			
		3	轮廓高度 5		15	超差 0.01mm 扣 2 分			
	表面粗糙度	4	轮廓侧面 $Ra1.6\mu m$		5	超差			
		5	轮廓底面 $Ra3.2\mu m$		5	超差			
程序与工艺（25%）		6	程序正确、完整		6	不正确每处扣 1 分			
		7	程序格式规范		5	不规范每处扣 0.5 分			
		8	加工工艺合理		5	不合理每处扣 1 分			
		9	程序参数选择合理		4	不合理每处扣 0.5 分			
		10	指令选用合理		5	不合理每处扣 1 分			
机床操作（15%）		11	零件装夹合理		2	不合理每次扣 1 分			
		12	刀具选择及安装正确		2	不正确每次扣 1 分			
		13	刀具坐标系设定正确		4	不正确每次扣 1 分			
		14	机床面板操作正确		4	误操作每次扣 1 分			
		15	意外情况处理正确		3	不正确每处扣 1.5 分			
安全文明生产（5%）		16	安全操作		2.5	违反操作规程全扣			
		17	机床整理及保养规范		2.5	不合格全扣			

任务10 直纹面的加工

任务描述

如图4-38所示为一个方圆过渡直纹面零件，要求加工零件的直纹侧面部分（进行精加工）。工件顶部为圆，底部为正三角形，顶部圆心为G54原点。由于工件形状复杂，需要利

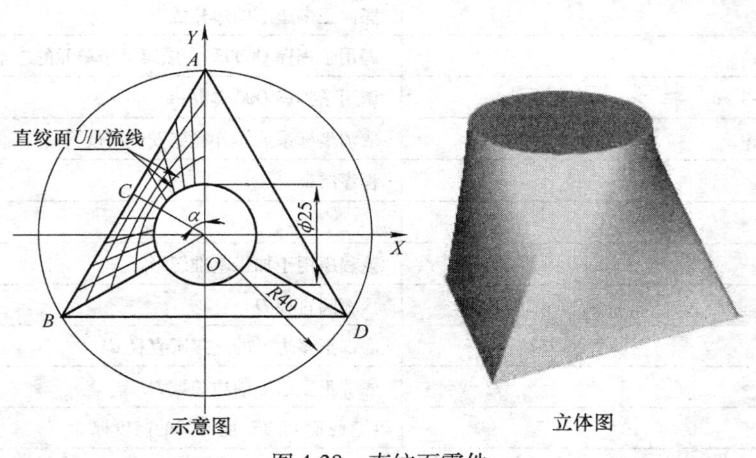

图4-38 直纹面零件

用CAD/CAM软件自动加工或者利用宏程序编程来完成加工。在此，通过零件的加工来说明宏程序在三维曲面加工中的应用。

任务实施

直纹曲面是一种常见的典型曲面，一般可以理解为任意两条2D或3D曲线之间用直线依次相连而成，在数学上的确切含义其实就是可展开曲面，即该曲面的U、V两个方向的流线中至少有一个是直线。

方圆过渡直纹面加工轨迹参考图如图4-39所示在加工时，首先对加工进行如下约定：

(1) 使用平底立铣刀　由CAD/CAM软件进行验证可知，由于直纹面在顶部（或底部）各处的斜率是不同的，因此使用球头刀加工时，在顶部（或底部）各处的Z坐标也是变化的，将为数学表达带来很大的困难。

2) 进给方式限于由下到上的方式　进给方式往往要围绕其中的“直线”（母线）来做，由直纹面的造型特点可知，如果想把进给方式定于直纹面U、V两个方向流线的另外一个方向，将是非常困难的。

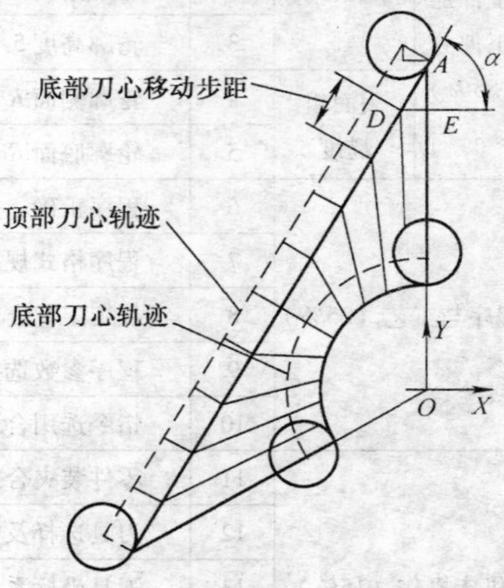

3) 必须有顶点在+Y轴上　这点主要是为了编程方便，如果没有顶点在+Y轴上，也可以使用G68功能实现。

图4-39　方圆过渡直纹面加工路径参考图

下面是参考程序。这里有3个程序，包括1个主程序O0001和两个子程序O0002、O0003，直纹面加工程序见表4-29。

表4-29　直纹面加工程序

加工程序	加工说明
主程序	
O0001;	
S1850 M03;	
G54 G90 G00 X0 Y0 Z30.0;	程序开始，刀具定位于G54原点上方安全高度
#3 = 3;	底面正多边形的边长数N
M98 P0002;	调用子程序O0002，完成第1个单元的进给
M98 P0002 L[#3 - 1];	调用子程序O0002共(#3 - 1)次
G90 G69 G00 Z30.0;	取消坐标系旋转并提到安全高度
M30;	程序结束
子程序O0002	
O0002;	该程序用于加工基准图形
#1 = 25;	顶部圆直径 D
#2 = 80;	底部正多边形的外接圆直径 d
#3 = 3;	底部正多边形的边长数 N
#4 = 35;	(直纹面)顶部、底部间的高度差 h

（续）

加工程序	加工说明
#5 =4；	（平底立铣刀）刀具半径 *r*
#6 = 180/#3；	正多边形边长对应圆心角的1/2（图4-37中 α）
#7 = #2 * SIN[#6]；	正多边形边长（图4-37中 *AB* 长）
#8 = 10；	刀具沿底部边长方向移动的总步数
#9 = #7/#8；	刀具沿底部边长方向移动的步距
#10 = 0；	步距（及角度）计数器清零
WHILE[#10LE#8] DO 1；	当#10 小于#8 时，循环1继续
#11 = #9 * #10 * COS[#6]；	图4-37中 *D* 点的 *X* 坐标
#12 = #2/2 - #9 * #10 * SIN[#6]；	图4-37中 *D* 点的 *Y* 坐标
#13 = #11 - #5 * SIN[#6]；	图4-37中 *D* 点时对应的刀心位置的 *X* 坐标
#14 = #12 + #5 * COS[#6]；	图4-37中 *D* 点时对应的刀心位置的 *Y* 坐标
#15 = #5 + #1/2；	（顶部）刀心移动轨迹的圆弧半径
#16 = #6 * 2/#8；	（顶部）刀心移动轨迹的圆弧半径对应的圆心角
#17 = -#15 * SIN[#16 * #10]；	（顶部）刀心当前位置的 *X* 坐标
#18 = -#15 * COS[#16 * #10]；	（顶部）刀心当前位置的 *Y* 坐标
G00 X[#13 - 3] Y[#14 + 3]；	快速移动至底部起始点以外
Z - #4；	以G00降至底部
G01 X#13 Y#14 F280；	以G01走至底部起始点
X#7 Y#18 Z0 F180；	从底部爬升到顶部相应位置
G00 Z10.0；	快速提刀至Z10.0
#10 = #10 + 1；	计数器递增1
END 1；	
G00 Z30.0；	提刀至安全高度
X0 Y0；	快速回到原点
M99；	
子程序 O0003	
O0003；	
#3 = 3；	底面正多边形的边长数 *N*
#20 = 360/#3；	底面正多边形的边长对应的圆心角
G68 X0 Y0 G91 R[#20]；	以增量方式实现坐标系旋转角度#20
G90 M98 P0002；	以绝对方式下调用子程序 O0002
M99；	退出子程序

检查评议

零件完成加工后，测量尺寸后，填写零件质量评分表，见表4-30。

表 4-30　零件质量评分表

姓名			零件名称	直纹面零件		加工时间		总得分	
项目与配分		序号	技术要求	配分	评分标准			检查记录	得分
工件加工评分（55%）	外形轮廓	1	轮廓长度直径 $\phi25$	15	超差 0.01mm 扣 2 分				
		2	$R40$	15	超差 0.01mm 扣 2 分				
		3	角度 $\alpha(60°)$	15	超差不得分				
	表面粗糙度	4	轮廓侧面 $Ra1.6\mu m$	5	超差不得分				
		5	轮廓底面 $Ra3.2\mu m$	5	超差不得分				
程序与工艺（25%）		6	程序正确、完整	6	不正确每处扣 1 分				
		7	程序格式规范	5	不规范每处扣 0.5 分				
		8	加工工艺合理	5	不合理每处扣 1 分				
		9	程序参数选择合理	4	不合理每处扣 0.5 分				
		10	指令选用合理	5	不合理每处扣 1 分				
机床操作（15%）		11	零件装夹合理	2	不合理每次扣 1 分				
		12	刀具选择及安装正确	2	不正确每次扣 1 分				
		13	刀具坐标系设定正确	4	不正确每次扣 1 分				
		14	机床面板操作正确	4	误操作每次扣 1 分				
		15	意外情况处理正确	3	不正确每处扣 1.5 分				
安全文明生产（5%）		16	安全操作	2.5	违反操作规程全扣				
		17	机床整理及保养规范	2.5	不合格全扣				

问题及防治

1）注意变换主、子程序之间的模态代码，如 M 代码和 F 代码。从主程序调用子程序及子程序返回主程序的时候，属于同一组别的模态 G 代码的变化与主、子程序无关。在子程序中常使用 G91 模式，因为使用 G90 模式将会使刀具在同一位置加工。

2）直纹曲面的 U、V 两个方向的流线中至少有一个是直线，基于数学上的这种特性，编写宏程序时往往需要围绕其中的“直线”进行，有时甚至是唯一可行的选择。

扩展知识

宏程序应用的数学基础

宏程序的应用离不开相关的数学知识，要编制精良的加工宏程序，一方面要求编程者具有相应的工艺知识和经验，即知道确定合理的刀具、进给方式等——这是目的，另一方面也要求编程者具有相应的数学知识，即知道如何将上述的意图通过逻辑严密的数学语言配合标准的格式语句来表达——这是手段。

1. 直线

直线的斜率：$k=(y_2-y_1)/(x_2-x_1)\ (x_1\neq x_2)$

1）一般式：适用于所有直线。

$Ax+By+C=0$（其中 A、B 不同时为 0）

两直线平行时：$A_1/A_2 = B_1/B_2 \neq C_1/C_2$

两直线垂直时：$A_1A_2 + B_1B_2 = 0$

两直线重合时：$A_1/A_2 = B_1/B_2 = C_1/C_2$

两直线相交时：$A_1/A_2 \neq B_1/B_2$

2）点斜式：已知直线上一点(x_0, y_0)，并且直线的斜率k存在，则直线可表示为

$$y - y_0 = k(x - x_0)$$

当k不存在时，直线可表示为

$$x = x_0$$

3）截距式：不适用于与任意坐标轴垂直的直线和过原点的直线

已知直线与x轴交于$(a, 0)$，与y轴交于$(0, b)$，则直线可表示为

$$x/a + y/b = 1$$

4）斜截式：$y = kx + b$ $(k \neq 0)$ 当$k > 0$时，y随x的增大而增大；当$k < 0$时，y随x的增大而减小。

两直线平行时 $k_1 = k_2$

两直线垂直时 $k_1 \times k_2 = -1$

5）两点式：

x_1不等于x_2，y_1不等于y_2

$$(y - y_1)/(y_2 - y_1) = (x - x_1)/(x_2 - x_1)$$

6）法线式：$x\cos\alpha + y\sin\alpha - p = 0$

2. 圆

圆的标准方程为$(x+a)^2 + (y+b)^2 = r^2$，指的是圆心为$(-a, -b)$，半径为r的圆，是根据圆的定义来的。圆的一般方程为$x^2 + y^2 + Dx + Ey = F$，可将它们配方变成标准方程，但是有条件限制。圆的参数方程为$x = a + r\cos\theta$，$y = b + r\sin\theta$[θ属于$[0, 2\pi)$]，(a, b)为圆心坐标，r为圆半径，θ为参数(x, y)经过点的坐标。

3. 椭圆

如图4-40所示，椭圆方程为

$$\frac{x^2}{a^2} + \frac{y^2}{b^2} = 1 \quad (a > b > 0)$$

（其中$2a$为长轴长，$2b$为短轴长，F为椭圆焦点）

椭圆参数方程为：$x = a\cos\theta$，$y = b\sin\theta$[θ属于$(0, 2\pi)$]

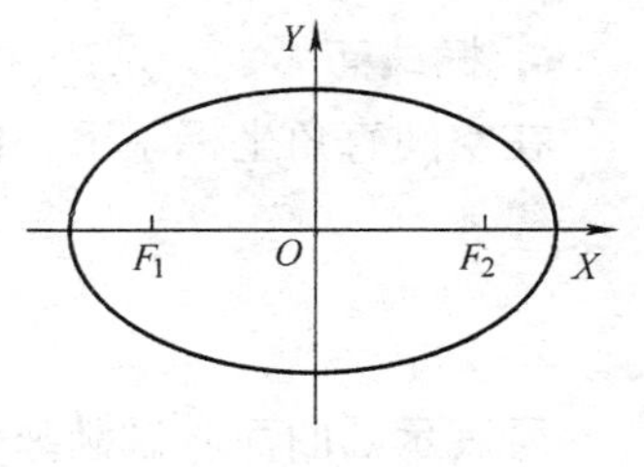

图4-40 椭圆

4. 双曲线

如图4-41所示，设$M(x, y)$为双曲线上任意一点，双曲线的焦距是$2c(c>0)$，那么F_1、F_2的坐标分别是$(-c, 0)$、$(c, 0)$。又设点M与F_1、F_2的距离的差的绝对值等于常数$2a$，设$c^2 - a^2 = b^2 (b>0)$。则双曲线的标准方程为

$$\frac{x^2}{a^2} - \frac{y^2}{b^2} = 1 \quad (a > 0, b > 0)$$

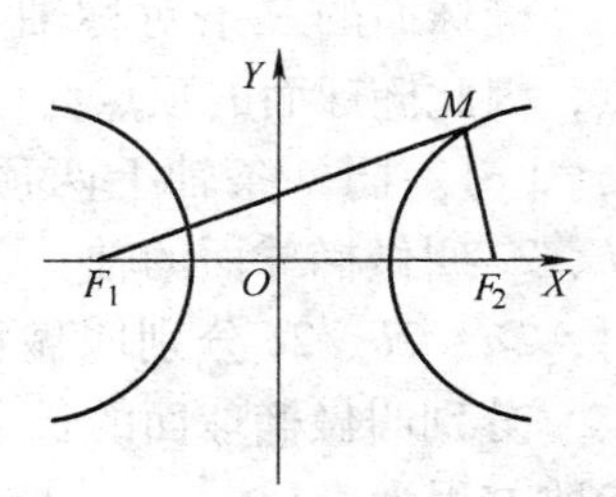

图4-41 双曲线

5. 抛物线

平面内与一个定点F和一条直线l的距离相等的点的轨迹

叫做抛物线，点 F 叫做抛物线的焦点，直线 l 叫做抛物线的准线，定点 F 不在定直线 l 上。它与椭圆、双曲线的第二定义相仿，仅比值(离心率 e)不同，当 $e=1$ 时为抛物线，当 $0<e<1$ 时为椭圆，当 $e>1$ 时为双曲线。

抛物线的标准方程有四种形式，参数 p 的几何意义，是焦点到准线的距离，掌握不同形式方程的几何性质(见表4-30)：

表 4-30 抛物线的标准方程式

标准方程	$y^2=2px(p>0)$	$y^2=-2px(p>0)$	$x^2=2py(p>0)$	$x^2=-2py(p>0)$
图形				
范围	$x\geqslant 0,\ y\in R$	$x\leqslant 0,\ y\in R$	$y\geqslant 0,\ x\in R$	$y\leqslant 0,\ x\in R$
对称轴	x 轴		y 轴	
顶点坐标	原点 $O(0,\ 0)$			
焦点坐标	$\left(\frac{p}{2},\ 0\right)$	$\left(-\frac{p}{2},\ 0\right)$	$\left(0,\ \frac{p}{2}\right)$	$\left(0,\ -\frac{p}{2}\right)$
准线方程	$x=-\frac{P}{2}$	$x=\frac{P}{2}$	$y=-\frac{P}{2}$	$y=\frac{P}{2}$
离心率	$O=1$			
焦半径	$\lvert PF\rvert=x_0+\frac{p}{2}$	$\lvert PF\rvert=-x_0+\frac{p}{2}$	$\lvert PF\rvert=y_0+\frac{p}{2}$	$\lvert PF\rvert=-y_0+\frac{p}{2}$

6. 椭球面

在空间直角坐标系下，由方程

$$\frac{x^2}{a^2}+\frac{y^2}{b^2}+\frac{z^2}{c^2}=1$$

所表示的曲面叫做椭球面，或称椭圆面，通常假定 $a\geqslant b\geqslant c>0$，该方程叫做椭球面的标准方程。椭球面如图 4-42 所示。

椭球面的三条对称轴与椭球面的交点叫做椭球面的顶点，因此椭球面的顶点为($\pm a$，0，0)、(0，$\pm b$，0)、(0，0，$\pm c$)。同一条轴上两顶点间的线段以及它们的长度 $2a$、$2b$、$2c$ 叫做椭球面的轴，它的一半叫做半轴。当 $a>b>c>0$ 时，$2a$、$2b$、$2c$ 分别叫做椭球面长轴、中轴、短轴，而 a、b、c 分别叫做椭球面的长半轴、中半轴、短半轴。椭球面的参数方程为

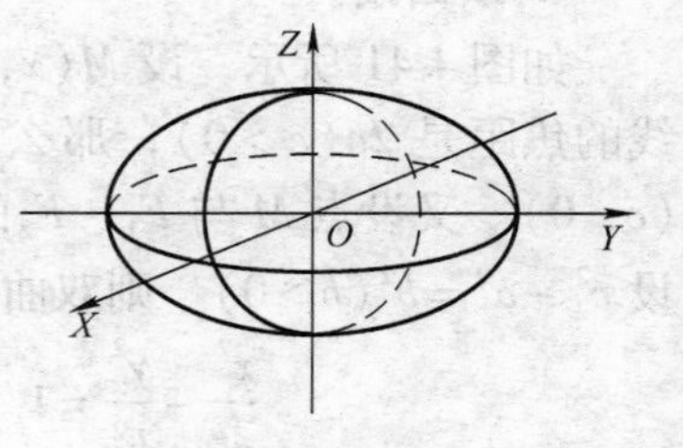

图 4-42 椭球面

$$\begin{cases}x = a\sin\theta\cos\varphi \\ y = b\sin\theta\sin\varphi, (0\leqslant\theta\leqslant\pi, 0\leqslant\varphi<2\pi) \\ z = c\cos\theta\end{cases}$$

从中消去 θ、φ 可得椭球面的标准方程。

考证要点

一、单项选择题

1. 宏程序的(　　)起到控制程序流向的作用。

A. 控制指令　B. 程序字　C. 运算指令　D. 赋值

2. 已知直线经过(x_1，y_1)点，斜率为 $k(k\neq0)$，则直线方程为(　　)。

A. $y-y_1=k(x-x_1)$　B. $y=5kx+3$

C. $y=9k(x-x_1)$　D. $y=4x+b$

3. 在等误差法直线段逼近的节点计算中，任意相邻两节点间的逼近误差为(　　)误差。

A. 等　B. 圆弧　C. 点　D. 三角形

4. 在圆弧逼近零件轮廓的计算中，整个曲线是一系列彼此(　　)的圆弧逼近实现的。

A. 分离或重合　B. 分离　C. 垂直　D. 相切

5. 在变量赋值方法Ⅰ中，引数(自变量)B对应的变量是(　　)。

A. #22　B. #2　C. #110　D. #79

6. 在变量赋值方法Ⅰ中，引数(自变量)D对应的变量是(　　)。

A. #101　B. #31　C. #21　D. #7

7. 在变量赋值方法Ⅰ中，引数(自变量)F对应的变量是(　　)。

A. #22　B. #9　C. #110　D. #25

8. 在变量赋值方法Ⅰ中，引数(自变量)Z对应的变量是(　　)。

A. #101　B. #31　C. #21　D. #26

9. 在变量赋值方法Ⅰ中，引数(自变量)I对应的变量是(　　)。

A. #22　B. #4　C. #110　D. #25

10. 在变量赋值方法Ⅰ中，引数(自变量)J对应的变量是(　　)。

A. #5　B. #51　C. #101　D. #125

11. 在变量赋值方法Ⅰ中，引数(自变量)K对应的变量是(　　)。

A. #6　B. #51　C. #069　D. #125

12. 在变量赋值方法Ⅰ中，引数(自变量)Q对应的变量是(　　)。

A. #101　B. #031　C. #021　D. #17

13. 在变量赋值方法Ⅰ中，引数(自变量)M对应的变量是(　　)。

A. #184　B. #31　C. #21　D. #13

14. 在变赋值方法Ⅱ中，自变量地址J4对应的变量是(　　)。

A. #40　B. #34　C. #14　D. #24

15. 在变量赋值方法Ⅱ中，自变量地址I6对应的变量是(　　)。

A. #99　B. #19　C. #29　D. #39

二、编程题

1. 编制图 4-43 所示零件的加工程序。

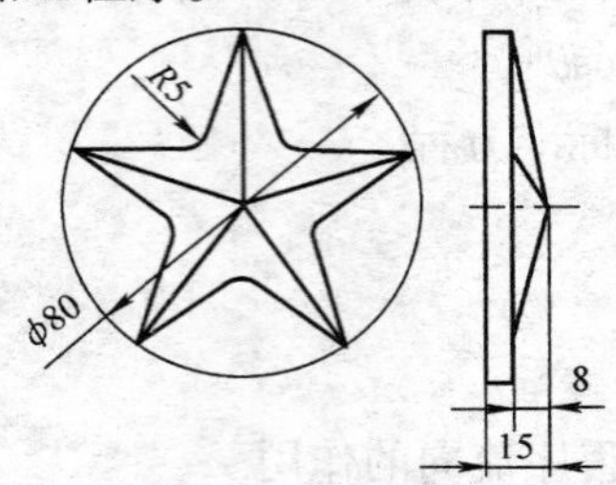

图 4-43 试题图

2. 编制图 4-44 所示零件的加工程序。

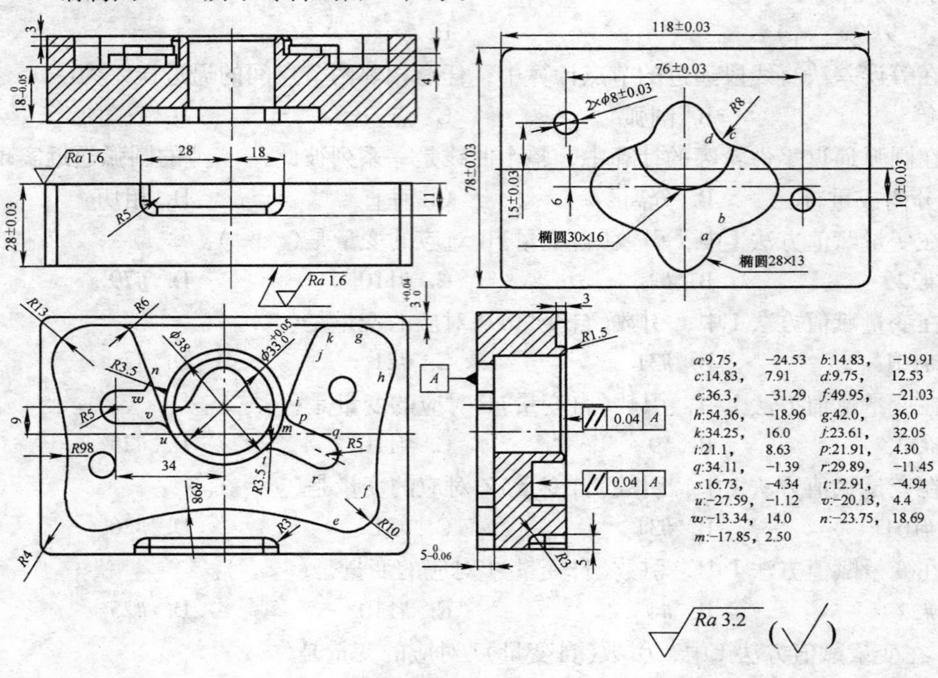

图 4-44 试题图

参考文献

[1] 斯密德. FANUC 数控系统用户宏程序与编程技巧[M]. 北京：化学工业出版社，2007.

[2] 劳动和社会保障部中国就业培训技术指导中心. 加工中心操作工：基础知识 高级技能[M]. 北京：中国劳动社会保障出版社，2000.

[3] 实用数控加工技术编委会. 实用数控加工技术[M]. 北京：兵器工业出版社，1995.

[4] 罗学科，张超. 数控机床编程与操作实训[M]. 北京：化学工业出版社，2001.

[5] 张超英，罗学科. 数控加工综合实训[M]. 北京：化学工业出版社，2003.

[6] 黄道宏. 数控编程技术[M]. 北京：人民邮电出版社，2004.

[7] 覃岭. 数控加工工艺基础[M]. 重庆：重庆大学出版社，2004.

[8] 徐宏海. 数控加工工艺[M]. 北京：化学工业出版社，2003.

[9] 任国兴. 数控铣床华中系统编程与操作实训[M]. 北京：中国劳动社会保障出版社，2007.

[10] 卢培文. 参数化编程在数控铣削中轮廓倒圆角的应用[J]. 金属加工(冷加工)，2008(20)：37-38.

教师服务信息表

尊敬的老师：

您好！感谢您多年来对机械工业出版社的支持与厚爱！为了进一步提高我社教材的出版质量，更好地为职业教育的发展服务，欢迎您对我社的教材多提宝贵意见和建议。另外，如果您在教学中选用了《数控铣床/加工中心加工工艺与编程》(吴天林　刘巨栋主编）一书，我们将为您免费提供与本书配套的电子课件。

一、基本信息

姓名：＿＿＿＿＿ 性别：＿＿＿＿＿ 职称：＿＿＿＿＿ 职务：＿＿＿＿＿

学校：＿＿＿＿＿＿＿＿＿＿＿＿＿＿＿＿＿ 系部：＿＿＿＿＿

地址：＿＿＿＿＿＿＿＿＿＿＿＿＿＿＿＿＿ 邮编：＿＿＿＿＿

任教课程：＿＿＿＿＿＿＿＿ 电话：＿＿＿＿＿（O） 手机：＿＿＿＿＿

电子邮件：＿＿＿＿＿＿＿＿ qq：＿＿＿＿＿＿＿ msn：＿＿＿＿＿

二、您对本书的意见及建议

（欢迎您指出本书的疏误之处）

三、您近期的著书计划

请与我们联系：

100037　北京市西城区百万庄大街22号机械工业出版社·技能教育分社　王晓洁　王华庆(收)

Tel：010-88379877　88379743

Fax：010-68329397

E-mail：wxj_66@126.com　yuxunyueye@163.com